情報戦と女性スパイ

インテリジェンス秘史

元防衛省情報分析官
上田篤盛
Ueda Atsumori

並木書房

はじめに

二〇一八年三月、イギリス南西部に住むロシアの元スパイとされる男性とその娘が何者かに毒（神経剤）を盛られる事件が発生した。まるで二〇〇六年のロシアの元情報将校アレクサンドル・リトビネンコ（当時四三歳）が亡命先のホテルにて放射性物質ポロニウムで毒殺された事件の再現を見るかのようだ。

今回の殺人未遂事件は謎が謎を呼んでいる。イギリスは、三月一四日、ロシアの関与を断定し、露外交官二三人の国外追放措置に出た。これに対し、ロシアはすぐに「暗殺未遂事件の動機はイギリス側にある」と強く反発し、報復措置をちらつかせた。こうしたなか、強権的な手法で〝強いロシア〟の復活を目指すプーチン氏は大統領選挙で圧勝した。元KGB中佐のプーチン氏は、情報組織を運用し、「裏切り者は容赦しない」との強い警告を反対勢力に発したのであろうか？

現在、大陸間弾道ミサイル（ICBM）をめぐる米ロの外交戦が繰り広げられる裏には、トランプ氏がロシアと癒着しているのではないかという、ロシアゲート疑惑がある。

米朝の外交戦の裏では二〇一七年二月に北朝鮮指導者の実兄・金正男氏が毒殺される事件が発生し、最近になって正男氏と米CIAとの生前接触も取り沙汰されている。

丁々発止の外交戦の裏では、血で血を洗うスパイ戦争（情報戦）がたゆまず繰り広げられている。おそらくは、今回の事件も氷山の一角なのだろう。だとすれば、むしろ裏社会での情報戦が歴史の本流を形成しているのではないか？

この元スパイのセルゲイ・スクリパリ氏（六六歳）は、ロシア連邦軍参謀本部情報総局（ＧＲＵ）の退役将校（大佐）で、かつて欧州で活動中のロシアのスパイの身元情報を秘密情報部（ＭＩ６）に流していた。二〇〇六年にロシアで英国側に機密情報を提供した二重スパイとして禁固一三年の有罪判決を受け収監された。二〇一〇年七月、米連邦捜査局（ＦＢＩ）が拘束していたロシア側スパイ一〇人との交換で釈放されたスパイのうちの一人で、その後、イギリスに渡っていた。

賞味期限も切れた元スパイが、なぜ毒殺されようとしたのか？　一緒にいた娘のユリア（三三歳）とはいったい何者か？　事件前に元スパイが会っていたとされる謎の金髪女性はスパイなのか？　ロシアが関与していたとすればその狙いは何か？　ＭＩ６、ＦＢＩとはどのような組織なのか？　なぜテロリストとは異なり、スパイは交換されるのか？　交換されるスパイとはどんなスパイなのか？

ますます深まる謎を解く鍵があるとすれば、それはインテリジェンスの歴史を研究することが近道なのかもしれない。

本書は、インテリジェンスの歴史（以下、情報史と呼称）について書いたものである。とりわけ、スパイを浸透させての心血をそそぐ知恵の戦い（情報戦）という、人間臭い裏の世界の歴史を描いたものである。

現状を見ると、情報史については研究書から小説類に至るまで山ほどの書籍が出回っている。ただし、研究書といえども必ずしも〝完璧〟ではなく、次から次へと新説が飛び出してくる。

ましてや小説類に至っては興味本位に面白おかしく脚色され、陰謀論が満載の〝キワモノ〟が多数流通している。ここが、情報史を学ぶ者としてはやっかいなところである。

それでも情報史を学ぶことは重要である。なぜならばこの学習を通じて、「どのようにインテリジェンスを生成し、守り、活用すべきなのか？」「インテリジェンスを取り扱う組織（情報組織と呼称）はいかにあるべきか？」など、おおいなる知見を得られるからである。

そうはいうものの、興味のない人にとって、歴史勉強には忍耐力が必要である。まさに歴史は〝宝の山〟なのである。そこで少しでも興味をいだく〝秘策〟はないかとあれこれ模索した。

そして、これまで中心的な話題にはなりえなかったものの、副次的なテーマとして扱われてきた「女性スパイ」という切り口から、筆者流のインテリジェンスを語ってみようかとの思いに至った次第である。つまり、女性が持つ独特の魅惑が本書にサスペンス、華やかな彩りと旋律などを与えてくれ、読者の方々の興味を惹きつけてくれることを期待したというわけだ。

ところで女性スパイといえば、情報戦（スパイ活動）が本格化する第一次世界大戦において独・仏の二重スパイを演じたマタ・ハリが有名である。このほか大韓航空機爆破事件（一九八七年）の実行犯、金賢姫（キムヒョンヒ）や、ロシアの対外情報組織ＳＶＲ所属のアンナ・チャップマンが〝美しすぎるスパイ〟として世の注目を集めた。

とはいうもののスパイ活動は、総じて男たちによって行なわれてきた。伝説のスパイマスターであるリヒャルト・ゾルゲは、次のように〝女性スパイ否定論〟を述べている。

「女というものは政治的、あるいは色々な知識がないから情報活動には全然駄目で、私は女からよい情報を得た事は一度もない。女は役に立たないので、私は『グループ』には女を使わなかった。（以下略）」

（リヒアルト・ゾルゲ『ゾルゲ事件―獄中手記』）

また、かのマタ・ハリなどは、実際にはスパイとしての実績はほとんどなく、男性とベッドをともにして、たわいもない世間話を聞き出すのが関の山であった、との評価が一般的だ。はたして真実はどうであったのだろうか？

かつて女性は家庭の中にあり、社会活動のほとんどが男性で占められていたので、女性がインテリジェンスや情報戦に関わる比率も小さかった。それにもかかわらず、ナチス・ゲシュタポによる厳しい拷問で口を割る男性スパイが続出するなか、最後まで秘密を守り、殉職した女性スパイも大勢いた。

女性による社会進出が増大する今日、インテリジェンスと女性との関わり合いを歴史的に考察しておくことは、なおいっそう興味深いテーマといえるであろう。

本書は、二〇一六年一一月から一七年九月までの約一一カ月間にわたり、メールマガジン「軍事情報」に『情報史と女性』というタイトルで連載した記事をベースに加筆修正したものである。

序章ではインテリジェンスや情報活動の概念論を述べた。やや退屈と思われる方は遠慮なく斜め読みをしていただきたい。本論を読むなかでインテリジェンスの概念などを再整理したくなったら、後戻りして読んでいただければ結構である。

本論では、主として第一次世界大戦から冷戦期までの、世界のインテリジェンスにまつわる歴史的事件と女性スパイの活躍をほぼ時系列的に取り上げた。

なお、この時期に焦点を絞った理由は情報戦が本格化するのが第一次世界大戦からであり、一方の冷戦期以降はいまだ研究者による検証が不十分であると考えるからである。

終章として、わが国の情報活動の簡単な歴史と、日本の著名な女性スパイ（課報員）について追記した。これは「日本の女性課報員のことも知りたい」との、ある読者の要望を反映したものである。

ここで本書の趣旨について若干の説明を加えたい。本書は女性スパイだけを興味本位に取り扱っているのではない。ここにはインテリジェンスを使用する立場にあった女性国家指導者、歴史的人物の妻や愛人なども登場する。さらには、歴史上の重大なスパイ事件、各国の情報組織の設立および再編など、情報戦の背景にある事象についても紙面が許すかぎり言及した。

そして本書において登場する情報組織や人物、スパイ用語などについては、（※）印を付けて、巻末資料にて簡潔な解説を加えた。つまり、本書は〝女性スパイ〟という斬新な切り口を持った情報史の解説書という特質に加えて、もう一つ『スパイ事典』としての役割も帯びているのである。

というのは、本書は筆者のこれまでの執筆物の延長線上にあって、国民レベルの「インテリジェンス・リテラシー」の向上を狙いとしたものであるからだ。

読者の皆さまが本書をお読みいただき、まずはインテリジェンスとは何かを考えるきっかけとなればありがたい。

そのうえで、各国は歴史的にどのような情報組織を構築し、いかなる情報活動を運営してきたのか？　それが国家の政策決定にいかに影響したのか？などを思索していただければ、なおさらありがたい。

さらには、本書を通じて情報活動や情報組織のおおまかな歴史を把握され、個々のスパイ事件などからインテリジェンスの現代的教訓を自己の糧として得ていただけるならば、筆者の無上の喜びとするところである。

本書は既存の公刊書籍を中心にまとめているので目新しい事実はないが、まずは読者の皆さまが、情報史の大まかな「縦の基本線」を把握され、そのなかで人間臭い裏の世界が歴史を形成してきたことを理解して欲しい。

本書をお読みいただければ、読者の「インテリジェンス・リテラシー」は確実に向上するものと筆者は確信している。

なお、インテリジェンスの実務者や、情報史に関わる基礎知識をしっかりと身につけたい方は、どうか巻末資料をご覧いただきたい。

ここには、本書に登場する著名なスパイの人事録、各国情報機関の概要、スパイ用語、スパイ教訓集、情報史を収録した。これらをお読みいただけるだけでも、実務者レベルのインテリジェンスの知見が得られることを、長年インテリジェンスに奉職してきた筆者が保証する。

目次

◆冷戦期

序章

インテリジェンスと女性スパイ

インテリジェンスとは何か?

まず、女性スパイの歴史などを語り始める前に、「インテリジェンス」という言葉に触れておこう。

インテリジェンスは現在では日本語による翻訳がいらないほどなじみのある言葉になってきたが、その意味にはいくつかある。

「インテリジェンス・リテラシー」という用語の生みの親である中西輝政・京都大学名誉教授は、オクスフォード大学のマイケル・ハーマン教授の言葉を借りて以下のように定義する。

まず第一に、国策、政策に役立てるために、国家ないしは国家機関に準ずる組織が集めた情報の「内容」を指す。いわゆる「秘密情報」、あるいは秘密ではないが独自に分析され練り上げられた「加工された情報」、つまり生の情報(インフォメーション)を受けとめて、それが自分の国の国益とか政府の立場、場合によると経済界の立場に対して、「どのような意味を持つのか」というところにまで、信憑性を吟味したうえで解釈を施したもの。それを「インテリジェンス」という。これはいちばんよく使われる語義である。

二つ目に、「インテリジェンス」という語には、そういうものを入手するための活動自体を指す場合もある。したがって、日本語でいえば、「情報活動」という言葉が「インテリジェンス」という一語で表現される場合もあるということである。

それから、三つ目に、そのような活動をする機関、あるいは組織つまり「情報組織」そのものを指す場合がある。（中西輝政『情報亡国の危機』）

以上の中西教授の見解を踏まえ、本書でのインテリジェンスは生の情報（インフォメーション）を処理して得た「知識」の意味で用いることとする。そのほかのインテリジェンスの語義——活動および組織——については、それぞれ「情報活動」「情報組織」と呼称することとする。

情報活動とは何か？

では次に情報活動についてみてみよう。

インテリジェンス文献の古典（ゲルト・ブッフハイト『諜報』やラディスラス・ファラゴー『智慧の戦い』など）によれば、情報活動は情報を活用する積極的な活動（積極的情報活動）と、情報（あるいはインテリジェンス）を相手側から守る消極的な活動（消極的情報活動）に区分できる。

積極的情報活動は情報を収集（獲得）する活動、情報を分析してインテリジェンスを生成する活動、さらには情報やインテリジェンスに基づいて公然に行なわれる政策や外交、水面下で行なわれる「カバート・アクション」（Covert action：一般に秘密工作と翻訳される）に区分できる。

さらに収集する活動は外国の新聞、書籍、通信傍受などから公然と情報を収集する「コレクション」（Collection）と、専門の組織によって諸外国の活動を非公然に観察して情報を獲得するエスピオナージ（Espionage）に区分できる。

カバート・アクション[※]には「宣伝（プロパガンダ）」「政治活動」「経済活動」「クーデター」「準軍事作戦」がある。（マーク・ローエンタール『インテリジェンス』）

一方の消極的情報活動には、受動的で公然的に情報を守る「セキュリティ・インテリジェンス」（Security Intelligence：情報保全）、非公然で能動的に情報およびインテリジェンスを守る活動まで含む「カウンター・インテリジェンス」（Counter Intelligence：防諜）に区分できる。

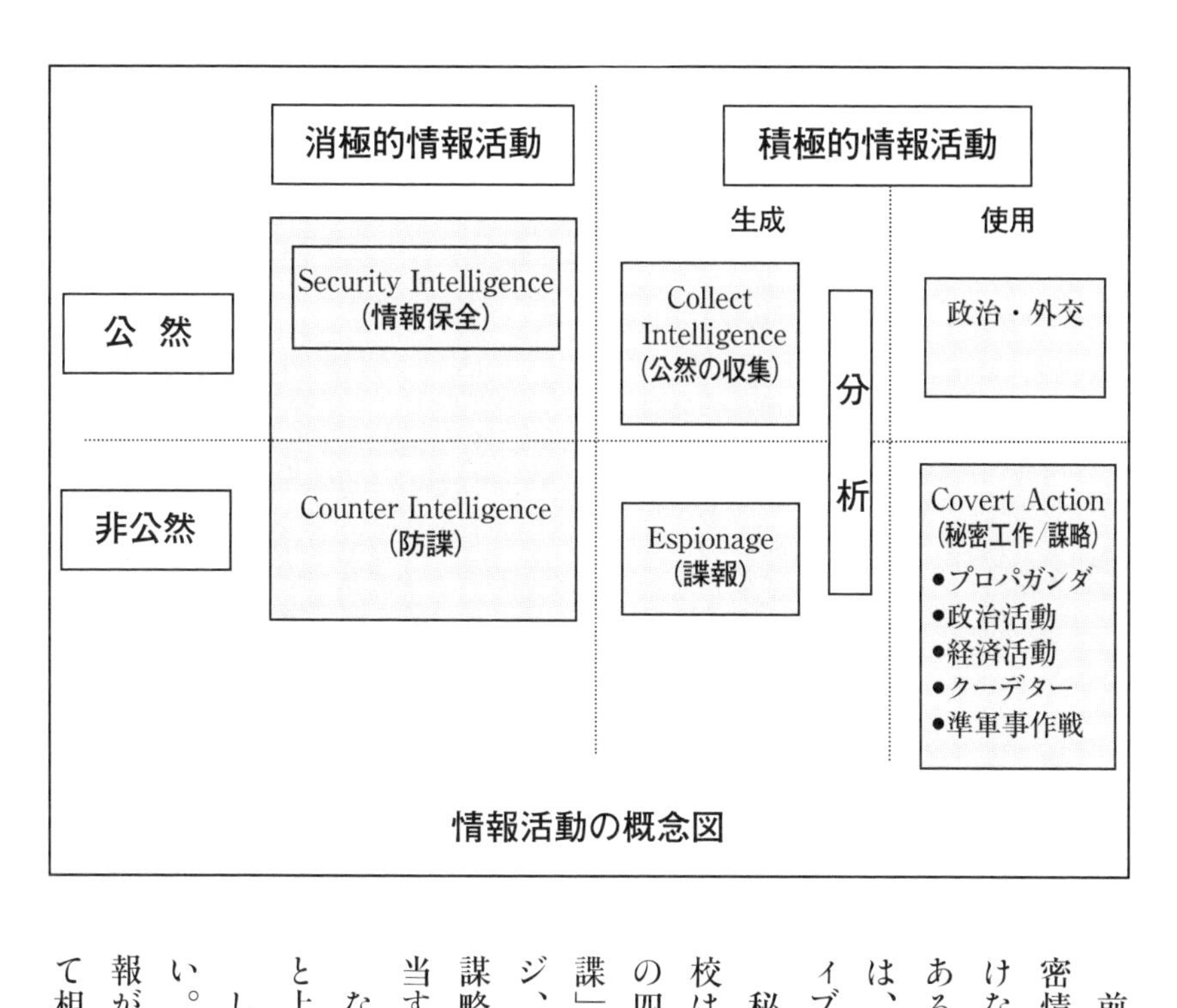

情報活動の概念図

前者の「セキュリティ・インテリジェンス」は秘密情報を管理する、不審者を重要な秘密施設に近づけないなど、一般組織が当然に行なう通常の活動であるが、後者の「カウンター・インテリジェンス」は、特別な情報組織によって行なわれる最もアクティブかつ危険な情報活動である。

秘密戦士を育成するための旧軍組織の陸軍中野学校は、秘密戦を「諜報」「防諜」「宣伝」「謀略」の四種類に区分していた。そして防諜には「積極防諜」と「消極防諜」があった。諜報がエスピオナージ、防諜がカウンター・インテリジェンス、宣伝と謀略がカバート・アクション（秘密工作）にほぼ該当することになる。

なお、以上に述べたことを筆者なりに図表化すると上図のようになる。

しかし諜報、防諜、秘密工作には厳密な垣根はない。たとえば防諜のためには相手側の動向を探る諜報が必要となる。秘密工作を行なうにも諜報によって相手側の弱点を探り、我が利する点を明らかにしておくことが前提となる。

フランス駐留軍総司令部の将校として、第二次世界大戦に参加した戦史研究家のドイツ人、ゲルト・ブッフハイトは「（情報活動の）それぞれの専門分野は密接な関係にあるので、管轄範囲を明確に区分しようとすることはほとんど不可能に近い」と述懐している。（ゲルト・ブッフハイト『諜報』）

秘密工作を情報活動の範疇に含めるべきではないという議論はある。しかし、これは情報組織による活動がエスカレートする過程で生まれてきたものだ。

秘密工作は非公然かつ水面下で行なわれるのが原則だから公式の政府機関や軍事機関は使えない。したがってＣＩＡやＫＧＢの例をあげるまでもなく、各国においては情報組織がしばしば秘密工作を担ってきた。伝説の元ＣＩＡ長官のアレン・ダレス[※]は、「陰謀的秘密工作をやるには情報組織が最も理想的である」と述べている。（アレン・ダレス『諜報の技術』）

史上最大の欺瞞工作

陰謀的な秘密工作の醍醐味は敵をまんまと欺くことである。つまり、敵に誤判断や錯誤をもたらし、『孫子』がいうところの「戦わずして勝つ」「勝ち易きにして勝つ」を達成することである。

この欺瞞工作を最も得意としていたのがイギリスの首相、ウィンストン・チャーチル（一八七四～一九六五年）である。彼が行なった欺瞞工作で最も有名なのが「ミンスミート作戦（挽肉作戦）」だ。

この作戦は第二次世界大戦中の一九四三年に実施された。イギリス軍は連合軍の真の上陸目標であるシチリア島からドイツ軍の関心を何とか逸らしたい。そこで、正体不明の死体をイギリス軍将校に偽装し、彼が不測の事故に遭遇したよう作為した。つまり、イギリス軍将校が重要な機密書類（作戦計画）を携行して運ぶ途中に航空機事故にあったように見せかけたのである。

もちろん、この機密書類はまったくの偽物で、ドイツ軍の上陸がシチリア島ではなく、バルカン半島であるかのように緻密に偽装したものであった。イギリスはこの死体を、偶然にドイツ軍が入手するように、スペインのウェルバ沖の海岸から投棄した。それにドイツ側がまんまと引っかかり、連合軍の攻撃正面を見誤ったというわけだ。

さらに大がかりな欺瞞工作が「ダブルクロス作戦」である（一〇七頁参照）。その作戦の最大の成果とされるのが、ノルマンディー上陸作戦（一九四四年六月）である。このダブルクロス作戦は、その二年前の上陸作戦とも関連するものであった。

一九四二年八月、友軍のカナダ第二師団を中心とする約五千人の兵士がノルマンディー海岸（ポーツマス対岸）のディエップ付近に上陸した（ジュビリー作戦）。この作戦でカナダ師団は多数の死者を出した。カナダ師団の敗北はもっともな結果であった。なぜならばヒトラーはイギリスに侵入させていたスパイにより、カナダ軍がディエップに上陸することを事前に入手し、待ち構えていたからである。

しかし、実はチャーチルが一枚上手であった。彼はすでにヒトラーが送ったスパイをイギリス側の二重スパイとして獲得していたのである。それにもかかわらず、ヒトラーがこのスパイが依然として忠実なスパイであることを疑わないように、チャーチルは二重スパイに対し、ある程度の正確な情報を与えてヒトラーに報告させていた。ヒトラーはジュビリー作戦でカナダ師団が予想地点に上陸したことにより、イギリスに展開しているスパイ網の有効性をますます確信するようになった。

そして、二年後の上陸作戦では、上陸正面がノルマンディー海岸ではなく、カレー海岸（ドーバーの対岸）であるかのように、二重スパイを使って偽情報をドイツ軍上層部に流し続けた。それに加えてカレー正面対岸の部隊を増強するなどの陽動作戦も行なった。

ドイツ軍は連合国軍がカレー正面に上陸するものと確信し、ノルマンディー正面の防衛を怠ったため、連合国軍の上陸作戦は成功した。チャーチルは「ジュビリー作戦の損害は大きかったが、その成果はそれ以上のものがあった」と彼の回想録の中で述懐した。

一方でイギリスは秘密作戦の漏洩を恐れ、二重スパイに転向することを承諾しない者は容赦なく処刑した。つまり、イギリス側の欺瞞工作は諜報、防諜と一体になって行なわれたのである。

スパイの広義的解釈

スパイとは一般的には秘密情報を探る人、すなわち諜報活動を行なう者を指す。だからわが国ではスパイのことを「諜報員」「諜者(ちょうしゃ)」という。

古代中国ではスパイを「間(かん)」といった。それがわが国に流入し「間諜(かんちょう)」「間者(かんじゃ)」などと呼ばれた。

『孫子』ではスパイを「郷間」「内間」「反間」「死間」「生間」の五つに区分している(五間)(※)。なかでも『孫子』が重視するのが「反間」だ。「反間」とは敵国のスパイが我が方に寝返った者、すなわち「二重スパイ」(ダブル・エージェント(※))である。

『孫子』では「必ず敵人の間ありて、我を関するものを索(もと)め、よりてこれを利し、導きてこれを舎(しゃ)す、故に反間を得て使うべきなり」とある。これを現代語に訳すと次のとおりとなる。

「わが国の様子をうかがっている敵のスパイを必ず探し出し、何らかのきっかけを求めてこれと接触し、厚く賄賂を与えて、わざと求める情報を与え、よい家宅に宿泊させて、ようやく反間として用いることができる」

二重スパイは我の偽情報を意図的に流し、敵の誤判断や官民の離間(りかん)を謀(はか)る者をいう。

つまり『孫子』によれば、スパイは単なる諜報員にとどまらず、謀略あるいは秘密工作に従事する「工作員」を含むのである。

以上のことを踏まえ、本書における表記について説明しておく。

世に流通する〝スパイ本〟では「スパイ」と「工作員」を区別して列記するものが多くあるが、両者に明確な境界線は引けないことから、本書ではほとんどの場合、両者を「スパイ」として統一表記する。すなわち本書でのスパイは原則として工作員を含むものとする。

あえて区分する必要がある場合には「諜報」「防諜」「秘密工作」あるいは「謀略」などと表記するが、ほとんどの場合には「スパイ活動」と総称する。すなわち、スパイ活動を水面下におけるすべての情報活動の意味で用いる。

スパイは二番目に古い職業

スパイは歴史上、二番目に古い職業であるといわれている。では「一番目は何か」ご存知であろうか？　それはどうやら売春らしい。この話は紀元前一三世紀の『旧約聖書』の「ラハブの物語」に由来する。古代イスラエルの民族指導者であったモーゼは二〇〇万人のユダヤ人を引き連れてエジプトを出発し、目的地であるカナン（現シナイ半島）を目指した。

カナン入城に際し、モーゼは一二人の斥候に、敵情と地形の偵察を命じた。偵察を終えたほとんどの斥候は、カナンが厳重に防備されていることに怖気づいて、進攻を断念するようモーゼに進言した。しかし、ヨシュアとカレブの二人だけは、ただちに進攻するよう上申した。

ヨシュアにカナン攻略がまかせられた。ヨシュアはイスラエル軍を率いて、まずジェリコの城下に迫った。ここで二人のスパイを先遣した。

ジェリコには娼婦のラハブがいた。彼女は二人のスパイに秘密の会合と寝泊りをする場所「隠れ家（セーフティ・ハウス）[※]」を提供した。

「スパイが入城した」との噂を聞きつけてやってきたジェリコの官憲は、ラハブに「スパイはどこだ？」と問いただした。しかし、ラハブは決して口を割ろうとはせず、スパイを安全なルートから逃がしてやった。

ヨシュアが兵を率いてジェリコの城下に侵入した時、ラハブの家だけは攻撃されなかった。なぜならば、ラハブが「隠れ家」を提供したかわりに「ラハブとその家族だけは助ける」ことが申し合わされていたからである。彼女の家の窓から垂らした赤い布きれが、この申し合わせの「秘密の合図（コード・メッセージ）」となった。

この物語が示すところを簡単に整理しよう。まずヨシュアが派遣した二人が人類最古のスパイである。そのスパイよりも先に存在したのが娼婦のラハブである。つまり娼婦による「売春」が最古の職業で、それに次ぐのがスパイというわけである。

要するにこの話は、スパイの活動が人間社会とは切っても切り離せない根源的なものであることを教示しているのである。

スパイ活動は基本的な国家機能

『旧約聖書』をひも解くまでもなく、歴史をさかのぼってさまざまな文献を見るかぎり、人間社会の中にスパイはずっと存在し続けてきた。

人間というものは自己保存本能ゆえに臆病で用心深い。誰しもが自分の意図を隠して相手に関する情報を知りたがる。だから情報はこっそり盗まなければならないし、そのためにスパイが必要になる。

なにやら、〝邪悪〟な行為をすべてスパイ活動と認識し、それに関与する者をスパイと侮蔑する風潮が世の中にはある。しかし、これは大きな誤りである。

国家が存続し発展するためにはインテリジェンスが不可欠である。つまり、相手国が何を考えていて（意図）、それを実行に移す能力があるのか（能力）、そして我が方にいかなる行動を加えるのか（行動方針）など、相手国に立ち向かううえでの知識が必要となる。

相手国は自らの意図、能力および行動方針を知られてはならないので、そのような知識を秘密にする。秘密が存在し、相手側がこれを守ろうとする以上、当方には秘密を探ろうという基本的行為が生じる。これがスパイ活動の本質である。

このようなスパイ活動は決して卑劣なものではない。インテリジェンスを守る活動と同程度に人間本能に根ざした基本的な国家機能なのである。

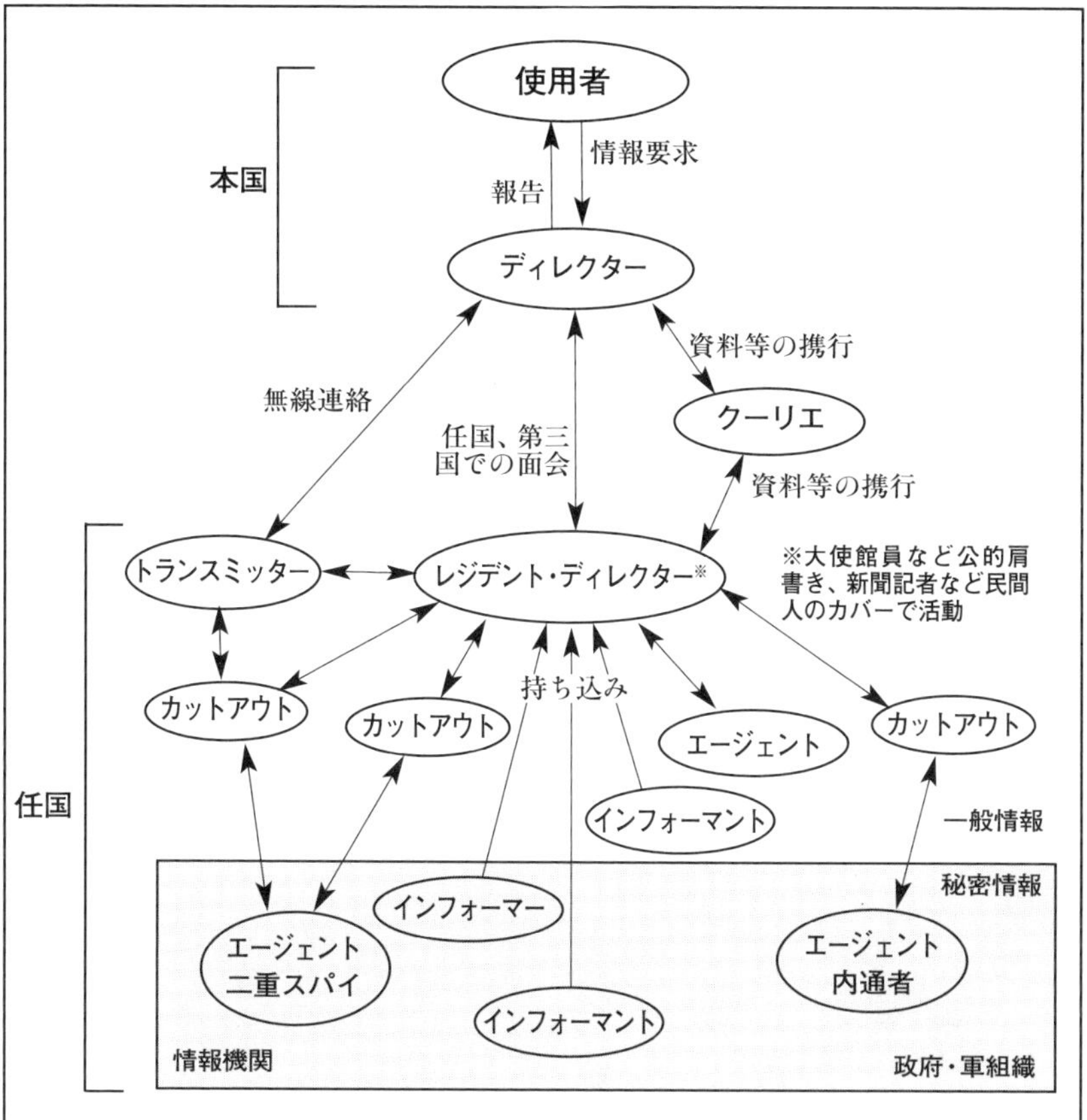

スパイ組織の運用（一例）

組織的なスパイ活動

　国家としての情報活動は、国家政策の決定者（インテリジェンスの世界では使用者という）などから発せられる「情報要求」（これこれの情報・インテリジェンスを寄越せと指示すること）が複数の過程を経て、情報収集部署あるいはスパイ（収集員、諜報員）に伝えられる。報告はおおむねその逆を辿ることになる。

　スパイ活動は高度に秘匿されるべきなので、使用者とスパイとの関係が露呈することは許されない。だから専門の組織をもって活動を秘匿する。

スパイ活動は公然的な情報活動に比して一層複雑な指揮系統を必要とする。指揮系統の頂点には管理官（ディレクター）[※]が君臨し、その下で、現地でスパイ活動を管理する現地指揮官（レジデント・ディレクター）[※]が現地諜報員（エージェント）[※]を運用する。

また、公的組織や情報組織のまわりには、情報提供者（インフォーマント）[※]や密告者（インフォーマー）[※]がいて、これらが情報を持ち込んでくる。

集めた情報は、通信連絡員（トランスミッター）[※]、連絡員（クーリエ）[※]、中間連絡員（カットアウト）[※]通じて、逐次に上級レベルの指揮官に報告する。そして最終的に、責任者まで情報要求が戻ってくる。

これらの組織体系を簡略化して示せば、前頁の図のようになる。

連絡員との接触については慎重な行動が求められる。かつて日本でスパイ活動を主導したリヒャルト・ゾルゲは、公判廷においてソ連情報機関が連絡員との連絡方法の設定に周到な配慮を払った事実を力説した。ある時の連絡員との接触のため、ゾルゲは「日本からはるばる香港の料理店まで行け」との指令を受けた事実を公表した。

このようにスパイ活動は組織的に行なわれる。つまりスパイ一人の発見はその背後に多数の関係者が隠れていることを意味する。事実、ゾルゲ事件においては、まことに多くの関係者が存在したのである。

スパイ活動は巧みにカバーされる

スパイ活動の基本は「接近」である。対象とする物、場所、人に接近しなければ、なにも見えないし、なにも聞こえてはこない。だから、最も簡単なスパイ活動とは上手に隠蔽された一種の偵察である。実際、対象とする人の行動や物の現象などをこっそり観察するだけで重要な情報が得られることがある。

しかし、保全された〝鉄のカーテン〞の内側を覗くには、こっそり観察するだけでは不十分である。時に相手側組織の内側深くにスパイを「潜入」させ、相手側組織に一定期間とどまらせる「浸透」（ペネトレーション※）が求められる。

スパイを浸透させることを業界用語で「植え付け」（プラント※）と呼んでいる。東西冷戦期、東ドイツ情報機関が仕掛けたプラントにより、西ドイツではブラント首相が引責辞任する事件が一九七四年五月に発生した。（二三七頁参照）

フランスでもミッテラン大統領時代の国防相を務めたシャルル・エルニュが一九五〇年代から六〇年代にかけ、当時のソ連や東側諸国に情報を手渡し、報酬を得ていた。ミッテラン大統領はエルニュ死去後（一九九〇年）の九二年に内務省の国土監視局（ＤＳＴ※）からエルニュがスパイであった事実を知らされたが、国家機密として封印するよう命じたという。

「浸透」したスパイのことを業界用語で「モグラ※」という。モグラには極度のストレスがかかるため、アルコール依存症になったり、金銭面でだらしなくなったりする傾向がある。（一七七～二〇八、二一二～二一三頁参照）

ＣＩＡがモグラによって大きな被害を受けたのが、ラリー・ウタイ・チン※（一九二二～八六年）とオルドリッチ・エイムズ※（一九四一年～）であるという。

スパイが相手側組織に潜入して行動するためには身分を偽装しなければならない。スパイが第三国で怪しまれずに活動を行なうために自らの経歴を偽って別人になりすますことを「カバー※」、そのための偽の経歴を「カバー・ストーリー※」と呼ぶ。

最も成功したカバー事例としてあげられるのがゾルゲである。彼はドイツ有力紙「フランクフルター・ツァイトゥング」紙の東京特派員で、かつ忠実なナチス党員になりすまし、公式旅券で日本に入国してスパイ活動を公然と行なった。

いまもスパイが巧みなカバーによりモグラとなり、わが国の指導者に接触し、こっそりと秘密情報を入手したり、影響力を及ぼしている可能性があるということである。

エージェントなどの獲得・運用

相手側組織への潜入が困難な場合にはエージェントなどを利用する。そもそもスパイ活動は外交官などの公開身分の者や、公開あるいは非公開（新聞記者など）の身分に偽装した情報官が自ら活動するよりも、エージェントなどを運用して行なうのが一般的である。

なお、エージェントには、情報を収集する者だけでなく、影響力行使エージェント（エージェント・オブ・インフルエンス）[※]、組織撹乱などを企てる挑発エージェント（エージェント・オブ・プロボカトール）[※]もいる。さらには、スパイ活動を支援するだけの「サポート・エージェント」[※]もいる。

ゾルゲは朝日新聞記者の尾崎秀実（おざきほつみ）[※]をエージェントとして獲得・運用していた。尾崎は朝日新聞記者でありながら著名な中国専門家でもあり、第一次近衛内閣の側近として軍首脳部とも密接な関係を有していた。したがって、日本の対外政策が、尾崎―ゾルゲの系列でソ連コミンテルンに筒抜けになっていた。またコミンテルンの意向を受けた尾崎の論説や発言は、当時の日本の対外政策に大きな影響を及ぼしたであろう。

エージェントは、我にとって役に立つ者でなければならない。エージェントが機密を知る場所にいることを業界用語で「イン・プレス」[※]という。

相手側の情報組織にとって、我の情報組織の要員をエージェントとして獲得できれば極めて有利である。なぜならば、その要員が所属している情報組織の活動を解明することができるし、偽情報を流布して情報活動を混乱させることが可能となるからだ。

エージェントとして獲得されやすい人物の特徴を端的に表示する言葉が「ＭＩＣＥ（マイス）」[※]である。これは、①金銭（Money）、②思想・信条（Ideology）、③名声や信用を危険にさらすこと（Compromise）、④自尊心（Ego）の頭文字を取ったものである。

アメリカＣＩＡのオルドリッチ・エイムズは、①の金銭的欲望からＫＧＢのスパイとなった。尾崎秀実やイギリスのキム・フィルビー[※]は、②の共産主義イデオロギーを信奉しソ連のスパイになった。ハニートラップ（甘い罠）により籠絡されるケースは、女性との関係が暴露されることを恥とする③に該当するであろう。④は出世に遅れ、組織に不満を持った人物が、相手国などのスパイから、能力の高さを褒められ、自尊心を巧みに鼓舞されてスパイとして籠絡されるケースである。二〇〇八年一月の内閣情報調査室職員のスパイ事件はこれに該当するといわれている。

かつてKGBはエージェントの候補者を「モラルに欠ける政府職員」「甘やかされっ子」「不満を持つ知識階級」「孤独な秘書」の四つに置いていた。

以上に述べたことは我が防諜体制の在り方を考えるうえでの基本となる。

スパイの最も深刻な任務は暗殺

スパイの任務にも情報収集、連絡、スパイ・キャッチャー、破壊工作などさまざまある。この中で、最も深刻な任務はおそらく暗殺であろう。暗殺者を業界用語で「アサシン」[※]という。

第二次世界大戦時、ドイツ軍の後方に潜入するイギリスの特殊作戦執行部（SOE）[※]やアメリカの戦略諜報局（OSS）[※]は破壊工作任務や暗殺を実行する道具として、隠匿できるナイフ、棍棒、小型拳銃などを利用した。小型拳銃の銃口にはサプレッサー（銃声抑制器）が取り付けられた。

暗殺任務は戦争終結後も継続されたが、戦時中と違って、目立ちやすいサプレッサーを装着した拳銃を持ち運ぶことはむずかしくなり、情報組織は武器を使うという固定観念を捨て、偽装しやすい病死や事故死を装った暗殺手段を考え始めた。（毛利元貞『図解スパイ戦争』）

ソ連情報機関はこれまで政敵の粛清のために暗殺に手を染めてきた。一九三〇年代、「カーメラ（特別室）」と称する研究所を設け、毒などの暗殺手段を開発した。ソ連による最も有名な暗殺事件がトロツキーの暗殺である。（八八頁参照）

一九四一年、独裁者スターリンの政権下で、ラヴレンチー・ベリヤ(※)によってスパイを殺す「スメルシ(※)」という専門組織も設立されている。

東西冷戦期には、ボグダン・スタシンスキー(※)（一九三一年〜）というKGB将校がシュレーピンKGB長官の命を受けて、ミュンヘンで逃亡生活を送っていたウクライナの民族主義者二人を殺害した。一九五七年の一人目の殺害では、青酸カプセルを装填した特殊な拳銃を使い、顔面にガスを噴射した。六〇年の二人目の殺害では、シアン化合物暗殺銃が使用された。

二つの殺害にはまったく証拠が残らず、心臓発作として処理された。しかし、ドイツ人女性インゲと結婚していたスタシンスキーは、暗殺という罪の意識と妻を騙し続ける二重生活が嫌になり、一九六一年に西ドイツに亡命した。そして彼の口から暗殺の一部始終が明らかとなったのである。

この事件後、KGBは一時的に暗殺任務を停止するが、一九七八年にロンドンで発生した「こうもり傘殺人事件」では、猛毒リシン入りの金属片を撃ち出す「仕掛け傘」によって、ブルガリアからイギリスに亡命したジャーナリストが殺害された。

最近では二〇〇六年のロンドンで、元KGBとFSB職員であったアレクサンドル・リトビネンコが何者かにポロニウムを盛られ、死亡するという事件が発生している。彼はロシアに対する反体制活動家でライターであった。これも証拠はないが、ロシア情報組織の関与が取り沙汰された。

さらに、本書の冒頭で紹介したように、二〇一八年三月、ロシアの元スパイのセルゲイ・スクリパリの暗殺未遂事件も発生した。これには神経剤が使用された可能性があるという。

一方、CIAによる暗殺は、一般に信じられているほど頻繁には行なわれていないようだ。一九七六年、アメリカ上院の聴聞会は、CIAが外国の指導者の殺害を企てて失敗したことが何回かあったものの、実際に成功した例はないことを確認した。現在、CIAが暗殺に関わることは大統領令により禁止されている。（H・メルトン『スパイ・ブック』）

なお、スタシンスキーによる暗殺準備と実行、暗殺後に彼が妻との結婚生活の中で亡命を決意し、からくも西側に亡命する、といったスリリングな事件の顚末は、ディーコン&ウエストの『スパイ！』に詳述されている。

近代的情報組織がイギリスに発足

スパイ活動は組織的に行なわれる。だから、スパイの歴史とともに情報組織が発達してきた。最も古い歴史と伝統を有する近代的な情報組織はイギリスで発祥し、一四世紀のエドワード三世（一三一二～七七年）の治世には国家的な制度としての情報組織が設立された。

一六世紀以降、イギリスは世界面積の約四分の一を領有する大帝国を築いた。その一方で国内的には欧州大陸から忍び寄るカトリックの思想的影響に怯えていた。この影響を排し、大英帝国を維持・繁栄するうえでインテリジェンスは必要不可欠であった。

一六世紀半ばのエリザベス一世の時代、フランシス・ウォルシンガム[※]（一五三〇～九〇年）が近代的な情報組織を創設した。

当時、王位を継承したエリザベスの異母姉のメアリ一世は、敬虔なカトリック教徒であった。彼女はプロテンスタン教徒であるエリザベスを「プロテスタントによる反乱を企てた」との濡れ衣を着せて一年近くも投獄した。

ところが一五五八年にメアリ一世が死亡するとエリザベスが女王に即位した。今度は異母妹のメアリ・スチュワートが、エリザベスから王位を奪う企みを開始した。スチュワートもカトリック教徒であった。カトリック教徒は彼女を担いでプロテスタントの打倒を陰謀したわけである。

そこで、エリザベスを守ったのが伝説のスパイマスターのウォルシンガムである。彼はスチュアートが生きている限りエリザベスの身の安全は保障されないと考えた。エリザベスの生命が危険にさらされるような場合、一切のためらいもなしに敵対者を殺害した。やがて彼は、スチュアートがイギリス王位を狙って陰謀に加担していたとする証拠を捏造し、彼女を死刑台に送った。異母姉のエリザベスは渋々ながらスチュアートの死刑執行書に署名した。

スチュアートは法廷で告発した。「陰媒をめぐらせ、私を罠に陥れたのはウォルシンガムである。奴こそが最も悪辣な陰謀者である」

ウォルシンガムは反駁した。「神が私の証人である。一個人としての私は不正な人間であったことは一切なく、国務長官としての私は義務に反するものはなに一つしていない」

ウォルシンガムは、女王エリザベスの保護とカトリック勢力から国家を守るため、個人的な財産をすべて投げうって情報活動に心血を注いだのである。

彼の献身的で愛国的な活動がインテリジェンスの伝統を築いた。一九世紀後半からの植民地政策の強化にともない、イギリスでは陸軍情報部、海軍情報部、外務省情報組織、ロンドン警察庁特別局（スペシャル・アイリッシュ・ブランチ）、暗号解読局などの情報組織が相次いで創設された。

第二次世界大戦時、日・独の情報将校の地位は作戦将校に比して格段に劣り、軍事情報活動に対する理解は低かった。しかし、イギリスではスパイには優れた人物が採用された。スパイとなることは誇りであり、「スパイは紳士の職業である」とまで言われた。それゆえにスパイの大部分はケンブリッジ、オックスフォードなどの一流大学卒に占められた。

これら大学の卒業生は哲学、古典、神学および科学を知悉していた。自尊心の強い一流大学の卒業生が情報組織に就職したことから、イギリスでは伝統的にヒューミント(※)（人的情報）を重視する傾向が強くなった。

イギリスの情報組織の歴史は、インテリジェンスが国家の存続と繁栄に必要不可欠なものであり、それを獲得・利用するスパイ活動もまた欠くべからざる存在であるということを伝えてくれている。

情報組織の発展経緯

前述のとおり、インテリジェンスの語義の一つは「情報組織」である。ここで情報組織の発展・経緯についても言及しておこう。

近代的な情報組織がイギリスで発祥して以降、やがて情報組織は軍の参謀部と、秘密警察組織という二つの型式で発達することになる。その源流は、ビスマルク時代におけるドイツのヴィルヘルム・シュティーバー[※]（一八一八～八二年）が率いた情報組織に見ることができよう。（四〇頁参照）

その後、国家が複雑な総合戦あるいは非軍事戦を戦うなかで、軍以外の情報組織が芽生えていった。そして今日では、さまざまな情報組織のゆるやかな共同体とでもいうべき「インテリジェンス・コミュニティ」の概念が生まれた。さらに国家中枢において情報活動を担う中央情報組織、軍や警察機構などの各省庁のニーズに応える省情報組織といった区分概念も確立されている。

また情報組織が情報収集あるいは諜報から、防諜や秘密工作、さらにサイバー戦などを担うようになり、これら活動を専門に扱う情報組織の設立、すなわち情報組織の分化も進んできた。

情報収集手段もオシント[※]（公刊情報）以外にも、ヒューミント（人的情報）、イミント[※]（信号情報）、エリント[※]（映像情報）などの各収集手段が発達し、これにともなって専門の情報組織が続々誕生した。なお現代の情報収集の手段は次頁の図のように区分できる。

情報組織が巨大化し権力を持つようになると、政府組織と情報組織の対立という問題も起きた。一九六〇年代初頭のキューバ危機後におけるケネディ政権とＣＩＡの対立などはその顕著な例である。逆にウォーター・ゲート事件（一九七二年六月）は、時のニクソン政権とＣＩＡが結託して起こした事件である。現在のトランプ米政権とアメリカ情報機関の緊張などを見るにつけ、こうした問題は根源的なものだということがよくわかる。

スパイ活動を行なう情報組織、そしてスパイ活動

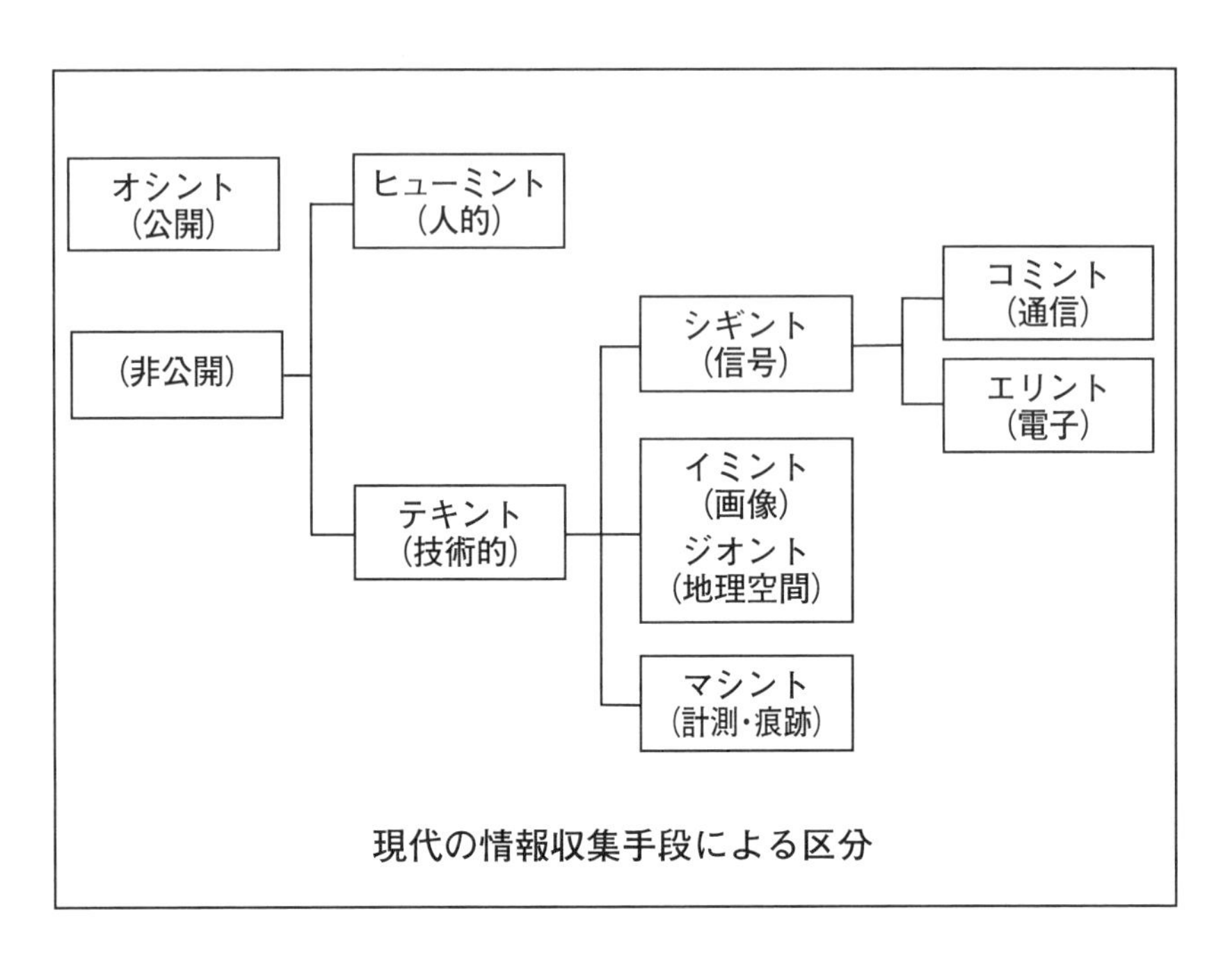

現代の情報収集手段による区分

を命じる、あるいは容認する政府組織、これらの熾烈な戦いも、もう一つの情報戦と言えるであろう。

最古の女性スパイはデリラ

次に、スパイ活動と女性との関係について考えてみよう。

最古の女性スパイは『旧約聖書』の「デリラの物語」に由来する。この物語は『サムソンとデリラ』という映画で有名になった。

デリラはイスラエル人の宿敵であるペリシテ人の女性である。サムソンはイスラエルの士師（統治者）の一人で、大変な力持ちであった。彼はペリシテ人の圧政からイスラエルを解放し、二〇年間にわたり士師として君臨するヒーローであった。

ペリシテ人はサムソンをなんとかしてやっつけようとするが、サムソンの腕力の前ではまったく歯が立たない。やがてサムソンは美しいデリラを愛するようになった。ここに好機がめぐってきた。ペリシテ人はデリラを利用してサムソンの力の源泉を探ろうとし、デリラはサムソンの妻となった。

デリラは〝夜の営み〟と泣き落としでサムソンを籠絡した。そして彼の力の源が髪に宿っていること を聞き出し、このことをペルシテ人の長老に報告した。ペルシテ人はまんまと宿敵サムソンの弱点を握ったのである。

さらにデリラはサムソンが寝ている隙に彼の髪を切り、サムソンはすっかり力を失った。そこで、ペルシテ人は労なくしてサムソンを捕らえ、目を抉（えぐ）った。

デリラは今でいう「ハニートラップ(※)（甘い罠）」によって難攻不落のサムソンを攻略したことになる。いつの時代でも「英雄色を好む」とはよく言ったものである。権力者に限って女性に弱い。そこに「ハニートラップ」の罠が忍び込むということだ。

女性スパイの活用例

ところでスパイ活動に女性はどのように関わってきたのだろうか？

情報組織から採用・選抜されてスパイ活動に従事する者、男性スパイに籠絡されて秘密情報を提供するだけの情報提供者、妻や恋人として男のスパイ活動を補佐する者、親や上司などからスパイ活動を命じられた者、その形態は多種多様であるが、いろいろな女性がスパイ活動に関わってきた。

表にあらわれた情報史では、ほとんどの女性スパイは男たちに操られ、上司の机から機密資料を盗み出す、上司の思っていることや行動予定などを聞き出し、それを報告する役割にとどまってきた。

しかし、困難な状況下での諜報活動や破壊活動に女性が殉じた歴史もある。第二次世界大戦下のドイツに対するレジスタンス運動では、女性が敵地にパラシュート降下し、諜報活動や破壊工作などのスパイ活動に従事した。（一一四頁参照）

かつて北朝鮮の女性スパイであった金賢姫(※)（一九六三年～）は一九八七年の大韓航空機爆破テロに関与した。（二五八頁参照）

時として女性が暗殺に使われることもあるが、失敗することもよくある。その一例として、〝カストロが愛した女スパイ〟といわれたマリタ・ロレンツ(※)（一九三九年〜）がカストロの暗殺を企てた。しかし、これは情にほだされたロレンツが殺害を断念して、失敗したようだ。（二二二頁参照）

　また、スターリンに逆らったスパイであるイグナス・ライス(※)の暗殺のために送られた女性スパイも、旧知であるライスとの〝最後の晩餐〟で毒殺することを事前に計画していたが、罪の意識から毒殺を断念した。（八六頁参照）

　二〇一七年二月一四日、「聖バレンタイン」の日、北朝鮮指導者・金正恩（キムジョンウン）の異母兄、金正男（キムジョンナム）がマレーシアのクアラルンプール空港の搭乗口カウンターにて殺害されるという事件が発生した。

　この事件は女性二人（一人はベトナム人、もう一人はインドネシア人）による犯行であった。報道では正男が女性スパイによって毒殺されたと報じられたが、二人が本当にスパイであったかどうかははっきりしない。

　二人の経歴や事件後の不用心な行動（タクシーを利用しての現場離脱、監視カメラに対する不自然な対応、事件現場への舞い戻り）、自殺のための毒薬を持っていないことなどから素人の印象を受ける。この点は、前出の金賢姫も「厳しい訓練を受けた工作員とは思えない」として、素人による「請負殺人」説を述べている。

　だが、暗殺に女性を利用する利点は確かにある。第一に、女性というだけで、官憲のマークが格段に甘くなる。女性は無駄な功名心にはやらず、暗殺そのものに没頭する。そしてうまいこと捕まらないという。（「朝鮮日報」二〇一七年二月一七日付）

　この事件でも正男に対して空港で近づいてくる者が、仮に男性だとしたら、正男はもっと警戒したかもしれないし、周囲も異常事態の前触れに気づいたかもしれないのである。

ハニートラップとは何か？

　ハニートラップ(※)は女性による代表的なスパイの手

口である。近年のハニートラップの最も代表的事件をあげるとすれば、それは一九七〇年の「プロヒューモ事件」であろう。この事件の主役であるクリスティーン・キーラー[※]（一九四二年〜）は、イギリスのヌードモデルにして売春婦であった。彼女は、イギリス保守党ハロルド・マクミラン政権の陸軍大臣ジョン・プロヒューモと金銭を介した肉体関係を持った。この不道徳な関係を世間から指摘されたプロヒューモは、「彼女とは知り合いであるが、不品行な関係はない」と反駁した。

しかし、彼女は同時にイギリスの敵対国であるソ連のイワノフ武官とも性的関係を持っていたのである。これをマスコミが嗅ぎつけ、この事件が単なる閣僚の女性スキャンダルから「秘密情報の漏洩」という国家的な政治問題に発展した。ついにマクミラン首相は引責辞任に追い込まれた。

ところで、ハニートラップは必ずしも女性が仕掛けるものとは限らない。ヒトラーの時代、ドイツ軍最高司令部では秘密保全の立場から、秘書には信頼がおける将校の子女だけを採用することにしていた。それでも一九三四年、ジョージ・ソフノスキー大尉という勇敢でハンサムなポーランド人スパイがドイツ軍最高司令部に勤務する二人の女性秘書を籠絡した。二人とも将軍の娘であった。彼は古風なロマンチックな手法で彼女たちの歓心を買うと、必要な情報を根こそぎ入手した。なおヒトラー自身が女性スパイを忌避したのは、こうした独自の苦い体験があったからだといわれている。（ファラゴー『智慧の戦い』）

東西ドイツが対立する時代には、西ドイツ大統領府の女性秘書として勤務するマルグレット・ヘーケ[※]（一九三五年〜）が、東ドイツの国家保安省のフランツ・ベッカーという男性スパイによるハニートラップの罠に落ちた。

ベッカーは一九六九年に西ドイツに潜入し、ケルンの大学生というカバーで、当時四〇歳になろうとしていた孤独な独身女性ヘーケに接近した。たちまち彼の虜になったヘーケは外交・安全保障・防衛を

担当する大統領府第二局の秘密情報をせっせと盗み出してベッカーに渡した。（二三八頁参照）

なお女性をターゲットにする男性スパイを大ガラス(※)（ravens）といい、男性に狙いを定める女スパイをツバメ(※)（swallow）とするのが業界用語である。（吉田一彦『知られざるインテリジェンスの世界』）

一九六〇年代、中国の京劇俳優の女形である男性がフランスの男性外交官と親密な関係になって情報を入手する事件（「エム・バタフライ」事件）もあった。これは男性による男性に対するハニートラップ事件である。（三六頁参照）

まさに「ハニートラップに定型なし」ということだ。

売春宿「グリーン・ハウス」

情報組織にハニートラップのための専門機関を設置した最初の人物は、前出のプロシアのシュティーバーだといわれている。

彼はオーストリア軍との戦争において、大きな箱を二つ積んだ二輪馬車に乗って、オーストリアの隅々を行商人として旅した。箱の一つには聖家族や聖者の小像を収め、別の箱にはポルノグラフを入れていた。聖像を軽々しく扱う〝買い手〟はポルノに関心を示すに違いないと読んでのことであった。

シュティーバーは工作対象者を籠絡させるために、ベルリンに慰安所を開設した。これが悪名高い「グリーン・ハウス」である。彼はここに貴族などの上流階級を客として引き入れ、ハニートラップにより彼の要求を受け入れるように脅迫した。雇い入れた女性は「美人で、相手を選り好みしない」ことを要求し、良心の呵責なしに女性を利用した。

むろん、こうしたやり方は多くの反発を買った。ビスマルクとカイゼルから「プロシアとドイツ帝国に多大な功労があった」とたびたび叙勲されたが、多くのドイツ人は彼の貢献を認めたがらなかった。

しかし、シュティーバーのやり方はのちの情報組織が参考にした。ナチス・ドイツの防諜組織の長であるヴァルター・シェレンベルク[※]（一九一〇～五二年）は「サロン・キティ」の名前で知られた慰安所をベルリンに開設した。ここには美人で優しい粒よりの売春婦を揃え、隠しマイク、録音機を設置し、シュティーバー時代にはなかった写真撮影装置も備えた。

ハニートラップはKGBのお家芸

冷戦期には、旧ソ連KGBがハニートラップを常套手段としてきた。KGBが仕掛けたハニートラップの一つを紹介しよう。

一九五一年生まれのロシア人女性スベェトラナ・オゴロドニコワ[※]は七三年に夫のニコライとともに移民に偽装してロサンゼルスへ潜入した。彼女は看護師として働く一方で、八三年にFBIの防諜担当官リチャード・ミラーと接触し、ソ連情報の提供を〝エサ〟に、ミラーからFBIの内部資料の入手を試みた。

オゴロドニコワはミラーと性的関係を結び、籠絡した。やがてミラーは情報提供と引き換えに報酬まで要求するようになり、「籠の中の鳥」、すなわち「イン・ザ・ネット[※]」になってしまった。

オドロニコワとミラーの接触が頻繁だったため、ほかのFBI捜査員が怪しみ、一九八四年にオドロニコワ夫妻とミラーは逮捕される。夫妻のアパートを捜索した結果、暗号解読表やマイクロフィルムなどが見つかった。そして彼女がKGB少佐であり、日本経由でアメリカへ亡命（一九七九年）したスタニスラフ・レフチェンコ[※]（一九四一年～）の行方を捜していたことが判明した。

KGBでは、思想教育はもとより銃器の取り扱い方や格闘術、盗聴・盗撮などさまざまなテクニックを学んだ。その拠点となったのが「レーニン技術学校」である。

ここではセックスのテクニックも教育の一環だというから驚きだ。これについては『世界スパイ大百科実録99』が、KGBの「セックス訓練」と題する記事を掲載している。それによれば、男性については「どんな女性でも昇天させるためのセックス・テクニックを実地で教えられる」、女性の場合は「不特定多数の男たちと所構わずセックスができるよう仕込まれる」とある。

中国情報組織も負けてはいない

中国兵法書『六韜（りくとう）』には「厚く珠玉（しゅぎょく）を賄（まいな）いて、娯（たのし）ましむるに、美人を以（もっ）てす。美女喚声を進めて、以てこれを惑わす」とある。『兵法三十六計』にも「美女の計」がある。（拙著『中国戦略〝悪〟の教科書』）

春秋時代、越王勾践（こうせん）は、美女の西施（せいし）を呉王夫差（ふさ）に送って警戒心を解いた。すなわち、ハニートラップは中国の伝統的手法である。

中国のハニートラップ事件としては、エム・バタフライ事件が有名だ。一九六四年、フランス外交官ベルナール・ブルシコは京劇俳優の時佩璞（じはいふ）と性的関係を持った。中国共産党中央調査部（※）は二人の関係を利用し、六九年にブルシコを協力者として獲得した。ブルシコは時佩璞と結婚し、中国から出国した。その後、八五年にフランス当局によりスパイ容疑で逮捕されるまで、フランスの国家機密を中国に漏洩し続けた。

事件が表面化した時に世間が驚いたのは、時佩璞が男性であることが判明したからである。これには「性行為が暗闇で行なわれたから、ブルシコは最後まで時佩璞が男であることを知らなかった」という説もあるが、これは常識的に考えて疑わしい。むしろ中国情報組織がブルシコの性癖を調べ、これを利用してハニートラップを仕掛けたのだろう。

二〇〇三年、最大級のハニートラップ事件が発生した。「パーラーメイド」のコード名を持つ、カトリーナ・レオン（※）（一九五二年〜）という中国系アメリカ人女性が、中国国家安全部（※）の指令の下で、FBI捜査官二人と性的関係を結んで、米側の秘密情報を窃取し、それを中国に流していた（二七六頁参照）。レオンの夫は、自分の妻が二人のFBI捜査官と関係していることをまったく知らなかったという。

なお、この事件の顚末は、デイヴィッド・ワイズ『中国スパイ秘録』に詳述されている。

これ以外にも次のような事例がある。

●二〇〇四年五月、在上海日本総領事館の電信担当官が首吊り自殺した。その遺書から、担当官は上海のカラオケ店に通っているうちにハニートラップに引っかかったことが判明した。

●二〇〇八年、台湾（中華民国）総統府の男性職員によるスパイ事件が発覚した。この男性は大陸で愛人を囲っていたが、その関係を暴露すると脅され、総統府の秘密情報を中国に漏洩するようになった。同時期に四人の台湾公務員が大陸を訪問中に風俗産業での遊興を中国側に隠し撮りされ、スパイとなるよう強要された。

●二〇一一年二月、台湾国軍の少将による機密漏洩事件が発覚した。この少将は二〇〇二年から〇四年にかけてタイで駐在武官として在勤していた時期に、中国人女性スパイと性的関係に発展し、機密資料を女性に渡すようになった。そのつど一〇～二〇万ドルの報酬も受け取り、泥沼にはまった。

●二〇〇八年の北京オリンピック開催中に、クレメント前ロンドン副市長が中国人女性と性的関係を持っている最中に機密文章を盗まれた。（拙著『中国が仕掛けるインテリジェンス戦争』）

二〇一六年、中国は「中国人女性」が「白人男性」からハニートラップを仕掛けられる一六コマの漫画を製作し、人民に注意を促した。漫画のタイトルは『デンジャラス・ラブ』で、ＡＰ通信などによると、四月一五日の「国家安全教育日」に合わせて、北京の地下鉄駅などに貼り出されたという。

さすがに中国はスパイの攻防に長けた大国だ。逆に〝スパイ天国〟の日本は中国の防諜体制を少しは見習うべきだろう。各種報道によれば、わが国の政治、経済界などさまざまな要人がハニートラップの餌食となってきたという。とくに社会的地位の高いエリートは、男女にかかわらずターゲットになりやすいので注意が必要だ。

わが旧軍もハニートラップの餌食

わが国の旧軍人なども海外でハニートラップに引っかかったようだ。

『あの戦争になぜ負けたのか』（文春新書）から、次のような対談場面を紹介しよう。この種の対談には、幾分の脚色は付き物であるが、なるほどと納得させられる内容である。

半藤（一利） 同じ工作問題でも下世話な話をいたしますと、僕は長年、日本の海軍がなぜ親英から親独になっちゃったのか疑問で、海軍の人に会うたび聞いたんですよ。そしたらみんな口を濁すんですね。ようやく聞き出すと、日英同盟が廃棄されてからは、イギリスに留学できなくなって、ドイツに行ったんですが、実はドイツは女を抱かせたからというんです。聞いた時はガクッと力が抜けましたねえ、気持ちはよくわかりますが（笑）。

保阪（正康） 僕も陸軍の駐在武官体験者に聞いたことがあるのですが、ドイツに留学すると、ホームヘルパーの名のもとに女性が一緒に住むんですよ。要するに現地妻をあてがわれるわけです。で、日本の軍人はたいていイカレちゃう、と言っていました。

福田（和也） カタブツの石原莞爾でさえ、ベルリンでは女がいたわけですから。ドイツは大インフレでマルクは超安かった、日本の留学生はみな恩恵をこうむってますね。

中西（輝政） 冷戦中もＫＧＢがしきりに女性を使って籠絡しますが、そういうテクニックはビスマルク時代のドイツが組織的に編み出したと思います。森鴎外のエリスだってわかりませんよ（笑）。留学中の外国軍人なんだから。

これも有名な話であるが、日露戦争の前年、日本の暗号通信がロシアの手に渡ったという。事件現場はオランダの日本公使館であった。

在オランダの日本公使は独身だったので、ロシアの情報組織はロシア人美女をオランダ人と偽ってメイドとして住み込ませた。彼女は公使の睡眠中に合鍵を使って机の抽出から暗号書を盗み出し、課報員が夜明けまでに写真を撮って戻しておくという方法で、五日間で暗号書の全ページを複写してしまった。公使は盗まれたことすら気づかなかったという。（長谷川慶太郎編『情報戦の敗北』）

この事件は、日露開戦直後に暗号書を盗み出させたロシアの課報主任がパリの本野公使に五千フランで売りに来たことで発覚した。外務省は慌てて暗号を更新し、それ以降、在外公館では特殊な金庫に保管させるようにした。（小松緑『明治外交秘話』）

しかし、この新しい暗号もフランス警察庁によって解読された。同警察庁の警視で片手間に暗号解読作業に従事していたアベルナが、わずか二カ月で一六〇〇ページにわたる日本外交暗号書のほとんどを再現した。親ロ中立国であったフランスはそのコピーを日露戦争後半にロシア側に渡したという。（前掲『情報戦の敗北』）

日露戦争に勝利した最大の要因は日英同盟である。逆に太平洋戦争の敗北は日独同盟に対する過信と暗号保全の杜撰さにあった。つまり、ハニートラップよって日本の歴史が大きく塗り替えられたかもしれないということである。

第1章 第一次世界大戦とスパイ戦争

ドイツの台頭とシュティーバー情報組織

スパイ活動が本格化するのは第一次世界大戦からである。まずは当時の欧州情勢に注目してみよう。

一六世紀の宗教改革とそれに引き続く一七世紀の三〇年戦争によって、一八世紀のドイツは約三〇〇もの小国に分裂していた。そのうえプロシアにはオーストリアという宿敵がいた。

一八六一年、発狂した兄王ヴィルヘルム四世に代わってプロシア王位についたのは、その弟のヴィルヘルム一世であった。彼はビスマルクを宰相に任命した。

ビスマルクの夢はプロシアによるドイツ統一である。そのためには小国を結集してオーストリアを打倒しなければならない。そこで、彼は情報組織を才能のある一人のスパイマスター[※]によって運営させることにした。彼こそが伝説の男、ドイツ統一で大きな功績を残したヴィルヘルム・シュティーバー[※]である。

シュティーバーは行商人を装い（カバー）、オーストリアに潜入し、さまざまな情報を収集した。彼のインテリジェンスは普墺戦争（一八六六年）および普仏戦争（一八七〇～七一年）で威力を発揮した。普仏戦争ではプロシアはわずか六週間でフランスに勝利し、アルザス＝ロレーヌ地方を奪った。シュティーバーのインテリジェンスが戦勝の決め手となったのである。

第一次世界大戦が勃発

プロシアがアルザス＝ロレーヌ地方を奪ったことで、フランス国内では反ドイツ感情が高まった。そこでビスマルクはフランスの国際的孤立を狙った。つまり、オーストリアおよびイタリアと三国同盟（一八八二年）を結び、ロシアと独露再保障条約（一八八七年）を結んで、フランスを政治的に包囲したのである。

ところが、一八九〇年にビスマルクが失脚すると、独露再保障条約は延長されずに、逆に露仏同盟（一八九四年）が締結され、ドイツはロシア、フランスにより、東西二正面から包囲された。

さらにイギリスが英仏協商（一九〇四年）、英露協商（一九〇七年）を締結した。これにより、英・仏・露などからなる三国協商と、独・墺・伊からなる三国同盟との両陣営の対立を軸として、ヨーロッパは多数の地域的対立を抱える複雑な国際関係を形成していったのである。

緊張を孕みつつあった一九一四年の六月二八日、オーストリア＝ハンガリー帝国の皇位継承者であるフランツ・フェルディナント大公夫妻がサラエボで銃撃された。世に有名な「サラエボ事件」である。

この事件の背景には、サラエボに住む、スラブ系セルビア人によるオーストリア人に対する民族的不満があった。

懲罰的な最後通牒を発するオーストリアに対し、セルビアはスラブ系国家のロシアの庇護に期待して、オーストリアの要求に屈しない。ついに七月二八日、オーストリアはセルビアに宣戦布告した。

これに対し、ロシアは二六日から三〇日にかけて総動員をかけた。これに刺激されたドイツが八月一日に総動員を下令し、ロシアに対して宣戦布告した。第一次世界大戦の幕開けである。

各国は英・仏・露からなる連合国と、独・墺・伊およびオスマン帝国からなる同盟国との両陣営に分かれ、総力戦を展開した。中立を宣言していたアメリカまでもが一九一七年四月にドイツに宣戦布告する。この戦争は一九一八年まで続き、夥しい惨劇を繰り返して、連合国の勝利で終わることになる。

繰り広げられるスパイ戦争

第一次世界大戦の前からロシアとオーストリアの

間でスパイ戦争が勃発した。オーストリアでは、アルフレッド・レードル（※）（一八六四〜一九一三年）が鉄壁の防諜体制を敷いて、ロシアからの浸透スパイを何人も摘発した。

しかし、レードル自身が途中からロシアに取り込まれて二重スパイとなった。レードルは優秀な軍人であり、人付き合いがよく、非の打ちどころのない人物であったが、男色の趣味を持っていた。

レードルは〝男色〟をネタに強請（ゆす）られ、ロシア情報組織（参謀本部七局）の手に落ちた。レードルにスパイ容疑がかかり、彼の部屋を調査すると、そこは香水に覆われ、軍の機密文書のほかに、同性への恋文、若者たちのヌード写真、彼自身が女装した写真などが散乱していた。

祖国を裏切ったレードルは死をもって償（つぐな）うことになるが、重要情報が漏洩された代償とはならない。第一次世界大戦でオーストリアは敗北するが、それはレードルがロシアに漏らしたセルビア侵攻作戦の計画書が影響したのかもしれない。

ドイツと英・仏との間でも熾烈な情報戦が繰り広げられた。ドイツは英・仏に対してスパイを潜入させる工作を活発化させた。

ドイツ情報機関では参謀本部第Ⅲb局（※）（アプヴェーア（※）の前身）のウォルター・ニコライ大佐（※）（一八七三〜一九四七年）や、のちのアプヴェーア（国防軍情報部）長官になるヴィルヘルム・カナリス（※）（一八八七〜一九四五年）が、中立国スペインなどを拠点にスパイ活動を展開した。戦争になれば通常の外交関係が途絶し、公的な在外公館が閉鎖されるから、中立国でのスパイ合戦が俄然、活発化するのである。

優れたシギント（※）（信号情報）機能を有しているイギリスはロシアの協力を得てドイツの暗号解読に成功し、大戦のほぼ全期間にわたってドイツの艦隊に関する情報を把握していた。

中東方面では、イギリスはオスマントルコに対するアラブ人の反乱工作を展開した。この活動で世に有名なのが、「アラビアのロレンス」こと、トーマス・エドワード・ロレンス（※）（一八八八〜一九三五年）で

あった。（六〇頁参照）

一方、普仏戦争（一八七〇〜七一年）に敗退したフランスにおいては、一八七一年六月、陸軍参謀本部第二部に「統計局」(※)が設置され、これが初めての常設の情報機関となった。八六年、仏独の緊張関係と対独復讐の世論を背景に、ブーランジェ将軍が登場し、彼を中心にヒューミントおよびシギントなどの対外情報機能が強化された。

しかし、一八九四年にはドレフュス事件（注）でつまずく。それによって、一八九九年、フランス軍情報部が担当していた防諜業務が内務省の管轄に移され、同年八月、国土監視部（ST）(※)が設置された。しかし、STは自前の調査機関を持たなかったため、一九〇七年には消滅した。それでも、第一次世界大戦前の一九一三年には、フランス軍の情報機関が国外に対する情報活動と防諜を担当し、内務省が国境監視と国内保安を担当するよう責任区分が明確になった。

ロシアは欧州での戦争参加と南下政策によって対外インテリジェンスを必要とした。トルコおよび英・仏と戦ったクリミア戦争（一八五三〜五六年）の頃から、ロシアは軍情報部を本格的な対外情報組織へと発展させた。

一方、国内保安のために、通称「オフラナ」(※)と呼ばれる機関を発達させた。当時、海外亡命者や外国勢力が国内の革命を支援・加担していたので、「オフラナ」は海外に浸透工作員を派遣し、パリなどに保安拠点を持つようになった。

以上のように、第一次世界大戦の前夜において、各国のスパイ戦争は激烈になっていくのであった。

（注）ドレフュス事件：一八九四年にフランス軍で起きた冤罪事件。無実のユダヤ系軍人のドレフュス大尉がドイツへのスパイ容疑をかけられた。ドレフュス大尉は無実を訴えたが、軍法会議で有罪となり無期流刑となった。のちに真犯人は判明したが、フランス軍の名声に傷がつくことを恐れた軍首脳は事実をひた隠した。ドレフュスの親族、著名人、政治家などがドレフュス擁護に回った。この裁判をめぐって、判決にユダヤ人に対する差別があるとして、フランスの国民世論が対立した。

第2章
マタ・ハリ伝説の実態

「暁の瞳」マタ・ハリ

各国が熾烈なスパイ戦争を繰り広げるなか、一人の女性が世の注目を浴びた。その女性とはマタ・ハリ※（一八七六〜一九一七年）である。

彼女は一八歳の時、スコットランド出身のオランダ植民地軍の将校マックレオド大尉と結婚した。マタ・ハリよりも約二〇歳も年上であったこの将校は、植民地インドネシアのバリに赴任するにあたって結婚相手を公募した。これに、暇を持て余していたマタ・ハリが応じたというわけである。

結婚のなれそめがそのような打算的なものであったことや、マックレオドが飲んだくれの女好きでどうしようもない道楽者であったことから、二人の結婚生活はたちまち破綻した。彼女にとって、結婚生活での唯一の成果はマックレオドのバリ島勤務の間にジャワの踊りを習ったことであった。

一九〇五年頃、三〇歳になろうとしていた彼女は、踊り子としてパリの舞台に立ち、マタ・ハリと名乗った。それは「暁の瞳」という意味であった。

彼女は生来の嘘つきで、「インドのバラモンの家柄である」とか「母はインドの舞妓であり、母から神楽を習った」などと嘘をついた。しかし、逆にそれが彼女の神秘性を高めることになった。

彼女はパリを拠点として、ベルリン、ウィーン、マドリードなどの大都市で舞台に立った。愛嬌をふりまくことに物惜しみせず、ほとんど裸で踊っていたこともあり、大変な人気を博した。そして各地を回り、社交界に招かれたりして著名人になっていた。

彼女は行く先々の軍将校や政治家らと数多くの情事を重ねた。彼女の〝ファン〟は、ドイツ皇太子をはじめヨーロッパの名士たちを含めて大勢いた。そうして作られた人脈は非常に広範なものであった。

一九一四年六月、第一次世界大戦が勃発した。マタ・ハリの興行はたちまち行き詰まり、生活も苦しくなった。この頃からマタ・ハリはスパイ活動に手を染めたが、誰が彼女をスパイとして勧誘し、運用するようになったかは諸説あり、はっきりしない。今日における、おおよその定説は次のようなものだ。

一九一六年、彼女はパリでフランス軍に所属するロシア人将校マスロフと恋仲になった。彼女が四一歳でマスロフが二〇歳、年の差は二〇歳以上であった。

マスロフは戦場でドイツの毒ガスにやられ、フランス東端にあるアルザスの病院に入院した。彼女はマスロフに会いたくてしかたがない。しかし、フランス政府の通行許可は下りない。そこで仲介役となったのがフランス情報部のジョルジュ・ラドゥー大尉[※]であった。

当時、フランス陸軍参謀第二部の情報部長アントワーヌ・グーベ大佐のもとでラドゥー大尉は、中立国スペインにおけるドイツ情報部の動向を探り、ドイツ潜水艦に関する情報などの入手を試みていた。

ラドゥーはアルザスへの通行証を出す代わりに、フランスのスパイとして働くようマタ・ハリに提案した。スパイする対象の中にはドイツの皇太子もいた。また報酬として一〇〇万フランが支払われることになった。（ノーマン・ポルマー他『スパイ大事典』）

マタ・ハリは任務を遂行するため、一九一六年一一月、スペイン経由で中立国のオランダに入り、そこからドイツに向かって皇太子に会うことにした。スペインからオランダへ向かう途中、彼女はイギリスのファルマスで拘束され、尋問を受ける。

ロンドン警視庁のベイジル・トムソンが彼女をスパイ容疑で取り調べた。ここで彼女はラドゥー大尉の指令で動いていることを打ち明けた。トムソンがラドゥーに照会すると、彼女との関係を知られたくないラドゥーは、マタ・ハリとの関係を否定し、「彼女をスペインに送り返してほしい」と言った。

マタ・ハリはスペインに送り返され、ここでドイツ情報部への接触を図る。ここには、クローン海軍大佐が指揮するドイツ秘密情報組織があり、カナリス海軍大尉と、アーノルト・フォン・カレ陸軍少佐が働いていた。

マタ・ハリは二〇一六年一二月、スペインに入国し、カレ少佐に接近し、彼の愛人となった。カレはマタ・ハリが、フランスの二重スパイであることを知っていた。そこで、カレはマタ・ハリにどうでもよい情報や偽の情報を流した。マタ・ハリは偽情報をつかまされて、意気揚々とパリに戻った。

この時、マドリードのカレ少佐は、フランス情報機関によって解読されている暗号を故意に使い、「『H‐21』には価値がある」とのメッセージをベルリンに送っていた。「H‐21」とはマタ・ハリのことである。ラドゥー大尉はこの暗号を傍受し、マタ・ハリがフランス情報機関を裏切り、ドイツ情報機関のために働いていると思った。すなわち、カレ少佐の策略に引っかかったのである。

一九一七年、マタ・ハリは軍法会議にかけられた。その罪状は、彼女のスパイ活動でフランスの輸送船一四隻がドイツのUボート（潜水艦）の犠牲になったというものであった。

一九一七年一〇月一五日早朝、パリ郊外でマタ・ハリの死刑は執行された。フランス軍兵士がマタ・ハリを杭に縛りつけ、目隠しをしようとすると、マタ・ハリと叫んだ。「触らないで！　目隠しも縄も必要ないわ！」。そして一杯のブランデーの力を借りて気を鎮めた。

指揮官がサーベルを抜き、銃殺隊に合図を送った次の瞬間、マタ・ハリに向かって弾丸が一斉に放たれた。

マタ・ハリは本当にスパイだったのか？

以上が「マタ・ハリ伝説」の概要である。マタ・ハリは世間に伝えられるほど美しくもなかった。しかし、悲劇的な最期と、死後にその生涯が多くの書籍（映画が三本、ミュージカルが一本）などになったことから、女性スパイの代表格、不滅の伝説に祭り上げられた。とくに『椿姫』『アンナ・カレーニナ』などの作品で有名な大女優グレタ・ガルボ(※)(一九〇五〜九〇年)が映画『マタ・ハリ』(一九三一年、アメリカ映画)を演じた効果は大きい。

そのグレタ・ガルボは、ナチスから原子物理学者ボーア博士を脱出させる作戦に女性スパイとして加わり、ナチスの原爆製造を阻止したといわれている。「本物のスパイではない女性を、本物のスパイが演じた」とすれば驚きだ。この話についてはのちほど少し触れることにする。(一八八頁参照)

どうやら世間は、有名人のストーリーをより面白くしたがる傾向にある。マタ・ハリとカナリス大尉がスペインで恋人同士であった、あるいはカナリスは個人的理由からマタ・ハリをフランス官憲に売ったとの話があるが、今ではこの説を信じる者はほとんどいない。

なお、この否定説については、ナイジェル・ウエスト『スパイ伝説—出来すぎた証言』に詳しい。

マタ・ハリが、スパイ「H‐21」となったいきさつ、どのようなことをしたのか、どれだけの金を得ていたのか、これらの具体的なことは何一つわかっていない。一九一七年に逮捕され、裁判にかけられた時にもスパイ行為の確証はほとんど出てこなかった。だから「単なる踊り子で、スパイではなかったのではないか?」という疑問説さえある。

逆に証拠がないのはそれだけ優秀なスパイだったという説もある。しかし、情報組織が著名な女性を使って、ベッドで重要な情報を盗ませるという馬鹿げた試みをするだろうか?

一般にスパイ活動は水面下でひっそりと行なわれるものである。スパイは市井の中で〝水の中の魚〟のように活動をしているのだ。ただし、ゾルゲのように、目立つ活動で装うことで〝スパイらしくないスパイ〟を演じることもなくはない。しかし、それができるのは優秀なスパイに限られる。たいしたスパイ教育を受けていないマタ・ハリにはまったく無理な話である。

結局、たいしたスパイでないにもかかわらず、形式的な裁判だけで銃殺に処せられたのは、フランス情報機関にとって彼女を大物スパイに仕立て上げて死刑にすべき事情があったということに落ち着く。つまり、フランスの陰謀である。

フランスの政治的陰謀とは？

ここに一つの陰謀説がある。それは、フランス情報機関のラドゥー大尉とその上司がドイツの偽情報によって踊らされたという、まぬけな失態を隠すために、マタ・ハリの罪状をでっちあげたというものである。

マタ・ハリの銃殺刑の四日後に、ラドゥー大尉がドイツの二重スパイではないかとの容疑で逮捕された。彼はそのあと、もう一度逮捕されて取り調べを受けた。一九一九年、フランスが勝利したあとで軍法会議にもかけられた。

しかしラドゥー大尉は無罪となった。マタ・ハリにすべての罪状を着せて、本人は罪を免れたのであろうか？　情報組織も身内の罪を隠すことで組織保全を果たしたといったところであろうか？

ところが、もう一つ有力な陰謀説があった。当時、フランス軍内部では、ある暴動事件が起きてニュースになっていた。暴動事件に関するフランス紙の執拗な報道から国民の目をそらす、あるいは軍内の士気を高める、そのためにマタ・ハリの死刑が利用されたというのである。

ラッセル・ウォーレン・ハウは、自著『マタ・ハリ—抹殺された女スパイの謎』で「なぜ死刑なのか、なんとしてもスパイを捕らえて銃殺し、士気を鼓舞するよう上から命じられていたからだ」と述べている。（海野弘『スパイの世界史』）

一九一七年四月中旬、フランス陸軍のニベール将軍はエーヌ正面のドイツ前線を突破しようと試みた。しかし、攻撃は完全に失敗し、多くの青年兵士の無駄な血が流された。以降、フランス軍内部で暴動が発生した。五月下旬から各部隊では服従拒否が始まり、ある部隊は壊乱状態に瀕した。町々にデモを叫ぶ兵士がたむろし、別のある部隊ではパリに帰ろうとして、近くの駅に兵士が殺到していた。前線では陣地から陣地へ、地下壕から地下壕へ反戦ビラが飛び交い、前線の士気はすっかり喪失していた。この陰にはロシア・スパイの撹乱工作があった。

（『諜報―情報機関の使命』）

そうしたなか、一九一七年六月、ドイツの突撃部隊がフランス陣地に対して急襲した。突撃部隊はほんの威力偵察の気持ちであったが、フランスの防線が一挙に崩壊したので、本格的な突撃に切り換えたのだ。

前線の崩壊はパリに伝えられ、大勝利を期待していたフランス国民は軍の失態を許さなかった。そこで、フランス軍最高司令部は断固たる処置をとった。野戦軍法会議が急遽開催され、一五〇人が死刑の判決を受けた。ニベール将軍が更迭され、ペタン将軍に代わり、必要な措置がとられた。しかし、フランス軍に重苦しい後遺症は残っていた。

こうした時期にマタ・ハリの死刑は執行された。暴動の罪を背負うものを探し、それを見せしめの死刑にして、国民を熱狂させる。このためにフランス軍の防諜によって仮面を剥がされたドイツの〝伝説の女性スパイ〟ほど、適当な者はほかになかったのである。

政治的陰謀に踊らされた女性たち

マタ・ハリの死刑に先立つ一九一五年一〇月一二日、ドイツは恩赦の求めを却下して、一人のイギリス人女性を銃殺した。その女性とはイーディス・キャベル、イギリスの看護師である。

彼女は一九一四年から一五年にかけてドイツに占領されたブリュッセルに滞在していた。彼女は連合軍の兵士たちが、捕虜収容所や強制労働施設から脱走するのを手助けした。

そのため、彼女はドイツ軍事法廷でスパイ罪によって死刑を宣告された。マタ・ハリは一杯のブランデーの力を借りて気を鎮めたが、キャベルはそれすらせず、怖気づくことなく死刑台に向かったという逸話がある。

彼女は無実の罪で死刑になったというが、ドイツから見れば仇敵であったことに違いはない。

この事件は当時、世界の世論に大きな同情を引き起こした。とくにアメリカでは轟々たる反響を呼び起こしていた。なぜならアメリカは、女性スパイは殺さないという原則をとっていたからだ。

イギリスでは「女性にそんなむごいことをさせられない」ということで、最初から女性スパイをあまり使わなかったという。このイギリスでは、政府および新聞記事がこの処刑に抗議して猛烈な批判を展開した。記念碑が建てられ、映画が作られ、芝居が上演され、キャベルの肖像写真がイギリス中の教室に飾られた。

一方、ドイツは自分たちのプロパガンダを推進するためにマタ・ハリを使った。彼女の美しいポートレートを絵葉書にして、こんな文句を印刷した。

「『戦争の狂気』の犠牲者、マタハリ（引用文のまま）。オランダ人の美貌のダンサーは一九一七年一〇月一五日、フランス軍によって罪もなく銃殺された」

戦争関連の骨董品コレクターであるオランダ人のフランケンハウス氏によると、「このプロパガンダ用の品々はミス・キャヴェルの銃殺によって引き起こされた感傷を中和するためのものだった。ドイツ軍はこうして、彼らが手を下したあらゆる犯罪行為について、連合国側もまったく同じような犯罪に手を汚しているという証拠を見せつけようとしたのである」（J・ホイールライト『危険な愛人マタハリ』）

フランスには女性に罪状を科すことで、国体を守るという伝統があった。時代をさかのぼると、一七九二年のフランス革命戦争で、ルイ一六世の王妃のマリー・アントワネットの存在が呼び起こされる。

彼女は「パンがなければお菓子を食べればいいじゃない」との発言（実際には彼女の言葉ではないらしい）で有名である。つまり、市民生活が貧窮していたフランスにおいて、アントワネットは贅沢三昧の象徴であり、国民の仇敵であった。

彼女にフランス軍の作戦を漏らしているとのスパイ容疑がかかった。当然、国民世論は「憎きアントワネット」で盛り上がった。アントワネットの罪はなんら立証できなかった。しかし、あとに引けないフランス政府はいろいろと罪状をでっちあげた。彼女は無実を訴えたが、結局、ギロチン処刑された。

通常はギロチンで処刑する際には顔を下に向ける。しかし、アントワネットの場合は、わざと上から刃が落ちるのを見えるように、顔を上向きにしたという。処刑された彼女を見て群衆は「共和国万歳！」と叫び続けたという。

どうやら、スパイは男女にかかわらず、体制派にとっての絶好の生贄（いけにえ）になるようだ。「スパイは紳士の職業」とはいうものの、やはり国家および人民の敵として認識されているということであろう。

生命の保証もなく、大衆から忌避される、危険でまったく〝割に合わない〟のがスパイである。だからスパイの第一の条件とは、寸毫（すんごう）も揺るがない愛国心なのである。

第3章 リシャールとシュラグミューラー

マタ・ハリよりも優秀な女性スパイ

ところで、ラドゥー(※)大尉が運用していたのはマタ・ハリだけではなかった。

マタ・ハリより、さらに優秀な本格的女性スパイがいたのである。その名前はマルト・リシャール(※)（一八九八～一九八二年）である。彼女の愛称はラルウェット（雲雀（ひばり））である。

彼女はお針子から、一九〇五年に公娼名簿に登録される娼婦となった。やがて、パリ中央市場仲買人の豪商アンリ・リシェルに見初められて結婚。その後、パイロット資格を取得してフランス飛行クラブの女性会員となり、第一次世界大戦ではフランス軍に協力した。

リシャールは活発を絵に描いたような女性であった。雲雀の愛称は、彼女がパイロットであったこと、あるいは彼女の奔放な性格に由来したのであろうか。いずれにせよ、ぴったりの愛称である。

夫のアンリが第一次世界大戦で戦死（一九一六年）したあと、彼女は夫の友人の誘いでスパイになった。この友人というのがマタ・ハリをスパイとして運用したラドゥー大尉であった。

ラドゥー大尉によってスペインに派遣されたリシャールはフォン・クローン海軍大佐が率いるドイツ情報機関に潜入し、首尾よくクローンの娼婦になった。

高級娼婦として経験豊富な彼女にとってクローンを落とすのはわけもない。彼女の方はあくまでも純然たるスパイ活動を目的としてクローンに接近したようであるが、クローンの方は本気で彼女に恋したという。

当時、マタ・ハリはマックレオド夫人と称し、クローン大佐配下のフォン・カレ陸軍少佐（ドイツ大使館の軍事アタシェ）に接近していた。しかし、ラドゥーはマタ・ハリが自分のエージェントの一人であることをリシャールに隠していた。だから、彼女はスペインでマタ・ハリとすれ違っているが、二人は互いの存在を知らなかった。なおエージェント同士を互いに交流させないこと、これは現地官憲によってスパイ組織が芋づる式に解明されるのを防止するための鉄則である。

スパイとしてのリシャールは、マタ・ハリのお粗末さに比べれば、はるかに有能であった。ラドゥー大尉に貴重な情報を次々と送った。たとえばドイツ潜水艦（Uボート）がスペイン沿岸で給油する場所や、ドイツのエージェントがピレネー山脈を越えてフランスに入国する秘密ルートなどである。

終戦後、彼女はフランスに帰った。しかし、彼女がヒロインとして歓迎されることはなかった。フランス陸軍参謀第二部の士官のほとんどが、彼女がクローン大佐と関係をもっていたことにショックを受けているのを知って、彼女は驚いた。（J・ハスウェル『陰謀と諜報の世界』）

そのようなフランスに愛想をつかしたのか、彼女はイギリスに移り住み、ロスチャイルド家の財務担当秘書のイギリス人紳士トマス・クロムプトンと結婚した（一九二六年）。クロムプトンがジュネーブで客死（一九二八年）したことで、彼女は莫大な遺産を相続した。

そののち彼女は自伝（邦訳版『私は女スパイだった』）を発表し、一躍、時の人となった。一九三三年にフランス政府は、彼女の愛国心と功績を称えてレジョン・ドヌール勲章を与えた。これは彼女の愛人で政治家エドゥアール・エリオが推薦した。

一九四五年に、レジスタンス活動を「売り」にパリの市議会議員選挙で当選し、四六年、娼婦街を閉鎖する売春禁止法を通した。一介の娼婦から身を起こした彼女が立身出世し、パリの街から娼婦街を追放した。あっぱれリシャールである。

女性スパイの類型

ところで女性スパイの類型を区分できるだろうか？

江戸川乱歩賞などを受賞した推理作家、海渡英祐氏は、かつて女性スパイを①奔放型、②信念型、③純情型、④プロ型に大別した。そして、マタ・ハリが①の奔放型の代表格であるとした。

マタ・ハリは四〇歳の時、二〇歳以上も年の若いロシア人将校マスロフと恋仲になり、彼との逢瀬のためにはすべてを犠牲にし、フランスのスパイとなった。まさに奔放型の所以である。

一方のマルト・リシャールは女を武器にしたという点ではマタ・ハリと同様だが、彼女の志操（しそう）は堅固で、決して男性に気を許していない。彼女からは、ある種フランスに対する愛国心の発露がうかがえる。高く評価しすぎかもしれないが、筆者は、彼女は②の信念型のスパイであったとみる。

男も女もスパイになるにはさまざまな理由がある。しかし、最も有能なスパイは④のプロ型であろう。プロ型のスパイは、なかなか尻尾を捕まえることができない。

次いで有能なのは、②の信念型であろう。ただし、信念型のスパイは自我が強く、独断専行する傾向があるのが弱点である。③の純情型は、のめり込みやすく、抜き差しならぬ状態になり、死をもって償うという特性がある。

④のプロ型スパイとは、スパイとしての厳しい訓練を受けた女性たちである。前出の海渡氏によれば、北朝鮮の仕業とされる大韓航空機爆破事件（一九八七年一一月）の実行犯、蜂谷真由美こと金賢姫がその代表格である。ただし、筆者は彼女を完璧なプロ型とは認めていない。その話はのちほどすることとしよう。（二五九〜二六一頁参照）

「燃える虎の目」の異名を持つスパイ

プロ型の女性スパイの代表格がエリザベート・シュラグミューラー※（一八八七〜一九四〇年）である。彼女はマタ・ハリやマルト・リシャールとほぼ同時期に活躍した。「燃える虎の目」「令嬢博士」「哲学博士」の異名が、彼女の理知的にして冷徹な性格をよく表している。

彼女には、他国に赴任してスパイマスター※としてスパイを運用した経験があるわけではない。彼女は第一次世界大戦中のドイツ情報機関でスパイを教育する部署の教官であった。

シュラグミューラーはベルリン・ローザンヌにあるフライブルク大学で国家学を学んだ。一九一三年に同大学を優秀な成績で卒業し、哲学博士の学位を得た。フランス語と英語にも堪能であったという。

大学卒業後の一時期はベルリンで教師をしていたが、第一次世界大戦が始まると軍の第一線で働くことを熱望した。希望がかなって当初、ブリュッセルの最高司令部に配属されて、軍の秘密保全を担当した。

そののち、彼女はウォルター・ニコライ大佐と面識を持つに至り、次第に頭角を現すようになる。一九一五年初めには「アントワープ戦争情報局」に転属となり、そこでスパイ学校の教官として勤務した。
スパイ学校での彼女の勤務ぶりについて次のような〝伝説〟がある。
「それはシュティーバーのグリーン・ハウスと似たやり方の、特殊な〝学校〟だった。エルスベス（シュラグミューラー）はサディストだったふしがあり、生徒たちは彼女を極度に恐れていたといわれる。生徒を部屋に閉じ込め、お互いナンバーでしか知らないようにし、いつもマスクをかけさせ、規律には何一つ違反を許さない、野蛮なまでの厳格さを発揮した。（中略）
彼女は、スパイ活動に完全にアカデミックな立場からアプローチした――インスピレーションと無縁で、実際的でなく、ユーモアもなかった。したがって彼女は、あらゆる偶発事件を予測でき、それゆえいかなる状況にも即応できる訓練方法を開発した。（中略）彼女は断固として、スパイの優劣は訓練の問題にすぎないと信じていた。優秀なスパイは大いに性格の問題であり、生来のものであり、常識や機略のように教え得るものでないとは考えようもしなかった」（『陰謀と諜報の世界』）

分かれるシュラグミューラーの評価

シュラグミューラーについて、ニコライ大佐は著書『秘密の力』で、「一人の有能で祖国愛に燃えた女性が、他の何千というドイツ人と同じように彼女の本務を果たそうと努力した」とだけしか書いていない。（『諜報―情報機関の使命』）
前出の『陰謀と諜報の世界』では、「伝説はオーバーになり、この鈍感で暗い無器量な女性を、美しいブロンドの超人的才能と技術をもったドイツ女性スパイに変えてしまったが、彼女の方法、したがって彼女が育てたスパイたちは、お粗末きわまるものだった」として次のような事例が紹介されている。
「彼女は、ジェンセンとルースという二人のオランダ人をイギリスのポーツマスに送り込んだ。二人は指示にしたがい葉巻輸入商になりすまし、要求された情報を暗号電報に組んでロッテルダムに送った。が、その暗号は三千本のコロナが戦艦三隻を意味するといったていの、イギリス軍艦をコロナやハバナといった葉巻の名に関連させたものだった。ポーツマスの水兵たちも住民も、葉巻を大量消費することで知られていたわけでなかったから、MI5のヴァーノン・ケルの部下たちは検閲を通して、十日間に四万八千本もの葉巻が発注されているのを知って興味をそそられるようになった。こうしてジェンセンとルースは逮捕され、銃殺された」

他方、ラディスラス・ファラゴー著『智慧の戦い』では、ドイツのスパイ訓練制度を発達させたのは彼女であり、彼女のスパイ訓練の構想はニコライ大佐を感銘させた彼女の独創的な訓練方法がイギリス、アメリカなどの近代的スパイ学校で採用されるようになったと、彼女を絶賛している。

人物評価が分かれるのは世の常である。ましてやスパイの評価はいわずもがなである。ただし、ドイツ軍の女性ポストは赤十字の看護婦くらいしかなかった当時、初級の軍事教育も幕僚課程も出ていない彼女が情報組織の責任あるポストについたことだけでも称賛に値する。

さらに、彼女は複数の教育資料を著作しており、それは世界の情報組織の教育資料になった。（巻末資料4を参照）

教育・訓練は万能か？

シュラグミューラーは、のちに出した『回想録』で次のように述べた。

「情報活動は軍事的活動と本質的に異なるものである。それは操典に従って行なわれるものではない。それは命令や服従に基づいて行なわれるものではなく、異なった独自の法則によって行なわれるものである。このことは軍事的な内容の情報などを収集するために、なんら制約を受けるものではない。しかし世界大戦が前線に目に見える作戦だけのものであったのではなく、またもっぱら軍事力の比較だけであったのでもなく、世界大戦はあらゆる分野の戦争を意味していたのであり、そこには偵察や対敵誘導を目的とし情報活動というものも、知的な分野で戦争に役立つ力を十分に持っていたのである。とにかく情報活動は心理学的な能力や習うことによって得られない才能を基礎としているのである。才能のない芸術家は本当の芸術家であり得ないように、情報官もまた心理学的な才能がなくては何事もなし得ないのである。この根底にあるものは、なんといっても情報活動を遂行することを委任された人の心へ感情を移入できる能力である。この要件は女も、男と同じように十分おこなうことのできるものである」

（『諜報―情報機関の使命』から抜粋）

シュラグミューラーの言わんとしていることとは、情報活動の優劣に男も女も関係ないが、訓練ではどうにもならない心理学的な才能が必要だということである（この点は、前述の「彼女（シュラグミューラー）は断固として、スパイの優劣は訓練の問題にすぎないと信じていた」との評価と見解を異にする）。

筆者はインテリジェンス教育や訓練にはやはり限界があり、優秀な人材がインテリジェンスを希望する、国家としてそれを重視する文化・気風が確立されていることが大前提だと考える。

かつての陸軍中野学校の卒業生の戦中・戦後の活躍から、ややもすれば同校を〝スーパー教育機関〟に祭り上げ、一部では教育次第では優秀な諜報戦士がすぐにでも養成できるかのような錯覚を起こしている。

しかし、よくよく考えてみると、一年にも満たない教育で、〝スーパーマン〟が育成されるはずはない。中野学校卒業生のすごさは、優秀な資質・能力を有している学生を選考・採用したからであり、その選考などを国家および軍が支援していたからである。

ロシアのプーチン大統領は一六歳の時にKGBレニングラード本部へ行き、「KGBに入りたい」と言うと、担当職員は「ここは希望して入るところではない。入りたいならば、軍隊か大学へ行け」と言った。のちにプーチンは難関の国立レニングラード大学法学部国際学科に入学した。卒業時、大学の方からプーチンをKGBに推薦した。歴代のソ連大統領にもKGB出身者がいる。ロシアでは優秀な人材を情報組織に採用し、国家エリートに育てる文化がある。

インテリジェンスに対する理解と国家支援体制の下で優秀な人材が採用され、その上に長年の教育が重なってはじめて、優秀なスパイが生まれるのである。

第4章 ロレンスに匹敵するベル

アラビアの「女ロレンス」

第一次世界大戦時、連合国側のイギリスの情報活動において注目された女性の代表格がガートルード・ベル(※)(一八六八～一九二六年)である。彼女はマタ・ハリよりは八歳ほど年長であった。

マタ・ハリを娼婦の自由奔放型、シュラグミューラーが忠誠心旺盛なプロ型とするならば、ベルは学者肌のスパイといったところであろう。

マタ・ハリが、のちのドイツ国防軍情報部カナリス提督と恋人関係(おそらくゴシップ)にあるとされたが、ベルは恋人関係ではないが、あの著名な

「アラビアのロレンス」こと、トーマス・エドワード・ロレンス[※]と交流があった。彼女の働きはロレンスに匹敵するとされ、「アラビアの女ロレンス」との異名がある。

当時のイギリスでは、女性が大学まで進学することは異例であったが、彼女はオックスフォード大学に進学し、二〇歳にして最優秀の成績をおさめて卒業した。

彼女は大学卒業後、社交界にデビューするが、並はずれた優等ぶりが災いして、誰も彼女に結婚を申し込もうとしない。情熱的な彼女は、いささか落胆(?)したこともあって、学問で身を立てていくことを決意したのであろう。

一八九二年、ペルシャ公使としてテヘランに赴任していた伯父を頼りにイランに赴いた。これが彼女と中東との〝馴れ初め〟であった。

一九〇五年、ベルはユーフラテスをめぐる旅に出る。やがて彼女の紀行文が注目され、〇七年には彼女の連載記事が『シリア縦断紀行』として単行本化された。一一年のシリア旅行時に彼女の案内役を務めたのがロレンスであり、これが二人の最初の出会いであった。

一九一四年に彼女はアラビア半島奥地を旅行した。旅程半ばで第一次世界大戦が勃発(七月)した。オスマントルコが同盟国側としてこの大戦に参戦したため、中東地域の歴史・地理・風俗習慣を知悉していた彼女は急遽、イギリスに呼び戻された。オスマントルコを弱体化するための秘密工作の任務が彼女に与えられた。

なお彼女の半生については『シリア縦断紀行』(東洋文庫)に詳述されている。

禍根を残すイギリスの三枚舌外交

ガートルード・ベルの活躍を語る前に、当時のイギリスの対中東外交について言及しておこう。

一九〇〇年初め、崩壊寸前のオスマントルコに対して、英仏独が石油利権を求めて争っていた。第一次世界大戦が始まると、イギリスは一九一五年三月一八日にフランスとの連合艦隊を結成してトルコに上陸し、トルコ西部をおさえた。

そして、それぞれアラブ・フランス・ユダヤに対し、相矛盾する以下の協定を結んでいった。いわゆるイギリスの中東に対する「三枚舌外交」であった。

（1）対アラブ―フセイン＝マクマホン協定（一九一五年一〇月）……オスマントルコに対して反乱すれば、アラブ人国家として自治権を与える。

（2）対フランス―サイクス・ピコ協定（一九一六年五月）……第一次世界大戦に勝利した暁には、オスマントルコが支配していたアラブ地域の領土を割譲させ、シリアやレバノンはフランスの統治に委ねる。

（3）対ユダヤ―バルフォア宣言（一九一七年一一月）……パレスチナの地にユダヤ人国家の建設を承認する。

これらの協定締結の上に、イギリスはメッカの太守フセイン（フセイン・イブン・アリー、フセイン＝マクマホン協定のアラブ側代表）を口説いて、何人かのイギリス人を軍事顧問として派遣した。オスマントルコを弱体化させるためにアラブ人による反乱を蜂起させようと画策したのである。

ロレンスはアラブ独立の英雄か？

アラブに派遣された軍事顧問の中で最も有名なのがロレンスである。

ロレンスは一八八八年に生まれ、一九〇七年にオクスフォード大学に入学した。ベルのちょうど二〇年後輩にあたる。学生時代から、ロレンスはレバノンなどに旅行して、十字軍の遺跡調査に取り組むなど考古学に興味を持っていた。

大学卒業後も考古学の道に進み、中東での現地研究に没頭していた。ある時は、イギリス陸軍の依頼を受けて現地の軍用地図を作成することもあった。

第一次世界大戦が勃発すると、ロレンスは召集され（一九一四年一〇月）、経歴が買われて陸軍省作戦部地図課に所属し、カイロの陸軍情報部に配属となった。ここでは軍用地図の作成や、語学を生かしての連絡将校として勤務した。

一九一六年一〇月、ロレンスは外務省管轄下のアラブ局情報組織へ招請される。やがて彼は、フセインの子供の中で最も優秀な三男のファイサル一世と共闘して、オスマントルコ軍の鉄道沿線（ヒジャーズ鉄道）を破壊するなどのゲリラ工作に従事する。

映画『アラビアのロレンス』のお陰でロレンスはアラブ独立の英雄として称えられる。しかし実際は、「イギリス情報機関の一員として、当時のイギリスの国家方針に忠実なスパイであった」といった方が的を射ている。

彼はスパイとしては非常に優秀であった。彼の教えの中で、「秘密エージェントは現地人のスタイルになりきれ」というのがある。ターバンを巻きラクダに乗った彼の姿が、イメージとして定着しているが、それはアラブの文化や現地人に共鳴したものではなく、あくまでも諜報員としての仕事をやりやすくするための戦術であった。

スパイとしてのベルの活躍

一九一五年一一月、ベルは外務省管轄下でカイロに置かれたアラブ局情報機関に招請され、そこでオスマントルコに対するアラブの反乱に関わった。

彼女は女性の利点を生かし、現地の諸侯らの後宮（こうきゅう）に出入りし、諸侯の妻たちから貴重な情報を得た。彼女の情報活動は単なる秘密情報を収集するスパイではなく、歴史・地理の造詣と卓越した情報分析力を駆使して、些細な情報からインテリジェンスを生成し、イギリス本国に送ったのである。また、ベルは諸侯らの信頼を勝ち取り、このことがアラブの対オスマントルコ反乱を扇動することになった。

ベルから送られたインテリジェンスはイギリスの作戦遂行に大いに役立った。

こうしたベルの活躍もあって、イギリスはダマスカス、バグダッドを占領することに成功した。バグダッド占領後、ベルは占領軍の一員として、東方書記官として行政に携わった。ベルは、ロレンスとともにファイサル一世の調査団の一員としてパリ講和会議（一九一九年六月にヴェルサイユ条約締結）に出席。アラブ人との公約を果たすべくアラブの国家の創建に努力を重ねた。

戦後、イギリスはファイサルをオスマントルコからの独立国の一つ、新国家シリアの国王に据えた。しかし、数カ月後には戦後の合意により、中東の地はイギリスとフランスの委任統治領となったので、ファイサルは追放されることになる。

他方、イギリスは元オスマントルコの三つの地方からなるイラクを誕生させた。イラクの安定は、イギリスにとって石油の確保、ペルシャ湾の防衛、インド、オーストラリア、シンガポールなどへの航路確保のために必要だった。

一九二一年三月二一日、チャーチル英首相の呼びかけで、イラクの統治について検討するカイロ会議が開催された。この会議で、ベルは「イギリスが直接統治しないで、アラブ人の自主統治をイギリスが援助する立憲君主制によってイラク王国を創建する。イランの国王にシリアを追放されたファイサルを据える」という案を提唱した。

チャーチルはフセイン＝マクマホン協定を反故（ほご）にした負い目もあってか、ベルの提案に同意した。しかし、イラクの統治方式は合意されたものの、領土画定は難航した。なぜならば、イラクの土地はクルド人の北部、アラブ人スンニー派の中部、アラブ人シーア派の南部に加え、その他のペルシャ人・ユダヤ人・キリスト教徒などの地域が複雑に入り組んでいたからである。

ベルは、北部・南部・中部の三つの地域で一つの国を構成するという持論を曲げなかった。これに対してロレンスは「クルド人地域のみは、トルコのバッファーとしてイギリスが直接統治すべきである」との意見を提出した。しかし、ベルはロレンスの意見には耳を貸そうとはしなかった。彼女には、ロレンスとは比較にならない経験があるとの自負があったのである。

ベルは自殺だったのか？

ベルは終生独り者であった。ただし、ほかの多くの女性スパイと同様に情熱的な女性であった。若い時には結婚を約束した男性もいたし、長い間、不倫もしていた。

仕事ではロレンスと対立し、彼のことを「愚かな腕白小僧」とののしっていた。直属の上司である民政長官代行とは、個人的、政策面でも衝突した。女性蔑視の強い年配の高官や、若手職員からも彼女は揶揄された。

彼女は男であれ女であれ、〝愚か者〟には容赦しなかった。女性同士のおしゃべりを軽蔑し、男性の輪に入って政策論争するのを好んだ。彼女はどちらかといえば周囲から嫌われていた。

当時、女性蔑視の強いイギリスの占領下の〝ムラ社会〟で、一人の女性高官としてやっていくのは大変だったのだろう。だから彼女は人一倍勉強したし、自己主張もした。自己の信念に基づいて、イラクの国境画定にまい進した。

彼女は現地人からは慕われたようだが、「外国の手先」という見方はついてまわった。一方、仲間からは、彼女は現地に同情的すぎると疎(うと)んじられた。

ベルは、まさしく多くのスパイがそうであるように、周囲に完全に打ち解けることが許されない深い孤立と苦悩を味わったのである。さらに女性蔑視への反発心や自信など、さまざまな心理的要素が彼女から協調性を奪っていた。ロレンスの意見を排除し、そのことが結果的に今日のイラク情勢の混乱の誘因になったとすれば、それは運命の皮肉ともいうべきであろうか。

一九二六年の夏、バグダッドで致死量の睡眠薬を服用して死去した。自殺か事件かはわかっていない。もしかしてベルは、イギリスにとっても、あるいはイラクにとっても、厄介者になっていたのかもしれない。その一九年後、ロレンスもオートバイ事故により死亡する。彼もまたイギリス政府による暗殺説が絶えないのである。

かくして、世界はのちの激動の種をまきながら、第一次世界大戦を終えることになる。女性スパイの活躍もやがて大戦間、第二次世界大戦へと引き継がれるのである。

◆大戦間期

第5章 ナチスの台頭と情報組織

大戦間期における世界情勢

第一次世界大戦終結（一九一九年）から第二次世界大戦勃発（一九三九年）までの時代を「大戦間期」という。とくにヨーロッパ史では重要な時期にあたる。また、戦間期の相対的に安定した世界秩序体制をヴェルサイユ体制と呼ぶ。

一九一九年六月、ヨーロッパではヴェルサイユ条約が締結され、敗北したドイツは賠償金の支払いと、すべての海外植民地と権益の放棄を余儀なくされた。

国際社会全体ではウィルソン米大統領の提唱により一九二〇年一月に国際連盟が設立、ロカルノ条約（一九二五年一〇月）、不戦条約（一九二八年八月）が締結された。第一次世界大戦における未曾有の惨劇を繰り返すまいと、国際社会は戦争の抑止と平和的環境の醸成を目指したのであった。

しかしながら束の間の平和はもろくも崩れ去る。アドルフ・ヒトラー（一八八九〜一九四五年）の出現と国家社会主義ドイツ労働者党（ナチス党）の台頭が始まった。それを支えたものは、第一に過酷なヴェルサイユ条約に対するドイツの復讐心、第二にソ連共産主義の波及に対する世界各国の警戒心であった。

一九三〇年代初頭のドイツの首都ベルリンは、共産主義の活動の拠点であり、「赤いベルリン」と呼ばれていた。共産主義の取り締まりを全面的に打ち出すことで、ナチス党は台頭したのである。

ドイツが強制的に調印させられたヴェルサイユ条約は四四〇条からなる前例を見ない過酷なものであ

った。これがドイツの〝臥薪嘗胆(がしんしょうたん)〟となり、国民をしてナチス党の台頭を支持する大きな原動力になったのは言うまでもない。

まずは、ナチス・ドイツの台頭と情報組織の発達について述べよう。

ヒトラーとナチス党の伸長

ドイツはフランス、ポーランドなどに領土を割譲し、戦前の国土の七分の一、人口の一〇分の一を失なった。新たに誕生したポーランド、チェコスロバキア、リトアニアなどには多くのドイツ系住民が混在することとなった。これが民族紛争の火種、ひいては第二次世界大戦を生起させる要因になったのである。

アメリカに端を発した世界大恐慌が欧州を席巻した。ドイツは最も深刻な影響を受け、市中には失業者が激増し、政情は不安定になっていった。こうしたなかヒトラー率いるナチス党とともにドイツ共産党が躍進した。

ヒトラーは類まれなる大衆演説で観衆を魅了した。一方で、軍、秘密警察、情報組織を使ってナチス党の組織防衛とドイツ共産党に対する徹底的な封じ込めに乗り出し、国内の結束を固めた。政治・社会に不満を持つ国民に対しては、対外的な軍事拡張路線をとることで、不満のガス抜きを図った。

ヒトラー政権下、ナチス・ドイツは一九三三年一〇月に国際連盟を脱退し、ヴェルサイユ体制の打破を推し進める。三五年三月にはヴェルサイユ条約の軍事条項を破棄(ドイツ再軍備宣言)し、軍備拡張路線を鮮明にしていった。三六年三月には非武装地帯とされていたラインラントへ進駐した。

それでもナチス・ドイツをソ連共産主義の欧州防波堤と見たイギリスとフランスは対独宥和政策をとり続けた。このことがヒトラーを増長させた。

他方、イタリアでは一党独裁が確立され、一九三五年のエチオピア侵攻をきっかけにイタリアは国際連盟を脱退した。三六年七月にスペイン内戦が起こると、ドイツとイタリア両国は連帯を強めて枢軸を形成した。

ドイツ情報機関の発達

第一次世界大戦後のドイツにおいては、ナチス党が勢力を拡大するにつれ、その下部組織である親衛隊（ＳＳ）が発達した。それにともない、一九三二年七月、親衛隊情報部（ＳＤ）[※]が設立された。ＳＤの当初の主任務は反ナチス派に対する調査・摘発などであったが、三三年一月にナチス党が政権を掌握して以降は、ラインハルト・ハイドリヒ[※]（一九〇四〜四二年）長官の下で本格的な情報組織へと発展していった。

他方、ナチス党にとっての主たる政敵である共産党に対しては、ＳＤとは別の情報組織であるゲシュタポ[※]があたった。もともとゲシュタポはプロイセン州の共産主義を取り締まる地方組織として一九三三年に設立されたが、三四年にＳＳ全国指導者のハインリヒ・ヒムラー[※]（一九〇〇〜四五年）がゲシュタポの指揮権を握り、三六年にはその活動範囲を全ドイツに拡大させた。これにより、ＳＤとゲシュタポとの任務が重複することになり、両者は激しくは反目した。

最終的には国内の反政府勢力取り締まりをゲシュタポが担当し、国内外での防諜と対外スパイ活動をＳＤが担当することで折り合いをつけた。この体制は、一九三九年九月、ゲシュタポとＳＤが正式に統合され、国家保安本部（ＲＳＨＡ）に改組されるまで続いた。

一方、対外情報活動においては、国防軍情報部（アプヴェーア）[※]と親衛隊ＳＤという二つの組織が一つの任務を争う非効率な体制が続いていた。

一九二一年に防諜組織として設立されたアプヴェーアは、一九三五年にカナリス海軍少将が長官に就任すると、本格的な対外情報機関へと急速に発展した。

もともとアプヴェーアとＳＤとの仲は悪く、カナリスが長官へ任命されたのも、両組織の対立を解消する狙いがあった。つまり、海軍時代の旧知の間柄であったカナリスとハイドリヒをそれぞれの長官に就ければ、仲良くやるだろうと期待されたのである。

彼らは、表面上は仲が良い隣人同士を装い、家族ぐるみの付き合いを続けた。しかし、暴力・テロ的手法を忌避するカナリスと、手荒な暴力的手法を好むハイドリヒはしょせん〝水と油〟である。

アプヴェーアとSDとの反目は、カナリスがアプヴェーア長官を罷免させられ、一九四四年二月にアプヴェーアが廃止（RSHAに吸収）されるまで続いた。

対独宥和を狙ったドイツの対英情報戦

第一次世界大戦において、ドイツの陸・海軍の情報はイギリスに筒抜けであった。ドイツはイギリスとの情報戦に敗北したようなものであった。

第一次世界大戦後、ヒトラーの登場と、情報組織の整備が進展するものの、その中心は国内における共産主義勢力や反ナチス勢力を抑え込むことにあった。しかも、対外スパイ活動については、アプヴェーアとSDの対立などが災いして、必ずしも効果的な情報活動が行なわれていたとはいえない。

それでも、ナチス・ドイツは優れた宣伝戦、外交戦を展開し、第一次世界大戦後の瀕死の状態から、十数年で奇跡の復活を遂げることになる。

ヒトラーの基本的な外交方針は親英・伊、反仏・ソであった。とくに重視したのが、イギリスからドイツに対する宥和政策を引き出すことであった。イギリスを対独宥和に導けば、フランスもそれに倣う。そうなれば、ドイツは再生でき、かつての失われた領土は取り返せるという判断である。

一九三五年六月、ヒトラーはフランスに内密で英独海軍協定の締結に成功した。この協定はイギリスに対し、一定の割合でドイツの軍艦、潜水艦の保有を認めるものである。すなわち、事実上、ドイツの再軍備を容認するものであった。当然、この協定はフランスにとっては衝撃的であった。

ヒトラーはチェンバレン英首相による宥和政策を

背景に一九三六年三月には非武装地帯ラインラントへの進駐を行なった。しかしフランスは動かなかった。

ヒトラーはのちにこう述べた。「ラインラントへ兵を進めたあとの四八時間は私の人生で最も不安な時であった。もしフランス軍がラインラントに進軍してきたら、貧弱な軍備のドイツ軍部隊は、反撃できずに尻尾を巻いて逃げ出さなければいけなかった」（『ウィキペディア』）

ヒトラーは〝一か八か〟の賭けに勝ったのである。ヒトラーの国内的威信はますます高まった。

ヒトラーを増長させたミュンヘン会談

一九三八年三月、オーストリアを併合したヒトラーは、さらなる領土拡大の野心に燃えた。その矛先が第一次世界大戦後にチェコスロバキアの領土となったズデーテン地方である。

ここには多数のドイツ系住民が居住する。チェコ内の少数民族である彼らはチェコ政府に不満を持っていた。ヒトラーはこれを利用して、傀儡のズデーテン＝ドイツ党の勢力拡大に努めていた。

一九三八年九月、ドイツは、民族自決を口実にズデーテン地方を割譲するようチェコ政府に要求した。しかし、チェコスロバキアはフランス・ソ連との相互援助条約を盾に強くこれを拒否した。

ヒトラーはズデーテン地方に武力侵攻し、軍需産業に富む戦略的要衝のチェコ全土を占領し、さらに欧州へ領土を拡大する腹積もりであった。そのためにはイギリスとの直接対決は是が非でも避けなければならなかった。

ヒトラーはイギリスに対しさまざまな外交工作を仕掛けた。同年九月一五日、ドイツとの戦争を回避したいチェンバレン英首相が、ドイツに出向いて英独首脳会談を実施した。チェンバレンは、チェコに譲歩させて平和解決する意思を持って九月二二日の交渉に臨んだ。しかし、ヒトラーはズデーテン地方の即時占領をかたくなに主張したため、会談は物別れに終わった。

九月二三日、チェコは総動員を布告。ドイツはズデーテン地方の即時割譲を要求した。二五日から二八日にかけて、ドイツは「チェコに侵攻する」との意思を英・仏に伝え、英・仏が「それに対して介入を行なう」との舌戦で応じた。

そうした緊張事態のなか、九月二九日から三〇日にかけて、イタリアの首相ムッソリーニの仲介によりミュンヘン会談が開催され、英、仏、イタリア、ドイツの各首脳が出席した。この会議で英・仏政府は、ヒトラーに「これ以上の領土要求を行なわない」と約束させる代償として、ヒトラーの「ズデーテンのドイツ帰属」という要求を全面的に認めた。

しかし、一九三九年三月、ヒトラーは事前の計画どおり、チェコスロバキア全土の解放に乗り出した。ミュンヘン会談は、ヒトラーの欺瞞を成功させ、ドイツをさらに増長させ、欧州全体を第二次世界大戦に向かわせたのである。

第6章 ヒトラーの女スパイ

親愛なるプリンセス

こうした欧州の情勢下、ドイツの対英情報戦において活躍した一人の女性がいる。彼女の名前はシュテファニー・フォン・ホーエンローエ(※)（一八九一～一九七二年）である。

彼女は、ゲルマン至上主義者のヒトラーが最も忌避するユダヤ系であったにもかかわらず、ヒトラーのそば近くに仕え、ヒトラーから「親愛なるプリンセス」とまで呼ばれた。

彼女は、比較的幸福な幼少期を過ごした。一四歳の夏休みには美人コンテストで優勝するなど、相当な美人であった。父親の顧客で、プリンセスの称号を持つ上流階級の貴婦人がシュテファニーを気に入って、これが縁で彼女は社交界にデビューする。

そうしたなか、一九一一年に彼女はオーストリア皇帝フランツ・ヨーゼフ一世の娘婿フランツ・サルヴァトール大公と愛人関係になった。一四年に彼の子供を宿すと、皇帝の取り計らいにより、彼女はプリンスの称号を持つフランツ・フォン・ホーエンローエと結婚し、生まれた息子は彼の実子として届けられた。

第一次世界大戦中、シュテファニーは赤十字看護婦として東部戦線やイタリア戦線に派遣された。大戦敗北と同時にオーストリア＝ハンガリー帝国が崩壊すると、夫とともにハンガリー国籍を選択した。

一九二〇年に二人は離婚。独身になったシュテファニーは自由を謳歌し、美貌と洗練された立ち振舞いで恋を楽しんだ。

しかし、彼女は次第に経済的に困窮していく。そこに絶好のパトロン、イギリスの新聞業界の大物、ロザミア卿（一八六八〜一九四〇年）が登場する。二人は、一九二五年にモンテカルロで出会った。

ほどなくしてシュテファニーはパリへ移住し、ロザミア卿の代理人として、イギリスとドイツの橋渡しをするようになる。しかし、こうした活動がフランス政府によってスパイ活動と反仏プロパガンダの活動として認識され、一九三二年、彼女はフランスから国外追放となり、ロンドンに移住した。この頃から、彼女は〝女スパイ〟と呼ばれるようになった。

ヒトラーに接近を図るロザミア卿

当時、イギリスには親独派が大勢いた。彼らはヴェルサイユ条約がドイツにとって過酷すぎると懸念していた。

ロザミア卿はそうした親独派の一人で、ヨーロッパに迫っている「赤の危険」を警告し、それを防ぐために、ヨーロッパで早急に王政を復興させる必要があると考えていた。そこでドイツを共産主義や強国ロシアに対抗するための重要な防波堤としてとらえていた。

一九三三年、アドルフ・ヒトラーが政権を掌握すると、世界を驚かせたこの男に、ロザミア卿は会いたくなる。彼はナチス・ドイツの素晴らしさを売り込む記事を繰り返し発信した。そうすれば、イギリス最大の新聞社を経営する自分にヒトラーが近寄ってくるはずと読んだのである。

ロザミア卿はヒトラーとの仲介をシュテファニーに頼むことを思いついた。シュテファニーは幼馴染のヴェルヘルム皇帝を通じて、ヒトラーへの接触を画策した。

ナチスの理想の女性像は「控え目で、従順で、献身的な主婦」である。だから、ナチス・ドイツでは、国家の重要な役職に女性は登用されなかった。

ヒトラー自身も女性が政治活動に首を突っ込むのを嫌っていた。ヒトラーは、

「いくら頭が良い女性でも、政治の場では理性と感情を区別できたためしがない。このことは歴史上で幾度なく証明されてきた」などと力説した。

だから、政治的特使として来た女性に会うのは異例であり、シュテファニーは唯一の例外であった。なぜならば彼女がロザミア卿の使者であり、彼はイギリスにおけるナチスの活動にとって重要人物であったからである。

シュテファニーはロザミア卿の親書を携えては、それをドイツ語に翻訳してヒトラーに伝えた。またヒトラーからの伝言を英語にしてロザミア卿に伝えた。こうして彼女はヒトラーにとって必要不可欠な人物になっていった。

ヒトラーのイギリス懐柔工作

一九三三年一二月のある日、ヒトラーはシュテファニーに対し、ロザミア卿宛の親書を託した。そこには以下のような内容が記されていた。

- 英仏関係は真の平和を維持するのに非常に役立つ。
- ドイツはフランスを攻撃することなどまったく考えていない。

●大戦における欧州での不幸な出来事が繰り返されるのを断固として阻止しなければならない。
●ドイツに平等な権利を与えることはフランスの安全を脅かすものではない。
●ドイツもポーランドも武力を使わず客観的で冷静に二国間の問題を解決していきたいと望んでいる。（マルタ・シャート『ヒトラーの女スパイ』からの要約）

もちろん、これらはヒトラーの覇権主義をイギリスにひた隠すための欺瞞である。しかし、ロザミア卿は自身が経営する全新聞に「ドイツの首相は祖国に対して平和的な考え方しか持っておらず、ヒトラーこそ敗戦国ドイツの救世主だ」という見方を発表した。

二〇世紀に最も影響力のあった新聞『タイムズ』紙もこれに続いた。世界の有力紙は、こぞって独英同盟に役立つ記事を書き、ヒトラーを強く支持した。

シュテファニーを仲介者として得たヒトラーは、着々とイギリスを対独宥和に導くことに成功したのである。

シュテファニーとヴィーデマンとの色恋

一九三七年、ヒトラーの推薦でシュテファニーはドイツ赤十字名誉勲章を受けた。さらに三八年三月、彼女はザルツブルク州にあるレオポルズクローン城の使用権を与えられた。なお、この城はザルツブルク政府が、ドイツで最も有名な俳優マックス・ラインハルト（三七年一〇月にアメリカに亡命）から没収したものである。

彼女はこの城に住み、ここを改築し、政治家や外交官を迎えて「政治サロン」を主宰した。ここには多数の有力者が集まった。彼女はここで、対独宥和を目的とするスパイ活動を展開した。

一九三八年六月、彼女に対する表彰が行なわれた。彼女はヒトラーと四時間も一緒に時を過ごし、ヒトラー直筆のサイン入りの黄金のナチス党員バッジを授与された。これは彼女が同時にドイツ人、「名誉アーリア人」としての地位を認められたことを意味した。

この出来事はヒトラー周辺の人々を憤慨させた。なぜならばヒトラーの腹心の部下といえども、ヒトラーに会う時間はほんのわずかしか許されなかったからである。シュテファニーは、ヒトラーの寵愛を一身に受け、「親愛なるプリンセス」として不動の地位を占めていった。

しかし、彼女には〝波乱万丈〟の人生が待ち受けていたのである。

その背景には、ヒトラーの副官であるフリッツ・ヴィーデマン（一八九一～一九七〇年）と彼女との色恋があった。また、ヴィーデマンとのちに外相となるヨアヒム・フォン・リッベントロップ（一八九三～一九四六年）との対立があった。

ヴィーデマンは第一次世界大戦時、伍長だったヒトラーの中隊長であり、大戦後、ヒトラーの右腕とされた人物である。なお、彼はやがてヒトラーから不興（ふきょう）を買い、一九三九年一月にはサンフランシスコ総領事に左遷され、四〇年四月頃からサンフランシスコの外交団の中でナチズム反対の言動を示し、イギリス情報機関に接触して亡命を画策するようになる。

彼女はロザミア卿の書簡をヒトラーに届けるために頻繁に首相官邸に出入りしているうちにヴィーデマンと知り合った。彼は長身で魅力的であった。妻と三人の子供がいたが、美しい女性を見るとすぐに口説くプレイボーイでもあった。恋多き女性シュテファニーとたちまち恋に落ちた。一九三六年頃のことで、二人がともに四五歳の時である。

彼女はヴィーデマンの政治活動を献身的に手伝った。一九三七年一〇月のイギリスのウィンザー公爵夫妻のドイツ訪問（ヒトラーは親独派のウィンザー公爵をイギリス王に返り咲かせて、イギリスに対するドイツの影響力を確保しようと狙っていた）では、訪問行事の責任者だったヴィーデマンを助けた。

一方、二人の仲を裂こうとしたのがリッベントロップである。彼は一九三六年八月に駐英大使に任命、三八年二月から四五年六月まで外務大臣を務め、四六年一〇月にニュルンベルク裁判により絞首刑になった。彼は生粋の親ヒトラー派である。

リッベントロップは幼少期から英語やフランス語を身につけていた。バイオリンの名手でもあり、サラブレッドを所有し、鴨狩りをたしなみ、ゴルフも上手かった。妻の実家は大富豪で、世界的に名の知れたシャンパン会社だった。

ヒトラー、ゲーリング、ヘス、ゲッペルス、ヒムラーなどナチス中枢にいる男たちは誰一人として英語を話せなかった。彼らの大半は中流以下の階級の出で、学歴もたいしたことはなかった。しかし、リッベントロップの毛並みの良さ、豊富な国際経験、洗練された紳士ぶりは際立っていた。

シュテファニーは一九三四年頃にリッベントロップと出会っていた。彼女とリッベントロップの関係は微妙であった。なぜならば反英的なリッベントロップと親英的なヴィーデマンが対立していたからである。

リッベントロップにとってヴィーデマンは自分の権力を脅かす存在であった。だから、彼はシュテファニーがヴィーデマンと愛人関係にあり、しかも「彼女がヴィーデマンを外務大臣にさせたがっている」という噂を耳にして、シュテファニーを強く警戒し、彼女とヒトラーとの関係を割こうとした。

シュテファニーの逃亡生活

一九三八年三月、ヒトラーはオーストリアを併合し、次にチェコスロバキアのズデーテン地方への侵略を狙っていた。チェコへの宣戦布告が間近に迫っていた六月二七日、ある任務がシュテファニーとヴィーデマンに与えられた。それは、ヒトラーに次ぐナチス党の実力者で、航空大臣と空軍総司令官を務めていたヘルマン・ゲーリング元帥と、イギリス外相ハリファクス卿とのロンドン会談を設定し、イギリス側の譲歩を引き出すというものだった。

ゲーリングは、駐英大使のリッベントロップに内緒で会談を取りつけるようシュテファニーに依頼した。ロンドンでハリファクス卿と予備交渉をするのが、愛人のヴィーデマンであったから、彼女はこの任務に大いに乗り気であった。

彼女の仲介でヴィーデマンは訪英し、七月一八日、ハリファクス卿の私邸で会談した。ヴィーデマンはハリファクス卿に対して、「ヒトラーも承知のうえだが、リッベントロップには何も知らせないまロンドンに来た。ゲーリングがイギリスにやって来て、包括的な英独会談ができるか」と打診した。また「ズデーテン問題で進展がなければ、武力で問題を解決するつもりである」との、ヒトラーの意向を伝えた。

しかし、ハリファクス卿は包括的な会談には応じなかった。結局、期待された予備会談は失敗した。この訪問はイギリスの新聞で大騒ぎとなり、さまざまな憶測が乱れ飛んだ。シュテファニーにも注目が集まり、「彼女はドイツとイギリスの二重スパイだ。どちらに忠誠心があるのか?」などと騒がれた。

面白くないのはリッベントロップである。彼は自分が中心になって行なうべき英独の外交関係に口をはさんだとして、この秘密交渉を猛烈に批判した。そしてヒトラーに会いに行き、彼らに非があることをヒトラーに認めさせた。

こうしてヴィーデマンとシュテファニーは、リッベントロップにとって許されざる敵となったのである。

一九三九年一月、シュテファニーはヴィーデマンとの不倫をヒトラーに知られてしまう。ヴィーデマンは副官を解任され、サンフランシスコ総領事に左遷された。

ヴィーデマンが失脚した原因は不倫だけではなかった。彼はヒトラーの冒険主義的な政策に躊躇するところがあった。これがヒトラーの不興を買った。

一九三八年一一月九日のユダヤ人大量虐殺「水晶の夜」事件以降、ヒトラーはヴィーデマンに対して口をきかなかった。この裏では、宿敵リッベントロップが糸を引いていた。彼はヴィーデマンとシュテファニーの悪口をヒトラーにさんざん吹き込んでいたのである。

ヴィーデマンが失脚すると、愛人のシュテファニーもヒトラーから疎んじられた。情報組織から「シュテファニーはイギリス課報部に情報を流す二重スパイである」との報告を受けたヒトラーは激怒して、彼女を即刻逮捕するよう命じた。彼女の民族的な出自（ユダヤ系）についての調査も情報組織によって進められた。

このため一九三九年一月末、シュテファニーは住まいのレオポルズクローン城を引き払ってロンドンに向かう。しかし、そこでもドイツのスパイとしての非難が待ち受けていた。彼女は、ドイツの脅威をロザミア卿に説得しようとするも相手にされなかった。

一九三九年九月三日、英独戦争が始まる。ドイツがポーランドに侵攻した三日後のことである。「悪女、ふしだら女」など、シュテファニーに対する非難は一挙に噴出した。やむを得ず同年一二月、彼女はイギリスを出国し、恋人ヴィーデマンを追いかけてアメリカに向かう。

アメリカでの彼女は、ヒトラーを最もよく知る人物として貴重な存在であった。マスコミはこぞって彼女を取材対象として追いかけ、ドイツやヒトラーのことを記事にしようとした。

アメリカでは、ドイツのスパイとしてＦＢＩの監視を受けての不自由な生活を強いられた。アメリカ追放の危機にも何度も見舞われたが、シュテファニーもまた、ヒトラーとの関係を臭わせて、アメリカ政府から譲歩を引き出そうとした。

一九四一年一二月、アメリカが第二次世界大戦に参戦すると同時に、彼女は敵性外国人として逮捕され、強制収容所で四年間の苦渋の収容生活を送った。

一九四五年四月のヒトラー自殺により、シュテファニーはヒトラーとの長年の呪縛から解放され、大戦後、ようやく自由の身となった。

彼女にとってのスパイ活動とは？

シュファニーはオーストリア・ハンガリー帝国の終焉、二度の世界大戦、アメリカとドイツの戦後を生き抜いた。美貌を武器に彼女は多くの男性を虜(とりこ)にし、翻弄させた。その奔放性はマタ・ハリにも負けない。ドイツ、イギリス、アメリカ、スイスに移り住み、四年間の苦難な収容生活も経験した。まさに激動の時代を波乱万丈に生き抜いた。

彼女は経済目的でロザミア卿の通訳を行なったのか？　それとも惚れたヴィーデマンの言いなりだったのか？　あるいは世界が自分の存在で変えられるかもしれないと錯覚し、スパイ活動の〝スリルとサスペンス〟に魅了されていったのか？　はたまたイギリスとドイツとの戦争を回避して欧州の平和に貢献したいという政治信条に基づくスパイ活動であったのか？

これらのことは今となっては明らかではない。

彼女は決して世に有名な女性ではない。しかしながら、彼女の活動がヒトラーの膨張主義を陰で支え、世界を股にかけた彼女の人生が大戦間期の世界情勢に影響を及ぼした。その影響度は、名だたる歴史の英雄に引けをとらない。情報史を語るうえで、決して外してはならない女性であることに間違いはない。

余談であるが、彼女の死亡は八一歳を迎える三カ月前のことだったが、本人は病院に一九〇五年生まれと申告していたので、実際より一四歳も若い年齢で死亡したとされた。最後まで女性を貫いたシュテファニーであった。

第7章 ソ連共産主義のスパイ活動

ボリシェビキ革命の成功

大戦間期の世界情勢ではナチス・ドイツの復活ばかりに目が向くが、共産主義国家ソ連の台頭も見逃してはならない。ナチスの台頭も共産主義の防波堤という役割があってからこそである。

一九一七年一〇月、レーニンが率いるボリシェビキはロシアで武装蜂起を成功させた（十月革命）。翌一八年三月には党名をロシア共産党に変更し、ドイツと条約（ブレスト＝リトフスク条約）を結んで第一次世界大戦から離脱した。

ロシア革命以降、世界的に共産主義が台頭するようになった。欧米列強はシベリア出兵を行なうなど、赤化を食い止めようとしたが失敗した。

革命成功後もロシア国内では革命派の赤軍と反革命派の白軍の内戦が続いたが、一九二二年一二月、内戦終結を経てソビエト連邦（ソ連）が成立した。二四年一月、レーニンが死去し、スターリンがトロツキーとの権力争いに勝利し、新たなソ連の支配者となった。ソ連の対外膨張政策に拍車がかかり、国内では反スターリン派に対する粛清の嵐が吹き荒れた。

欧米諸国はソ連を承認しない政策をとり続けていた。しかし、イギリスは一九二四年に労働党内閣が誕生すると、同年八月にソ連との通商・航海条約に調印した。それ以降、堰（せき）を切ったように、フランス（一〇月）、イタリア（一一月）、オーストリア（一一月）、日本（一九二五年一月）がソ連を正式承認した。なおアメリカは三三年一一月にソ連を承認した。

ソ連は第一次五カ年計画（一九二八～一九三二年）によって急速に力をつけて、一九三四年に国際連盟に加入し、常任理事国となった。
大国化するにつれ、ソ連による共産主義革命の輸出と対外膨張政策はますます強化された。これが世界に防共主義を引き起こし、やがて欧州におけるファシズムの台頭、極東における満洲権益をめぐる日・ソの対立、日・独・伊三国同盟などを誘引し、第二次世界大戦へとつながっていくのであった。

組織防衛に暗躍するチェーカー

ボリシェビキは政権を取るとすぐに自らの権力を守る必要性から秘密警察を創設した。これはチェーカー[※]（反革命・サボタージュに対抗する特別委員会の意味）と呼ばれ、ポーランド生まれのマルキシスト革命家フェリックス・ジェルジンスキー[※]（一八七八〜一九二六年）によって組織された。

ロシア帝政末期には、すでに「オフラナ[※]」という保安組織があったが、チェーカーはオフラナの基盤と伝統を引き継ぎ、さらに好戦的なテロ警察として発展したのである。

チェーカーは赤軍（革命軍）に従軍し、赤軍内部の潜入工作員を次々と摘発・粛清した。白軍兵士や反革命派の市民が多数、西欧、中近東、極東に亡命し、海外からボリシェビキ政権を打倒する機会をうかがうようになった。そのため、一九二〇年末、チェーカーは外国部（ＩＮＯ）を創設した。

チェーカーの活動は国外の「国家の敵」のみならず、信頼できない、あるいは邪魔とみなされた同志のボリシェビキに対しても容赦なく行なわれた。

なお、その後のチェーカーは、国家保安部（ＧＰＵ[※]）、統合国家保安部（ＯＧＰＵ[※]）、内務人民委員部（ＮＫＶＤ[※]）などへの改編を経て、戦後、国家保安委員会（ＫＧＢ[※]）へと発展した。なお、この変遷は非常に複雑であるが、図示すると次のようになる。

「ケンブリッジ・ファイブ」の結成

レーニンは共産主義がソ連一国だけでは世界中から包囲されて、生き延びることはできないと考え、

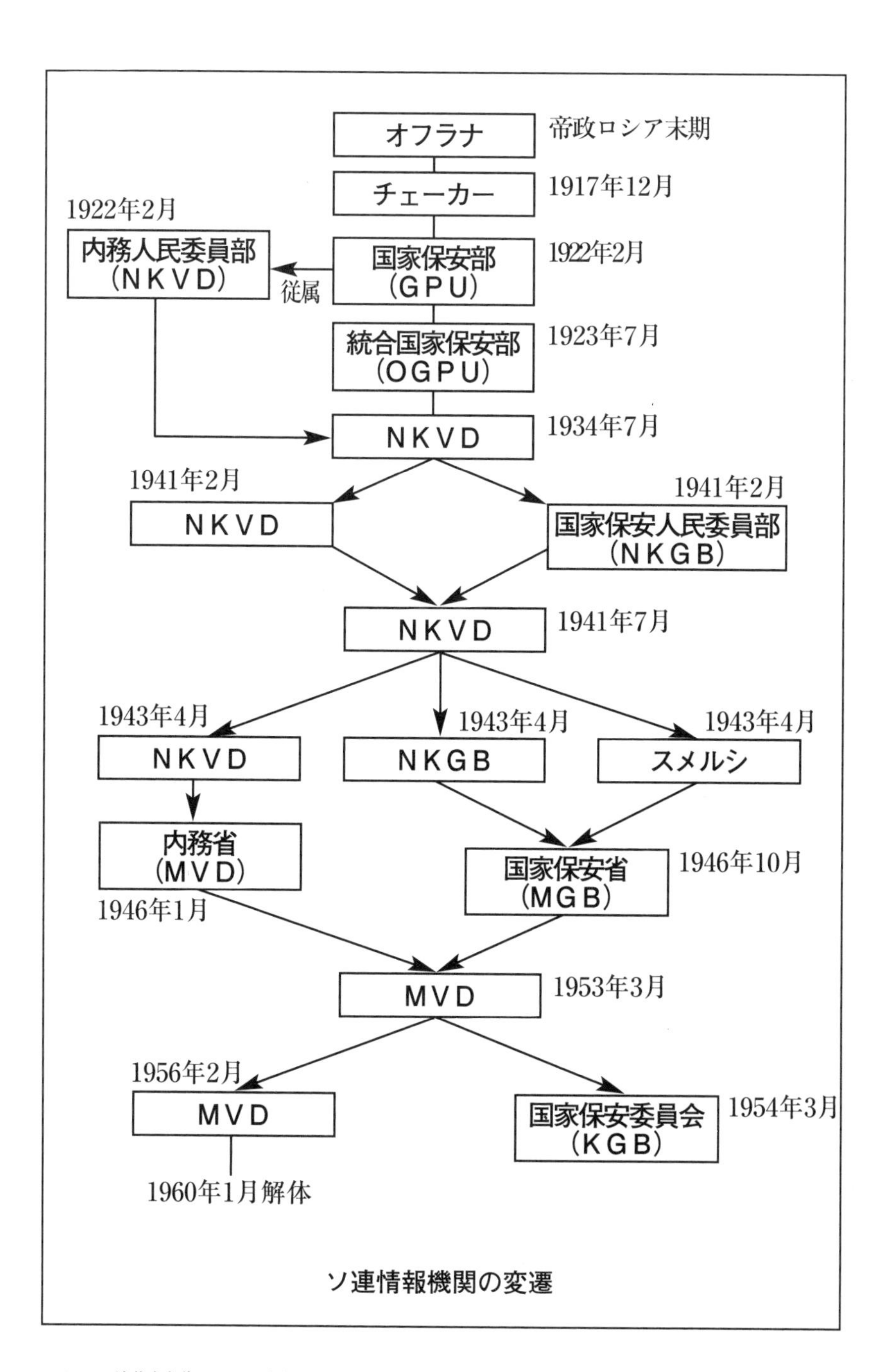
オフラナ
帝政ロシア末期
チェーカー
1917年12月
1922年2月
内務人民委員部
(NKVD)
従属
国家保安部
(GPU)
1922年2月
統合国家保安部
(OGPU)
1923年7月
NKVD
1934年7月
1941年2月
NKVD
1941年2月
国家保安人民委員部
(NKGB)
NKVD
1941年7月
1943年4月
NKVD
1943年4月
NKGB
1943年4月
スメルシ
内務省
(MVD)
1946年1月
国家保安省
(MGB)
1946年10月
MVD
1953年3月
1956年2月
MVD
1960年1月解体
国家保安委員会
(KGB)
1954年3月
ソ連情報機関の変遷

世界共産化を画策した。この司令塔として一九一九年三月、コミンテルン（第三インターナショナル）が設立された。

　コミンテルンは世界各地にコミンテルン支部を作る工作を始めた。その結果、一九一九年にはアメリカ共産党が、二一年には中国共産党が、二二年には日本共産党がコミンテルン支部として設立された。

　コミンテルンはまず欧州での革命を目指した。とくにマルクスの母国ドイツでの革命に期待したが、一九二三年一〇月のハンブルク蜂起の失敗などにより、ドイツ革命の可能性はほとんどなくなった。ほかの欧州諸国でもボリシェビキが期待したような革命は起こらなかった。むしろ反革命が席巻し、第一次世界大戦後の混沌とした政治状況は安定化へと向かった。

　ただし革命化の試みがすべて失敗したわけではなかった。ボリシェビキ政権の外相になったマクシム・リトビノフは、イギリスのオックスフォードやケンブリッジの両大学にロシア革命への同調があると判断した。この判断に従って、コミンテルンは一九二〇年代から両大学における獲得工作を展開した。

　一九二〇年代末から三〇年代にかけてのケンブリッジ大学は、大恐慌の影響を受けて学位取得者もなかなか職がなかった。時の労働党政府は、一九三一年の選挙で敗れ、資本主義への信頼が揺らいだ。欧州全体を戦雲が覆い始めた。ファシズムへの嫌悪、不安、恐怖はいっそう募っていた。

　しかし、イギリスは押し寄せるファシズムの潮流に立ち向かう気がないように見えた。反ファシズムの学生たちは、やがてスペイン内戦で人民戦線政府側のために戦って死んだ。

　ソ連とコミンテルンがファシズムを防ぐ唯一強固な防波堤であるように思われた。こうした学生の不安と怒り、共産主義への信奉心をソ連情報機関は利用したのである。

　こうして獲得された主要人物にはキム・フィルビー[※]（一九一二～八八年）、ドナルド・マクリーン[※]（一九一三〜八三年）、ガイ・バージェス[※]（一九一一〜六三年）、アンソニー・ブラント[※]（一九〇七〜八三年）がいる。

彼らはのちに「ケンブリッジ・ファイブ」と呼ばれることになるが、五人目に関しては未だに明確になっていない。ただし、四人と同時期にケンブリッジ大学に在籍していたジョン・ケアンクロス[※]（一九一三〜九五年）の可能性が高い。

「ケンブリッジ・ファイブ」によって、イギリス、アメリカ、そしてドイツは計り知れない損害をこうむった。なぜなら、これら各国の情報組織が潜入させるスパイはことごとく、彼らの通報によって暴露され、二重スパイになるか、偽情報を与えられるか、粛清されるかしかなかったからである。

信じがたいことに、この五人はだれ一人として裁判にかけられていない。なぜなら、彼らが由緒ある家系の出身で、国家中枢に職を得ていたからだ。どんな振る舞いをしても、イギリス支配層が彼らを許していたのである。

アジアが共産主義革命の重点

コミンテルンは革命輸出先をヨーロッパからアジアに転換した。アジアでは、一九二一年には外モンゴルに傀儡政権であるモンゴル人民共和国が設立された。次なる目標は中国、そして日本であった。

一九二一年に設立された中国共産党は順調に党勢を拡大していった。コミンテルンは中国共産党と国民党との協力（第一次国共合作）を推進した。つまり、国民党の中で共産党の党勢を拡大しようとした。

しかし、北伐で名声を高めていた蔣介石が共産主義に対する弾圧に乗り出し、一九二七年四月には上海事件が生起した。これに対し、中国共産党はコミンテルンの指示で武装蜂起を行なうが、武装蜂起は軒並み失敗した。以後、中国ではコミンテルンの指導に従わない、毛沢東路線が強まることになる。

一九三五年七月から八月にかけて、コミンテルン最後の大会となる第七回大会がモスクワで開催された。そこには五七カ国、六五の共産党から五一〇人の代表が出席した。同会議では以下のことが決められた。
（1）ファシズム反対、戦争反対の議論に加え、反ファシズムに対する統一戦線と、左派諸勢力を結集する人民戦線を徹底する。
（2）共産主義化の攻撃目標を主として日本、ドイツ、ポーランドに置く。これら国々の打倒には、イギリス、フランス、アメリカの資本主義国とも提携して個々を撃破する戦略を用いる。
（3）日本を中心とする共産主義化のために中国を重用する。
なお、コミンテルンの主な攻撃目標にされた日本とドイツは一九三六年一一月に日独防共協定を調印した。

NKVDによる粛清の嵐

ロシア革命以降、トロツキーは赤軍情報部門を組織した。

一九二四年、スターリンがトロツキーに勝利して以降、赤軍情報部門はスターリンの国際秘密工作を担当する機関として重要な地位を占めた。当時、赤軍情報部門は赤軍本部第四局と呼ばれ（一九二六～三四年までの呼称）、ヤン・ベルジン(※)（一八八九～一九三八）が率いていた。なお第四局はのちにさまざまな名称変更を経て、冷戦期のソ連軍参謀情報総局、そして現在のロシア連邦軍参謀本部情報総局になった。以下より、便宜上、赤軍、ロシア軍およびソ連軍の情報部門をGRUと呼称させていただく。

ベルジンの在任時、GRUではリヒャルト・ゾルゲ(※)やレオポルド・トレッペル(※)などの優秀なスパイが活躍した。ゾルゲは中国および日本において、中国共産党に対する支援工作や、「日本の対ソ参戦の可能性」などの政治・軍事情報の収集を行なった。

一方のトレッペルは、ナチス・ドイツ占領下のヨーロッパにおいて、反革命派の摘発・粛清、共産主義の輸出などを目的にスパイ網を展開した。またドイツのゲシュタポの捜索を巧みにかわし、重要なインテリジェンスをソ連に送り続けた。これに対し、ゲシュタポは、このスパイ網を「赤いオーケストラ(※)（赤色楽団）」と呼び、その摘発に心血を注いだ。

一九三四年七月以来、NKVDが秘密警察と強制収容所としての機能を兼務し、一連の粛清の指揮をとるようになった。NKVDの初代長官はゲンリフ・ヤゴーダ(※)（一八九一～一九三八年）であった。しかし、彼の取り組み方が手ぬるいと判断したスターリンは、わずか四年でヤゴーダを解任した（三六年九月）。ヤゴーダは一九三七年に逮捕され、三八年三月に銃殺された。ヤゴーダ以下の部下のほとんども粛清された。

後任にニコライ・エジョフ(※)（一八九五～一九四〇年）が就任し、恐怖の「エジョフ時代」が到来した。彼は数百万人に及ぶ大粛清を執行した。しかし、やがてエジョフもスターリンの信任を失い、三九年二月に逮捕され、四〇年二月に銃殺された。

エジョフの後任には、副長官のラヴレンチー・ベリヤ(※)（一八九九～一九五三年）が就任し、彼はNKVDが国家保安省（MGB）に改組（四六年一〇月）されるまで長らく長官の地位に就いた。エジョフの失脚を画策したのもベリヤであった。彼はスターリン死後、野望をもって第一副首相となるが、ニキータ・フルシチョフ（一八九四～一九七一年）との政争で失脚し、処刑された（一九五三年一二月）。

NKVDは、スターリンによる大粛清の執行機関であった。レフ・トロツキーを暗殺したナウム・エイチゴン(※)（一八九九～一九八一年）もNKVDの高級将校であった。（九〇頁参照）

NKVDの主要な粛清対象はロシア軍であった。GRUにも容赦ない粛清の嵐が吹き荒れた。

ベルジンはGRU長官を務めたあと、一九三五年四月から極東の赤軍副司令官をしていたが、三七年六月、スターリンに召還され、GRU長官に復帰した。しかし、一年足らずでスターリンの粛清にあって逮捕され、三八年七月処刑された。

一九三五年四月から三七年六月までの間は、ベルジンに代わりセミョーン・ウリツキー(※)（一八九五～一九三八年）がGRU長官になったが、彼は三七年一一月、権力奪取の試みとアメリカのためのスパイ行為で逮捕され、三八年八月に銃殺された。

イグナス・ライスの暗殺

クレムリン内部がこのような状況であったので、海外に展開するＮＫＶＤおよび軍情報部に所属する高級幹部は軒並みＮＫＶＤによって粛清され、無残な結末を迎えた。

クレムリンに公然と反旗をひるがえして粛清された著名なスパイマスターにイグナス・ライス（※）（一八九九～一九三七年）がいる。

彼は、一九二一年から赤軍参謀本部第四局の局員としてヨーロッパで働き、赤旗勲章を授与された大物である。三二年にはＮＫＶＤの要員となり、パリに派遣されていた。しかし、まもなくＮＫＶＤによる大粛清が開始され、ライスもその対象となった。三六年の粛清の絶頂期に、ライスはモスクワから召還された。危険を察知した妻のエリザベート・ポレツキー（※）（一八九八～一九七六年）が「モスクワには自分が行く」と言って、ライスを説得した。

妻がモスクワから戻ると、ライスはクレムリンときっぱり決別することを決心し、ソ連共産党委員会宛の手紙を書き、一九三七年七月一七日に投函した。手紙にはスターリンの現状に対する批判、レーニンの原点に帰ることへの要請、トロツキーと第四インターナショナルを称賛するなどの内容が認（したた）められていた。

ライスは妻と子供をともなってスイスのローザンヌに身を潜めた。彼は亡命して西側の官憲に保護を求めようとはしなかった。そのような行為は彼にとって屈辱であったからである。

スターリンはライスの暗殺を命じた。この暗殺には二人の女性が関与した。一人はかねてからライス家と親交のあった女性で、ゲルトルーデ・シルドバッハといった。もう一人はソルボンヌ大学生のレナテ・シュナイダーである。シュナイダーは、オランダ、フランス、スイスとライスのあとを追い、ライスが最後にローザンヌに落ち着いたのを突きとめた。

シュナイダーからの連絡を受けてシルドバッハが現地に派遣された。ライス暗殺の日、シルドバッハはライスと最後の晩餐をとり、そこで彼女はライスを毒殺しようとした。しかし、良心の呵責から毒殺できなかった。

結局、この晩餐のあとにシュナイダーとNKVD暗殺団がライスを車で連れ去り、機関銃で射殺したという。一九三七年九月四日のことである。

それから数カ月の間に、モスクワのライスの友人たちは跡形もなく消えた。

生き延びたクリビツキーとエリザベート

仲間たちの中で、ただ一人生き延びたたのがワルター・クリビツキー(※)(一八九九〜一九四一年)であった。彼は一九三五年からハーグ機関長として対独情報活動に従事していた。三七年九月、ライスの暗殺を知って、モスクワからの召還を拒絶し、ライスとは対照的にフランスに亡命して身の安全を求めた。

彼は、西側情報組織に最初に亡命したソ連のスパイとなった。

一九三八年一一月にはアメリカに亡命し、英米情報組織に協力した。三九年には週刊誌『サタデー・イブニング・ポスト』に回想録を連載し、スターリン粛清の内実を告発した。しかし、一九四一年二月、彼はワシントンのホテルの一室で射殺体として発見された。これも、間違いなくNKVDの仕業であろう。

一方、ライスの妻であるエリザベートは、夫が暗殺されたのち、かろうじてソ連秘密警察の追手を逃れ、戦火の広がる欧州からアメリカに移住した(一九四一年二月)。第二次世界大戦が終わると彼女はパリに戻った。一九六九年、彼女は『絶滅された世代――あるソヴィエト・スパイの生と死』を出版した。

彼女は一九三七年、モスクワを離れようとする時、仲間たちの最年長者から言われた。「絶対モスクワに帰って来てはならない。どんな事情があろうとも。多分君たちの一人が生き延びて、僕らのことを告げるだろう」（前掲『絶滅された世代』）

ＮＫＶＤの悪行は、ライスの妻エリザベスの手によって世に公表され、ライスの無念を幾分か晴らしたのである。

第8章 トロツキー暗殺の陰に女性あり

スターリンとトロツキーの対立

スターリンによる大粛清の背後にはトロツキーとの対立がある。この経緯について見てみよう。

一九二四年一月、レーニンが死亡し、スターリンが後継者となると、スターリンとトロツキーが激しく対立した。両者は同年齢であったが、「一国社会主義革命論（スターリン）」と「世界革命論（トロツキー）」という革命路線の対立以上に性格がまったく合わなかった。

結局、ジェルジンスキー(※)が率いる秘密情報組織を利用したスターリンが勝利した。スターリンは一九三四年から三八年までの間に、赤軍の陸海軍の三万人の将兵、情報組織の要員五〇〇人以上を処刑した。その主たる目的は、第一にトロツキストを見つけ出して粛清、第二に赤軍内部にいる親ドイツ派将兵を抹殺することであった。四〇年ごろのスターリンは、かつての革命の功労者（ジノビエフ、ラデック、ブハーリン、ビアタコフなど）を次々粛清していた。トロツキーの息子も誘拐され、殺害された。これもおそらくスターリン派の仕業である。

トロツキーは一九二七年にすべての役職から解任された。またレーニンと写っているトロツキーの写真はことごとく消され、まずは視覚的に抹殺された。二八年一月にはアルマ・アタ（現在のカザフスタンのアルマトイ）に追放され、二九年一月にトルコにのがれた。その後、パリ、オスロと転居し、三六年にメキシコに落ち着いた。これはメキシコの国民的画家ディエゴ・リベラと、その妻フリーダがメキシコ政府にトロツキーの庇護を要請したお陰である。

トロツキーと妻ナターリヤは最初、リベラ夫妻の厚意で彼らの家に住んでいた。しかし、リベラ夫妻との関係がうまくいかなくなった。この原因はトロツキーとフリーダとの不倫にあった。

トロツキーは五七歳、成熟した男の魅力にあふれていた。一方のフリーダは二九歳、インディオの血をひく妖艶な美しさと情熱的な気性で人目をひく女性であった。

一九三九年五月、リベラ夫妻の家にいられなくなったトロツキーは近所の家に移り住んだ。そこで彼は、反スターリンの論文を書き、第四インターナショナル（一九三八年結成）を武器にスターリンに対抗しようとした。

この時、トロツキーは知られざるスターリンの一面を暴露するために『スターリン伝』を書いていた。だから、猜疑心に駆られたスターリンはなんとしてもトロツキーを暗殺して原稿を取り上げなければならなかったのである。

スターリンはトロツキー暗殺を内務人民委員部（ＮＫＶＤ）のベリヤに命じた。

トロツキーに向けられた襲撃

一九四〇年五月二四日早朝、トロツキーとナターリヤ夫人の寝室で最初の事件が起きた。スターリンが放った刺客、すなわちメキシコ共産党員で画家のダヴィド・シケイロスを隊長とする二〇人ほどの暗殺団による襲撃である。

暗殺団は銃弾のほか焼夷弾を使った。トロツキーの暗殺とともに彼の著作類を焼却することを狙ったものだ。しかしトロツキーとナターリヤ夫人は襲撃者の死角となる位置に身を避け、この襲撃から身を守った。スターリンは暗殺失敗に激怒した。

この事件後、メキシコ大統領の命令で、この家は入り口を金属製の頑丈なものにし、寝室のドアは鉄製に替え、家全体に警報システムを備えて要塞化された。

しかし、もう一つのトロツキー暗殺計画がナウム・エイチンゴン(※)によって進められていた。彼は一九二〇年代から、上海や満洲で秘密工作に従事した有名な大物スパイである。

一九三六年のスペイン内戦勃発後、エイチンゴンは活動拠点をスペインに移し、ゲリラ戦の指導、諜報・防諜活動に従事した。ここでスペイン共産党の女性党員マリア・カリダッド・メルカデルを愛人とし、その息子ラモン・メルカデル(※)(一九一四～七八年)をエージェントとして獲得した。

エイチンゴンは一九四〇年トロツキー暗殺を指揮する。彼はメルカデルにトロツキーの暗殺を命じた。メルカデルは、母マリアが人質同様であったので、この指示に従うほかなかった。彼による暗殺の手口は以下のとおりである。

「メルカデルは非常に美男子で、女性にもてたという、それが利用された。彼はパリに向かい、シルヴィア・アゲーロフという女性と仲良くなり、恋人となった。シルヴィアの姉ルースは以前、トロツキーの秘書であった。メルカデルは、シルヴィアをメキシコに連れていって、姉の代わりにトロツキーのところで働かせた。やがて彼女に紹介され、メルカデルもトロツキー家に出入りするようになった。(中略）一九四〇年八月二十日、彼はトロツキーを訪ね、アイスピック（氷かき）をふり下ろした」（前掲『スパイの世界史』）

女性に無警戒であったトロツキー

最初の襲撃後、トロツキー夫妻の寝室の警備は格段に強化された。しかし、いくらハード面の警備を強化しても、不審者に対する身元調査という防諜の基本を怠れば、それはまったく意味がない。

よくよく考えれば、トロツキーが暗殺されたのは女性絡みである。トロツキーはインテリで勇敢な人物であった。また、ハンサム、ダンディであり、女性によくもてた。しかし、庇護してくれる人物の夫人と特別な関係になるなど、まったくもって自制がない。このことが、トロツキーが当初の住居を移し、最初の襲撃を受ける原因ともなった。

トロツキーは、かつての女性秘書であるルースの妹シルヴィアを無用心に雇った。トロツキーは、タイピスト兼通訳兼秘書のルースが好きだったらしい。その妹が接近してきたから、下心が生まれたのである。

この下心をメルカデルに利用され、無警戒にもメルカデルに対してまでも自由な出入りを許してしまった。これも、トロツキーの女性に対する警戒心の欠如から生じた結末であった。

女性に対し冷徹無比であったスターリン

ライバルのスターリンには、生涯二人の妻のほか、あと一人の事実上の妻、そして多くの愛人がいた。彼の妻たちに関してはアンティエ・ヴィントガッセンの『独裁者の妻たち』に興味深い内容が記されている。

最初の妻は服従する女性であった。彼女は若くして病死し、スターリンは深く悲しんだようだが、彼女との間に生まれた長男に対しては冷淡であった。

二番目の妻は聡明で自己主張が強く抵抗する女性であった。彼女はスターリンとの口論の末のピストル自殺とされるが、本当はスターリンによる暗殺の可能性がある。二番目の妻との間に生まれた次男、長女も冷遇された。

三番目の妻はソ連邦のファーストレディーになって政治活動をする一方、スターリンの女性関係を黙認する女性であった。彼女はいつの間にか姿が見えなくなり、結婚の事実さえ消された。その理由は今もわからない。

スターリンには多くの愛人がいた。愛人たちとのいざこざが発生すると、彼女たちは姿を消したり、不審な死を遂げたりしたという。

スターリンは自らの権力を守るためには、男女問わず、近親者に対しても、容赦なく冷徹無比になれた。この点が、革命家トロツキーが独裁者スターリンに敗北した所以である。

スターリンほどの冷酷さは無理としても、インテリジェンス要員にとって女性問題は要注意である。ウォルフガング・ロッツは「ほんの少しでも強制できる見込みがあるものなら、秘密情報部員にとって、禁欲生活が重要この上ない規則となろう」（『スパイのためのハンドブック』）と言っている。絶えず、緊張状態におかれるスパイたちは、心を許せる友人や愛人を求めているのである。

しかし、〝恋は盲目〟であり、のめり込むと危険が待ち受けている。

だから、ロッツは次の二つの防御法を挙げている。第一は「調子がよくて信用できかねるような女性に気をつける」として、接触の状況を再現し、この女性が敵側の回し者である可能性をあらゆる面から検証する。第二は、常時は不可能であるが、定期的に相手を監視下において、不審な兆候がないかを検証することである。

〝英雄色を好む〟というように、国家や組織の重要人物に限って女性に対するガードが甘い。緊要な時期と場所においては、ロッツの原則をもって事に臨む必要はあるだろう。

第9章 ゾルゲとスメドレー

ゾルゲ、上海に現われる

大戦間期の活動場面を中国に転じてみよう。ここには、のちにわが国でのスパイ活動で世界的に有名になるゾルゲの活動の発端が見られる。

前述のように、コミンテルンにとってアジアが共産主義革命の重点であり、とくに中国、そして日本が最重点であった。（八三頁参照）

一九二〇年代から三〇年代にかけての上海は、三四〇万人の人口を抱えるアジア最大の都市として繁栄していた。各国の租界（外国人居留地）が存在し、ある種の治外法権によって文化の混在した独特の異国情緒を醸し出していた。娼婦街、阿片窟など享楽的要素に満ち溢れていた。その雰囲気を想像するだけでもぞくぞくとする魅力があり、この頃の上海は人を魅了してやまず、〝魔都〟と呼ばれていた。

一九三〇年、リヒャルト・ゾルゲ[※]は、この上海に足を踏み入れた。彼は二〇世紀最大のソ連のスパイとしてあまりに有名である。彼の活動を簡単に言及しておこう。

ゾルゲは一九二四年、ソ連共産党に加入するためにモスクワへ派遣され、同年、軍事課報部門であるＧＲＵに配属された。三〇年にドイツの有力新聞『フランクフルター・ツァイトゥング』（フランクフルト新聞）の記者というカバーで上海に来た。上海では、ソ連諜報網の強化とコミュニズムの指導に携わり、中国に派遣されていたドイツ顧問団の動きなどを調査した。

一九三三年からは日本に活動場所を移し、上海で三〇年秋頃に知り合った朝日新聞社の尾崎秀実[※]と再会し、ゾルゲ諜報団を組織して四一（昭和一六）年にかけてドイツと日本の対ソ参戦の可能性などの諜報活動に従事した。

コミンテルンとゾルゲとの関係

当時のソ連情報機関は、タス通信社、コミンテルン、内務人民委員部（NKVD）[※]、国家保安部（GPU）[※]、そして諜報活動専門のGRU[※]の五つあり、それぞれ政治、軍事、経済の情報活動を行なっていた。

ゾルゲは一九二九年コミンテルンを離れて、GRUのメンバーとして上海に派遣された。コミンテルンによる中国における活動は、プロフィンテル[※]（赤色労働組合インターナショナル）極東支部の太平洋労働組合書記局[※]（PPTUS）が統括していた。

PPTUSには最近までその存在さえ疑問視されていた、アメリカ共産党日本人部の鬼頭銀一なる人物がいた。彼は一九三〇年四月頃から、アメリカ共産党本部から国際運輸上海支店勤務というカバーで派遣されていた。この鬼頭こそは尾崎をゾルゲに最初に紹介した人物であるという。なお、これに関しては加藤哲郎著『ゾルゲ事件―覆された神話』が詳しい。

しかし、ゾルゲは、のちの日本での裁判における供述調書において、鬼頭を通じて尾崎と知り合ったことを強く否定している。ゾルゲは、「アメリカ人女性記者アグネス・スメドレーから尾崎を紹介された」と供述している。つまり、ゾルゲは最後まで、コミンテルンや中国共産党との関係について否定したのであった。すなわち、彼の工作は極めて秘匿性の高いものであった。

しかしながら、上海におけるゾルゲは、コミンテルン極東局政治部長ゲルハルト・アイスラー[※]（一八九七〜一九六三年）と頻繁に会っていた。またゾルゲは、コミンテルンの国際連絡部「オムス」で工作資金を受け取ることもあったという。

尾崎も「ゾルゲ（当時は、ジョンソンと認識していた）がコミンテルンの一員である」と認識していた。このことも、ゾルゲとコミンテルンとの少なからぬ関係の傍証となる。

ゾルゲと尾崎をつなぐスメドレー

ゾルゲがアグネス・スメドレー(※)（一八九二〜一九五〇年）と初めて出会ったのは、一九三〇年二月頃である。ゾルゲの方から中国関係の記事を書いている彼女に接触したようだ。ゾルゲはフランクフルト新聞社の特派員「ジョンソン」を名乗った。

スメドレーは、フランクフルト新聞社に原稿を送っていたので、同社の肩書を持っているゾルゲとは接点があった。のちに判明することになるが、スメドレーはコミンテルンの支持を受けて中国に来ていたので、彼女がゾルゲの活動を支援することは事前に調整されていたとみられる。

ゾルゲは女性の同志を獲得するためには、まず性的関係を持つことを実践していた。スメドレーもまた同様であった。このような二人は一九三〇年春から三カ月、半同棲の生活を送り、広東、香港に二週間ほど同伴旅行したこともあった。

尾崎とスメドレーが上海にやってきたのは、ゾルゲに先立つ一九二〇年代末である。尾崎の上海赴任が一九二七年一一月のことであり、その約半年後にスメドレーが上海に着いたようである。

尾崎は上海で女性のドイツ人共産主義者が経営する「ツァイガスト」（ドイツ語で「時代精神」の意味）書店に通っていた。ここには郭沫若（かくまつじゃく）や魯迅（ろじん）などの「左翼作家連盟」の作家がよく出入りしていた。

尾崎はこの書店の女性店主からスメドレーを紹介された（一九二八年一一月頃）。尾崎は、まもなくスメドレーとの情交を深めるとともにコミンテルン機関の活動に加わり、スパイ活動に間接的に関与した。

ゾルゲと尾崎との関係を橋渡ししたのもスメドレーである。スメドレーはゾルゲ、尾崎の二人と同時に情交を結んでいた。つまり彼女との肉体関係が一つの接着剤となって、やがて三人の同志的な環が形成されていった。

上海を舞台にしたゾルゲ、尾崎およびスメドレーの同志的関係は、ある事件を境に終焉を迎えることになる。一九三一年六月、PPTUS書記局の組織部長イレール・ヌーラン[※]（一八九四〜一九六三年）が逮捕されたのである。これにより、上海を中心にアジア各地に張り巡らされていたコミンテルンのネットワークは軒並み摘発された。

アインシュタイン、ゴーリキー、スメドレー、宋慶齢らの著名人が発起人となり「ヌーラン夫妻釈放運動」を起こした。ゾルゲもこの運動に関わった。このことが一九三二年末に彼が中国から離れざるを得なくなった一因である。

一方のスメドレーも「共産主義者として頻繁に接触するアメリカ人ジャーナリスト」としてマークされた。尾崎には一九三二年二月、朝日新聞本社から帰国命令が出された。ヌーラン事件後に尾崎がスメドレーとの関係を日本領事館から怪しまれて事情聴取を受けたことが影響したとされる。

一途な女性、スメドレー

ゾルゲと尾崎との接着剤であったスメドレーとはどんな女性だったのか？

尾崎はスメドレー著『女一人大地を行く』を日本語に翻訳した。その「あとがき」で彼女について次のように書いている。

「私はその時つくづく女史の顔を見た。彼女の顔はなるほど綺麗とはずいぶん縁の遠いものだった。しかし私はその後、幾度か会ううちに女史の顔を美しいと思うことすらあった。とても無邪気な笑い顔だった」

ゾルゲは『ゾルゲ事件―獄中手記』でこう述べた。

「スメドレーは教育もあり頭もよかったので新聞記者としてはよいが、人妻としては価値がなく、例えば男と同じような女であったのである」

彼らが言うように、スメドレーは非常に大柄で、男性がちょっと敬遠するような容姿であり、性格は男勝りであった。だが、彼女は純粋で理想主義に燃え、一途な情熱が男女も問わず多くの人間を魅了した。

彼女のバイタリティの淵源を探るために彼女の経歴を少しさかのぼってみたい。

スメドレーはミズーリ州の貧農の家に生まれた。呑んだくれの父親のせいで、苦労して早死にした母親を見て育った。だから彼女は平凡な家庭の主婦になることを拒絶した。そのような反骨心からニューヨークに出て、昼間は雑誌の編集をやり、夜はニューヨーク大学の夜間部に通った。こうして苦学して、やがて著名な革新ジャーナリストになっていく。

第一次世界大戦中、彼女はニューヨークにおいて、ドイツからの支援を受けながら、インドの対英独立運動に従事した。一九二一年、コミンテルンのアメリカ支部であるアメリカ共産党が結成されると、彼女はコミンテルン活動に参加することを決心した。

彼女の初の海外移住先はドイツであった。ニューヨークでインド人の共産主義者チャットパディアとの関係を深めると、彼とともにドイツへ渡ったのである。彼とは約八年間同棲した。

スメドレーはドイツでベルリン大学に通い、そこで中国の歴史、文化、社会などの研究を始めた。一九二七年、蔣介石による反共クーデターにより、中国から亡命してきた進歩的知識分子との交友を通じ、中国問題への関心を深めた。

彼女はチャットパディアと別れ、一九二八年春、中国の大地を踏みしめ、まもなくして上海へ向かった。ここでは三〇年代に始まった国共内戦と日中戦争の取材を行ない、記事をイギリス紙やドイツ紙などへ投稿した。

彼女は共産党八路軍を密着取材して詳細なレポートを発表している。彼女の精力的な活動は中国大陸での戦争を取材する外国人記者としてはずば抜けたものであると評価された。

他方、彼女による記事や著作は中国共産党に対する礼讃一色の記事でもあった。彼女が書いた記事は、アメリカ人ジャーナリストのエドガー・スノー（『中国の赤い星』の著者）、同じくアンナ・ルイス・ストロング女史の記事とともに、世界中が中国共産党を賛美し、党員を拡大することに貢献した。

第二次世界大戦中、スメドレーはアメリカに戻り、国共内戦および太平洋戦争における中国共産党への援助に関する活動に従事した。この間、数冊の著作を執筆したが、印税はすべて社会のために使い、友人の家に間借りするような質素な生活を送っていたという。

彼女の抗議と客死

スメドレーはすでに一九三〇年代から、「共産主義者と頻繁に接触するジャーナリスト」としてイギリス情報機関からマークされていた。三三年五月にイギリス警察が作成した『上海におけるソ連のスパイリスト』にはスメドレーの名前が、ゾルゲら一二人とともに記された。

しかし、アメリカ情報機関によって彼女の活動がマークされるようになるのはずっとあとのことである。一九四七年頃から、アメリカの対中国政策は変化し、中国共産党に対する同情が薄らぎ、反蔣介石の立場をとる中国専門家に対する圧力がかかってきた。社会全体では、マッカーシズムの「赤狩り」が始まっていた。

こうしたなか、チャールズ・ウィロビー[※]（一八九二～一九七二年）は「スメドレーはソ連のスパイである」と公然と主張した。一九四九年二月、米陸軍省はゾルゲ事件の報告書『ウィロビー報告』を発表し、この中でスメドレーをゾルゲの協力者・ソ連のスパイと認定した。FBIは彼女の住まいなどを執拗に追跡した。彼女はしばしば友人宅に身を潜めた。その影響で新聞・雑誌への寄稿や講演の機会は次第に減っていった。

スメドレーは『ウィロビー報告』に対し即座に抗議し、「名誉毀損訴訟も辞さない」という声明を発表した。一週間後、やむなく陸軍長官は報告書を撤回し、陸軍当局は取り消しの文書を公表した。だが、それは、新聞の片隅に小さく掲載されただけで、一度広がったスパイの汚名は容易には消えなかった。

一九五〇年五月、下院非米活動委員会からスメドレーに召喚状が発せられた。しかし、彼女はその日にロンドンに飛び、その晩に急死した。死因は胃潰瘍とはいうものの事実は不明だ。彼女と同じような容疑者が亡命地で客死（かくし）するという事件がたびたび起きていたので、暗殺の可能性は十分にある。

彼女が中国共産党の熱心なシンパぶりについては、彼女が死んだ時、中国人女流作家の丁玲（ていれい）が次のように述べている。

「西安事変（一九三六年一二月一二日、蒋介石が共産党討伐の軍事会議出席のため西安に滞在中、挙国一致対日抗戦を主張する張学良に逮捕軟禁された事件）で蒋介石が逮捕されたとき、スメドレーの喜びは絶頂に達した……その後蒋介石が釈放されたさい彼女はどういう理由で蒋介石が釈放されなければならないのかと不満を示していた」（李天民『中共の革命戦略』）

彼女が急死して、面目をつぶされたかたちのウィロビーは、ゾルゲ団のメンバーの一人、川合貞吉（かわいていきち）（※）（一九〇一～八一年）の「情報」なども用いて、彼女が客死したのちの一九五二年、あらためてゾルゲ事件の報告書を作成した。一方、FBIは彼女に関する捜査を打ち切った。

スメドレーは終生、コミンテルンとの関わりを否定し続けた。アメリカ当局も彼女がコミンテルンの一員として、ゾルゲのスパイ活動に協力していたといった決定的な証拠を提出できなかった。

しかし、ソ連崩壊後、ロシア現代史文書保存・研究センターによって公開されたアメリカ共産党とコミンテルンの関係機密文書によって、彼女とコミンテルンとの関係が明らかとなった。つまり、スメドレーは上海に行った当初から、コミンテルンから資金援助を受けて欧米向けの対外宣伝活動とゾルゲのスパイ活動に協力していたのである。

ゾルゲと尾崎は、日本軍の矛先がマラヤ、東インド、フィリピンなどの南方に向かうよう間接的に仕向けた。それが要因の一つとなって、太平洋戦争が勃発した。この二人が大戦間期における日本の方向性に対して甚大な影響を及ぼしたことは言うまでもない。

彼らを通じて、大戦間期の日本に少なからぬ影響を与えた一人の女性、それがスメドレーであった。つまり、彼女を知らずして、わが国の戦争史を語ることはできないのである。

次の時代は欧州を舞台に第二次世界大戦が勃発する。そこでは、激烈な情報戦が繰り広げられ、また女性の活躍の場も拡大していくのであった。

◆第二次世界大戦期

第10章 第二次世界大戦勃発と情報戦

第二次世界大戦勃発する

まずは、第二次世界大戦の勃発についてまとめておこう。

欧州方面では、ドイツとイタリアが国際連盟を脱退し、両国は連帯を強めて枢軸を形成した。一九三八年三月、ドイツはオーストリアを併合し、三九年三月にチェコスロバキアを併合した。三九年四月、ドイツはポーランドとの不可侵条約（一九三四年一月）を破棄し、同年九月一日、ポーランドに侵攻した。これに対し、イギリス、フランスがドイツに宣戦布告し、第二次世界大戦が始まった。

ドイツ軍の侵攻に触発され、ソ連もポーランドに侵攻した。両国は独ソ不可侵条約（一九三九年八月）にもとづき、ポーランドを分割した。ソ連は三九年一一月、フィンランドに侵攻し、四〇年にはフィンランドから領土を割譲、ついでバルト三国を併合した。

第二次世界大戦が勃発してしばらく、西部戦線はおだやかだった。ところが「風雲急を告げる」とばかりに戦況が一挙に動いた。一九四〇年五月、ドイツがオランダ、ベルギーに侵攻し、フランスに大攻勢を仕掛け、パリは六月に陥落した。ついにはドイツは「ダンケルクの戦い」（一九四〇年五～六月）でヨーロッパ戦場において連合国軍を撃破した。

一九四〇年七月、ドイツによるイギリス本土に対する大空襲（バトル・オブ・ブリテン）が開始された。イギリス本土に対する上陸作戦の前哨戦と見られた。

その後の第二次世界大戦は英・独の戦いという構図で推移した。しかし、イギリスのレーダーを使用した防空戦によって、ドイツ軍機は大損害を受け、ドイツは劣勢を強いられた。

そこで、ドイツはソ連を壊滅させることで、イギリスの息の根を止めようとした。一九四一年六月、ドイツがソ連に電撃侵攻した（バルバロッサ作戦）。以後、戦いは独ソ戦争が主体となった。

さらに一九四一年一二月の日本と米英との開戦によって、戦火は文字どおり全世界に拡大し、人類史上最大の戦争となったのである。

世界が驚愕した独ソ不可侵条約

大戦直後のドイツの攻勢は、良好な独ソ関係に支えられた。ドイツはソ連に接近することで東部戦線を安定させ、西部戦線に戦力を集中したのである。

両国の良好関係を示す最たるものが、一九三九年八月の独ソ不可侵条約である。イデオロギーを対立させ、個人的に〝犬猿の仲〟といわれたヒトラーとスターリンが手を結んだのであるから、世界中に衝撃が走った。

ヒトラーは一九三三年の政権奪取以降、イギリスとの対立を回避する外交政策を展開していた。しかし、駐英大使時代に反英感情を強めていたリッベントロップは、独・伊・日・ソによってイギリスに対抗する構想を固め始めていた。三八年一月、彼は反英構想の覚書をヒトラーに提出した。こうした反英構想が、次第にドイツを対ソ懐柔政策へと向かわせたのである。

一九三九年三月、ドイツはチェコスロバキアを併合し、次なる目標であるポーランドの侵攻準備に取りかかった。ポーランド回廊を手放すよう、ポーランドに外交的圧力をかけた。しかし、ポーランドはイギリスの支援を頼りに、これに強硬に反発した。

一九三九年四月、ヒトラーはポーランドとの不可侵条約とイギリスとの海軍協定を破棄し、イギリスに対決する意志を明確にした。

他方、イギリスはソ連に対して「平和戦線」への参加を求めた。ソ連は参加の条件として、英・仏・ソの三カ国による軍事同盟の締結を求めた。しかし、英仏側はそれに応じなかった。

ソ連側の提案に、チェンバレン英首相が否定的な態度を示したことで、スターリンは、ソ連だけがドイツとの戦争に巻き込まれ、英仏がそれを傍観するという最悪の図式を懸念した。

そこで、ソ連はドイツとの接触を開始した。このため、英仏との軍事同盟推進派であった、外務人民委員（外務大臣）のマクシム・リトビノフ（一八七六～一九五一年）を罷免し、スターリンの最も緊密なシンパといわれたヴャチェスラフ・モロトフ（一八九〇～一九八六年）に代えた。

リッベントロップ外相（一九三八年二月就任）がモロトフとの交渉にあたり、モロトフがドイツとの接近に消極的であると見るや、ドイツは大胆な手に打って出た。一九三九年八月一四日、「ポーランドを含めた東欧をソ連と分割する用意がある」ことをヒトラーが表明した。同時に、リッベントロップ自らがモスクワに飛んで交渉することを申し入れたのである。

ソ連側は、こうしたドイツ側の対応を〝誠意〟と感じ取った。八月一五日、モロトフは独ソ間の不可侵条約について提案を行なった。

ヒトラーにとってこの提案は望むところであった。なぜならば、ソ連を戦争圏外に置いて安心してポーランドを攻撃できるのみならず、英仏の行動を相当委縮できるからである。かくして、八月二三日、世界が驚愕する独ソ不可侵条約の成立となったのである。

独ソ不可侵条約で公表された条文は「相互不可侵」および「中立義務」のみであったが、この条約と同時に秘密議定書が交わされていた。これが独・ソ両国によるポーランドへの侵攻、ソ連によるフィンランド侵攻とバルト三国併合に走らせ、時代は急速に第二次世界大戦の幕開けへと向かっていった。

情勢戦に完敗した日本

独ソ不可侵条約締結をめぐる日本の状況についてもおさえておこう。

一九三一年九月の柳条湖事件（満洲事変）を経

て、三二年三月、満洲国を建設した日本に対し、アメリカなどを中心に反発が起こった。三三年二月、日本の占領を不当とする国際連盟の決議案が圧倒的多数で可決（反対票は日本のみ）された。こうしたなか、わが国は同年三月、国際連盟を脱退し、孤立の道を歩んでいく。

他方、ソ連は「第一次五カ年計画」によって急速に力をつけ、一九三四年に国際連盟に加入する一方、共産主義革命の対外輸出をますます強化した。

当時の広田弘毅（ひろたこうき）内閣は、ソ連の共産主義拡大を警戒し、一九三六年一月、日・独防共協定を締結し、三七年一一月に日・独・伊三国防共協定を締結した。かくして、わが国はドイツ、イタリアと反ソ連の立場で結束し、枢軸陣営を結成したのであった。

さらに、一九三七年七月の日中戦争の勃発によって極東のソ連が最大の脅威となった。三八年七月、満洲国に駐屯して対ソ国境を警戒する日本陸軍はソ・満国境未確定地帯においてソ連軍と衝突（張鼓峰事件）した。日ソの緊張度は高まり、三九年五月には、満洲国西部とモンゴル人民共和国の国境地帯で、ノモンハン事件が生起した。なおこの戦いではソ連の大戦車軍団の前に日本陸軍は大打撃を受けたのである。

こうしたなか、ドイツはソ連に加え、英仏を仮想敵国とする軍事同盟を締結することを日本に提案してきた。わが国は「同盟を結ぶべきか否か」について、何回となく会議を開くものの結論が出せなかった。そうこうしているうち、一九三九年八月、突如、独ソ不可侵条約が締結されたのである。

この条約の締結は、わが国がノモンハン事件を戦っている最中の出来事であり、ソ連を仮想敵国として進めてきたわが国とドイツとの同盟関係が根底から揺さぶられるものだった。

これを契機に、平沼騏一郎（ひらぬまきいちろう）内閣は「欧州の天地は複雑怪奇なる新情勢を生じた」との有名な言葉を残し、国際情勢の急変に対応し得ないとして総辞職した。（注）

他方、日・独防共協定をめぐるベルリンと東京の極秘電報は、ワルター・クリビツキー[※]率いるソ連情報機関の諜報活動によってスターリンに筒抜けになっていた。（三宅正樹『スターリンの対日情報工作』）

これに対し日本は、独ソの接近がまったく読めなかったのであるから、国際情勢を見る目もなければ、暗号解読をめぐるソ連との情報戦にも完敗したということになる。

（注）平沼首相の〝複雑怪奇〟などの弁明は通用しない。アメリカの著名な政治学者ジョージ・ケナンは当時、外交官としてチェコのプラハに赴任し、独ソの接近を完全に予測していたのである。

ドイツが仕掛けたフェンロー事件

開戦直後の一九三九年一一月九日、ドイツ情報機関がイギリスに仕掛けた有名な秘密工作事件に「フェンロー事件」がある。

当時中立国であったオランダに在住するイギリス人情報将校のスティーブンス少佐とベスト大尉が、ドイツSD[※]（親衛隊情報部）のヴァルター・シェレンベルク[※]に騙されて拉致された、というのが事件のあらましである。

この事件には、ドイツ国内の反ヒトラー勢力の存在、ヒトラーの暗殺未遂事件などが微妙に絡まっている。ハイドリヒの部下のシェレンベルクは、二重スパイを利用してイギリスSIS（MI6）[※]側にドイツ国内に軍事クーデターやヒトラー暗殺計画があることなどの情報を流していた。

そのうえでシェレンベルクは、「反ナチス高官が脱走して、ロンドンでひそかに会談を望んでいる。ここで、この高官がヒトラーを追い出し、戦争を終わらせる案をイギリス側に提議する」との偽情報を、先のイギリス人情報将校にちらつかせたのであった。

そして、高官脱走のための待ち合わせ場所に、オランダ国境の町フェンローが指定された。

この秘密工作にイギリス情報機関は完全に騙された。一九三九年一一月のヒュー・シンクレア[※]（一八七三〜一九三九年）の死亡によってMI6長官は同副長官のスチュアート・ミンギス大佐[※]（一八九〇〜一九六八年）が就任していた。ミンギス大佐は「ドイツの脱走高官が自分と同じ地位にあるカナリス提督かもしれない」と期待していた。というのもカナリスは隠れ反ナチスで、イギリスとの戦争になるのを常に避けようとしていた反戦争派だったからだ。

甘い幻想を持つことは情報組織の長としては失格である。しかし、一日前のミュンヘンでのビアホールの爆破事件（ヒトラー暗殺未遂事件の一つ）によって、ミンギスは「ナチスは国内に多くの厄介な問題を抱えている」と再認識し、これが「ドイツ高官の脱走」という情報が真実であるとの確信へとつながったのである。

二人のイギリス情報将校は謎のドイツ軍高官に会うためにフェンローに向かった。しかし、そこで待ち受けていたのは謎の軍高官を演じていたシェレンベルクであった。二人のイギリス軍情報将校は彼によって誘拐された。

二人のイギリス情報将校は、厳しい拷問に耐えかねて、秘密情報をあらいざらい暴露した。欧州大陸に展開していた諜報機関は軒並み引き上げを余儀なくされ、MI6は壊滅的な打撃を受けた。ミンギスの期待は無残にも打ち砕かれたのであった。

狡猾なシェレンベルクは二人のイギリス情報将校をビアホール爆破事件の犯人に仕立て上げた。ヒトラーはシェレンベルク以下、フェンロー作戦参加者を総統官邸に招き、自らの手で彼らに一級鉄十字章を授与した。

さらに、ドイツは「オランダが中立国であるにもかかわらずイギリス軍人にスパイ活動の便宜を供した」として、この事件をオランダ侵攻の口実とした。こうして第二次世界大戦の緒戦における英独情報戦はドイツの完全勝利で幕を開けた。

また、フェンロー事件によって、反ナチスとの取り引きについての警戒心が高まり、イギリス情報機関は「羹（あつもの）に懲りて膾（なます）を吹く」状態となった。そして五年後の「ヴァルキューレ事件」（最大のヒトラー暗殺未遂事件）に対しては、イギリスは何らなす術がなく、傍観するほかなかったのである。

チャーチルによる秘密工作

しかし、フェンロー事件はイギリスにとって一つのプラス効果をもたらした。大戦が始まってまもなくイギリス首相はチェンバレンからチャーチルに代わった（一九四〇年五月）。対独宥和政策をとり続けたチェンバレンとは異なり、チャーチルは秘密工作、特別工作、欺瞞工作、コマンド襲撃、ゲリラ行動などの水面下の活動を好んだ。

フェンロー事件によって、緒戦の出鼻をくじかれたイギリスは、〝対独和平派〟の幻想が完全に粉砕され、水面下工作を得意とするチャーチルによる情報組織の再編・強化が急速に推進されたのである。彼は伝統的なMI6のノウハウを活用しながら、そこに新しい優秀な人材を登用していった。

第二次世界大戦が始まった時、イギリスには四つの情報組織があった。MI5[※]、MI6、陸軍情報部、海軍情報部であり、いずれも首相の直轄であった。このほか、暗号を解読する機関として、政府暗号学校（GC&CS[※]、ブレッチリー・パーク）が一九一九年一一月に設立され、通信暗号の解読を進めていた。

開戦後、連戦連勝のドイツに対して、イギリスは戦力では劣っていたが、情報戦においては次第に優勢になった。

さらに戦闘機の数でも劣勢に立たされたイギリスは、空中戦においてドイツと対等以上の戦いをした。これは、第一にレーダーでドイツ軍機の動きを捕捉し、効果的にドイツ軍機を撃破したからである。第二にGC&CSによる「ウルトラ」暗号解読プロジェクトが奏功し、難攻不落といわれたドイツの暗号「エニグマ[※]」をほぼ解読し、ドイツ空軍の行動を解明したからである。この暗号解読においては、数学の天才と呼ばれた、アラン・チューリング[※]（一九一二～五四年）が主導的な役割を果たした。

チャーチルが最も得意とする欺瞞工作では、「ダブルクロス作戦」が効果を果たした。（一七頁参照）この作戦を取り仕切ったのは、「二〇委員会」という組織である。二〇をローマ数字にすれば、XXとなる。すなわちダブルクロスである。

この作戦は、ドイツ軍のスパイを二重スパイとして活用して、二重スパイにより偽情報を流し、ドイツ軍が連合国の計画を誤って解釈するよう仕組むものであった。

この作戦の中心となったのがＭＩ５である。ＭＩ５は、二重スパイが活動を長い間続けるために、もっともらしい情報をドイツ側にきちんと流す必要があった。しかし、本当の情報の中でどれを流してよいかを的確に判断することは容易ではない。そのためにＭＩ５が組織したのが、「二〇委員会」である。委員長にはジョン・マスターマン卿が任命された。

ＭＩ５が運用した二重スパイの中で、伝説的な人物が「トライシクル」、本名はドゥシュコ・ポポフ[※]（一九一二～八一年）である。彼は、第二次世界大戦中、最も成功した二重スパイと呼ばれ、ＭＩ５のために、三人の二重スパイのネットワークを管理し、ドイツ国防軍情報部（アプヴェーア）に偽情報を流し続けた。もう一人の有名な二重スパイは、「ガルボ」[※]（一九一二～八八年）という暗号名を持ったスペイン人である。彼の偽情報により、アプヴェーアは煮え湯を飲まされた。

大がかりなダブルクロス作戦を成功させるために、イギリスがひそかに実施していた、ドイツのエニグマ暗号を解読している事実（「ウルトラ」作戦）は周到に秘匿された。暗号内容を確認しながら、決定的な影響を及ぼさないレベルでの作戦上のミスを意図的に行なった。また、二重スパイを介して、差しさわりのない真実の情報をドイツ側に与え、スパイが寝返ったことを秘匿した。そして、ここぞとばかりに〝乾坤一擲(けんこんいってき)〟の欺瞞工作に打って出たのである。

ＳＯＥの創設

ドイツのポーランド侵攻から一〇カ月半が過ぎた一九四〇年七月、チャーチルは、特殊作戦執行部（ＳＯＥ[※]：Special Operations Executive）を結成した。この任務は、「ドイツ占領下の地域での暴動発生の種子をまくことが何よりも肝要。ヨーロッパを火だるまにせよ」とのチャーチルの決然たる一語が物語っていた。すなわち破壊工作により、主要工業施設、通信システムを破壊し、経済を悪化させ、ドイツ軍を敗退に導くのがSOEの任務であった。

SOEの初期の工作は、フランスのビシー政権下での工作であった。ロンドンの「自由フランス」とSOEとの連携工作が一九四一年三月から開始された。しかし、ドイツの保安措置があまりに厳重であり、開始当初にフランスに送られた工作員のほとんどが逮捕された。

ただし一九四一年五月頃から、SOEの工作員がパラシュート降下により敵地に潜入し、発電所などに爆薬を仕掛ける破壊工作が成功するようになった。

やがて、SOEはアメリカにおいて創設されてまもない戦略諜報局（OSS(※)：Office of Strategic Services一九四二年六月に設立）と連携して、欧州各地での秘密工作に従事することになるのである。

アメリカOSSの創設

アメリカOSSの創設について言及する前に、国内保安の要である防諜組織について触れておこう。

一九〇八年七月、のちの連邦捜査局（ＦＢＩ）の前身である「特別捜査チーム」（捜査局と呼ばれた）が設立された。同局は国内の防諜組織であるが、軍の防諜活動を支援した。二四年にエドガー・フーバー(※)（一八九五～一九七二年）が二九歳の若さで捜査局長に就任した。ルーズベルトが大統領に就任すると、捜査局は捜査部に昇格し、三五年七月のＦＢＩの創設へとつながった。人員わずか五〇〇人足らずのこの組織は、三〇年代のギャング退治で一躍名を馳せ、組織の規模と責任範囲は拡大の一途をたどった。第二次世界大戦中、ＦＢＩは軍情報組織から防諜任務を引き継いだ。一九四五年には四八八六人に急増した。

一方、対外情報機能については、日本軍による一九四一年一二月の真珠湾攻撃を受けて、ようやく本格的な整備が開始された。当時、アメリカには国家情報組織や省庁間にまたがる体系的な組織はなく、情報活動は主に陸・海軍情報部（陸軍G‐2、海軍N‐2）が行なっていた。

一九四一年七月、OSS[※]の前身である情報調査局（OCI[※]）がルーズベルト大統領によって設置された。その長には元陸軍将校で当時政治家、ニューヨークの弁護士であったウィリアム・ドノバン[※]（一八八三～一九五九年）が起用された。この機関の創設にはドノバンと、劇作家・映画脚本家でルーズベルト大統領のスピーチライターであったロバート・シャーウッド[※]（一八九六～一九五五年）が関与した。

OCIの設立にともない、海外情報サービス（FIS）が運用され、国際ラジオ放送が開始された。すなわち「VOA」（ボイス・オブ・アメリカ）などが運営され、戦時プロパガンダが開始されたのである。これはシャーウッドが率いた。

一方、「ワイルド・ビル」こと、ドノバンが率いる秘密作戦部門は、一九四二年六月、OSSに発展し、初代長官にはドノバンが就任した。

OSSの任務は、（1）統合参謀本部（JCS）の要求する戦略的情報の収集と分析、（2）JCSの指示する特殊任務の企画と遂行であった。情報収集と情報分析のほか諜報活動、非合法な手段によって公衆に不信・混乱・恐怖を与えることを目指す「黒いプロパガンダ」、さらには秘密工作へと活動範囲を広げて行った。

OSSは、草創期は陸軍の将兵を機関員に充てていたが、第二次世界大戦に参戦してからは大学生などを多数徴募し、彼らを機関員として育成した。戦中は主に戦略情報の収集や分析、諜報および特殊活動を担当した。ヨーロッパ戦線、太平洋戦線に多数の機関員を送り、枢軸国支配地域の全域に現地人によるレジスタンスの組織および破壊・撹乱工作を行なった。

OSSはSOEとよく連携したが、国内的には、当時ドノバンがFBI長官のエドガー・フーバーと対立するなど、OSSの前途は多難であった。

第11章 地下レジスタンスの女性たち

ドイツ傀儡のビシー政権の誕生

第二次世界大戦開戦後の欧州戦略図の最大の変化はフランスの降伏とビシー政権の誕生であろう。

一九四〇年五月、フランスが難攻不落の対独防衛線と信じていたマジノ線が、ドイツによってあけなく突破された。ドイツの機甲部隊によって追いつめられた英・仏軍三五万人はダンケルクへ敗走した。

一九四〇年六月、パリはドイツ軍によって無血占領され、フランスは降伏した。第一次世界大戦の英雄ペタン元帥を首班とするフランス新政府が、ドイツと休戦協定を結んだ。これにより、北部・中部フランス（全領土の五分の三）はドイツに占領され、フランスは南部のビシーに首都を置くビシー政府を樹立した。

ビシー政府はまったくのドイツの傀儡政権であった。イギリスはこの傀儡政権を認めなかった。イギリスでは、レノー前政権の国防次官でペタンの部下でもあったシャルル・ド・ゴール准将（一八九〇～一九七〇年、のちのフランス大統領）がロンドンに亡命して「自由フランス」を結成し、ビシー政府を非難していた。

イギリスのSOE[※]（特殊作戦執行部）はアメリカのOSS[※]と協力して、欧州のドイツ占領下の地域において組織的・統一的暴動を起こすよう画策した。これにより、ドイツ国内ではナチス党に対する大衆蜂起を誘発させる地下レジスタンス活動が展開された。また、ビシー政権下のフランス国内では抵抗運動が組織され、占領されているドイツ軍に対して激しい武力抵抗を行ない、ドイツ軍を苦しめた。

フランスの情報機関

当時のフランスの情報機関とその活動についても触れておこう。大戦間期の一九三七年、フランスは、ナチスの台頭、ドイツの再軍備を警戒し、国土監視部（ST）(※)を再び設置した。一九四〇年、フランスはドイツに敗北したが、ビシー政権下の非占領地域で、STはドイツのスパイを摘発し続けた。しかし、STは四二年にドイツ軍によって解散された。

一方、イギリスに逃れ、自由フランス政府を結成したド・ゴール将軍は一九四〇年七月、情報活動中央局（BCRA）を創設した。この情報機関は、欧州におけるフランスの占領地域で破壊活動を遂行し、レジスタンス活動を容易にすることが目的であった。

一九四二年一一月の米英軍による北アフリカ進攻後、ド・ゴールはアルジェリアに逃れていたライバルのアンリ・ジロー将軍配下のフランス陸軍の参謀本部第二部情報局（SR）と、ビシー政権下のフランスで活動していた軍事保安局（SM）に対し、BCRAに統合するよう求めた。

一九四三年一一月、これらを統合して特殊作戦総局（DGSS）を新設し、SRはDGSSの技術部門とした。DGSSは、四四年六月のノルマンディー上陸作戦においては、レジスタンス勢力との連絡で、英国のSOEなどと連携して、上陸作戦を支援した。

一九四四年九月、パリで臨時政府が樹立され、イギリスから帰還したド・ゴールがその首班となった。DGSSは四五年、研究調査総局（DGER）になった。(注)

国家の復興が開始されると、レジスタンス勢力に浸透していた共産勢力を排除する必要性が高まり、内務省は一九四四年、中央総合情報局（RG）を再建し、それに加えて国土監視局（DST）(※)を創設した。

（注）DGERは、第二次世界大戦後の一九四六年に首相直属の機関として対外情報防諜局（SDECE）(※)に改編さ

れた。SDECEは一九八二年八月に今日のフランスの代表的な諜報機関である対外安全保障総局（DGSE）[※]に改編された。

三重スパイ、マチルド・カレ

こうしたレジスタンス活動のさなか、注目された一人の女性スパイがいた。フランス陸軍将校の娘であるマチルド・カレ[※]（一九一〇〜二〇〇七年）である。彼女はフランス、ドイツ、イギリスのために働いた三重スパイである。愛称は「シロ猫」である。彼女のスパイ活動について、『スパイ大事典』をもとに見てみよう。

カレは、ドイツ占領下のパリで活動するフランス人地下組織に勧誘され、連合軍ロンドン司令部にドイツ軍の行動を報告した。

しかし、ネットワークの存在が突き止められ、カレは一九四一年一一月一七日に逮捕される。ドイツ軍のアプヴェーアは彼女に対し、地下組織の仲間の身元を明かしてドイツ軍のために働けば、銃殺刑を免除するだけでなく、月に六万フランを支払うと約束した。

カレの暴露によって地下組織メンバーのほとんどは、すぐに逮捕されたが、ドイツ側は引き続き、カレにロンドンとの無線通信を継続させた。

やがてカレはドイツ軍の指令で、占領下のフランスで活動するSOE工作員のピエール・ド・ボムクールのエージェントになる。彼女は、ボムクールがロンドンに連絡を取り、秘密の会合地点に飛行機を向かわせた際にはその手助けまでした。

ドイツ側はカレをボムクールとともにイギリスに赴かせ、SOEの工作活動に関するより多くの情報を入手させようとした。しかし、ボムクールが彼女に疑いを抱いて問い詰めたところ、カレは涙を流してすべてを告白したという。

ボムクールはその言葉を信用した。飛行機による帰還が失敗に終わったため、カレは一九四二年二月二六日から二七日にかけての夜に、ブルターニュの沿岸にイギリスの魚雷艇を差し向けるように手配する。

イギリスに到着したボムクールはカレの背信行為を報告した。ＳＯＥはカレを「信頼する」ことに決め、三重スパイになった彼女はアプヴェーア要員の氏名だけでなく、ドイツの防諜活動の詳細をイギリス側に伝えた。

第二次世界大戦後、カレはイギリスからフランス当局に引き渡され、裁判にかけられ死刑を宣告された。その後、終身刑に減刑され、一九五四年に出所した。

地下レジスタンス活動で活躍する女性たち

フランスのビシー政権下の抵抗運動では、そのほか多くの女性スパイが獅子奮迅の活躍をした。以下、とくに顕著な功績があった数人の女性について紹介することとしよう。

（1）第二次大戦中、最も危険なスパイ

バージニア・ホール[※]（一九〇六～八二年）はアメリカ人の女性スパイである。アメリカ人女性として最も多くの勲章を授与されたとされ、ゲシュタポからは「最も危険なスパイ」として恐れられた。

第二次世界大戦開戦時、フランスのパリにいたホールは救急活動に従事し、女性ながら救急車の運転をしていた。一九四〇年夏、パリがナチス・ドイツに占領され、フランスがナチス傀儡のビシー政権下になると、ホールはイギリスに渡り、新設まもないＳＯＥ（特殊作戦執行部）に志願した。

一九四一年八月、ふたたびビシー政権下のフランスに戻り、地下レジスタンス活動を支援した。四二年一一月、フランス全土が占領されると、彼女は難を逃れるため、いったんフランスを離れてスペインでＳＯＥの活動に従事する。四四年、新設されたアメリカのＯＳＳ（戦略諜報局）の活動に加わり、ふたたびフランスへ舞い戻り、地下レジスタンス活動に従事した。ここでは、連合軍にパラシュート降着場所を知らせるための地図の準備や訓練、武器支援などに関わった。

その一方で、連合軍によるノルマンディー上陸作戦において、各種の情報収集も担当した。戦後、これらの功績が称えられて、OSSのウィリアム・ドノバン局長から勲章が授与された。

(2) 勇敢で魅惑的な混血女性

ノル・イナーヤト・ハーン(※)(一九一四〜四四年)は、第二次世界大戦が勃発し、ナチス・ドイツがフランスに占領すると、イギリスに逃れ、イギリス空軍女性部隊に入隊する。彼女はインド人の父親とアメリカ人の母親を両親に持つ混血女性である。彼女はナチス・ドイツの住民虐待を目の当たりにしたことで、激しい憎悪の念を燃やし、軍への入隊を決意したのである。

空軍で訓練を受け、やがてSOEに無線通信士として採用される。ハーンはドイツ占領下のフランスに派遣される初の女性通信士として、一九四三年七月に偽造パスポートでフランスに入国した。

まもなくハーンのグループのメンバーがほとんど逮捕され、危機的な状況を迎えるが、彼女はパリに滞在し、ここでナチスの執拗な追跡をかわし、通信機を持ってアジトを転々とし、ロンドンへ連絡文を送信していた。

一九四三年一〇月、ハーンはついにドイツ軍に逮捕された。彼女は電文を記録してそれを自分の手帳に残すという手痛いミスをおかしたため、それをドイツ軍に発見され、ハーンの名前でロンドンに偽の電文が送られてしまった。その結果、ロンドンからフランスに潜入した三人のイギリス人工作員がドイツに逮捕された。

ハーンは一年以上拘置されたのち、ほかのSOEの仲間とともにダッハウ強制収容所に送られた。そこで激しい拷問を受け、最後に頭部を撃たれて殺されるという、悲劇的な最期を遂げた。

彼女は芸術的で情緒豊かな人物であった。SOEのような残虐な活動には絶対に徴募されるべきタイプの女性ではなかった。しかし、この心優しい、勇敢な女性は、ナチズムの横暴に敢然と立ち向かった。しかも拷問に耐え切れずに秘密を洗いざらい暴露したフェンロー事件のイギリス人情報将校（一〇六頁参照）とは違い、自らの名前さえも語らず、脅迫と拷問も恐れなかったという。

（3）理知的で美しい夭折の女性スパイ

バイオレット・サボー(※)（一九二一～四五年）はフランス人の女性工作員である。夭折のため、バージニア・ホールほど有名ではないが、第二次世界大戦における地下活動において、SOEの同僚から「最も勇敢な工作員」と称賛された。

サボーがSOEに入隊したのは、一九四二年に最愛の夫が戦死したことがきっかけであった。その後、地下レジスタンス活動に従事するためにパラシュート降下でフランスに潜入した。ここでは、ドイツ側の軍事施設を破壊するなどの派手な秘密工作で成果を上げた。

しかし、二度目の潜入で、ドイツ武装親衛隊（SS）の機甲部隊と壮烈な銃撃戦になり、自動小銃の銃弾をすべて撃ち尽くしたあと、捕らえられた。

サボーもまた、ハーン同様に激しい拷問に完全黙秘を貫いたといわれている。やがてサボーは強制収容所に送られた。そこには欧州のほとんどすべての国々の女性、約四万人が収容されていた。一九四五年一月、彼女はそこで処刑された。享年二三。もう少し長く活躍していたら、数々の伝説を残した歴史的人物になっていただろう。

（4）素手でSS隊員を殴り殺した伝説の女性

ナンシー・ウェイク(※)（一九一二～二〇一一年）はニュージーランド出身の女性工作員である。彼女は英誌『スタイリスト』の記事で、「最も多くの勲章が与えられた女性スパイ」として紹介されている。実際、戦後になって、ウェイクにはアメリカ、イギリス、フランス、ニュージーランドなどから、一二個以上の勲章が授与された。一九七〇年には、イギリスからナイトの称号も与えられた。

ウェイクはニュージーランドのウェリントンに生

まれ、のちに両親とともにオーストラリアに移住した。やがて看護婦になるが、一九歳で家出して、ロンドンでジャーナリズムを学ぶ。

ウェイクが世に知られるようになったのは、パリの特派員として、ヒトラーの台頭に関する記事を手がけるようになってからである。

一九三三年、ウィーンでナチスがユダヤ人を虐待するのを、ジャーナリストとして目の当たりにし、フランスのレジスタンス活動に参加することを決意した。三九年、戦争が勃発した時、彼女は金持ちの実業家と結婚して、フランスのマルセイユに住んでいた。そこでは英軍兵士やユダヤ人が、ドイツ占領地から脱出するのを手助けした。

彼女の夫は、ゲシュタポによって拷問され、処刑されたが、ウェイクは一九四三年にスペイン経由でロンドンに脱出した。そこでスパイ訓練を受けて、四四年、ＳＯＥに加わり、パラシュート降下でフランスへ再潜入した。ここでは、レジスタンス部隊に武器と補給品を提供するかたわら、メンバーの勧誘と訓練に従事した。ドイツの軍事施設を破壊するなどの秘密工作にも携わった。

戦後になって、一九五七年までイギリス情報機関で勤務し、その後、オーストラリアに移住して再婚した。しかし、この二度目の夫とも死別したため、二〇〇一年にイギリスに移住。ここで余生を過ごし、二〇一一年八月に死去。享年九八。大往生であった。

ウェイクの存在は、ゲシュタポにも知られ、その逃げ足の早さから「白ネズミ」と渾名された。ウェイクの首には五〇〇万フランもの多額な懸賞金がかけられたという。

ウェイクの豪胆な性格を示すエピソードがある。レジスタンスのメンバーの中に、ドイツ側のスパイとなっている女性が発見された。男性たちがどうやって処分するか迷っていたところ、ウェイクはその女性を躊躇なく処刑した。そして「これが戦争だ」と言い切った。

また、ドイツ親衛隊（ＳＳ）との戦闘中、ウェイクは素手でSS隊員を殴り殺したといわれている。いささか誇張な気はするが、彼女が特筆すべき女性スパイであったことは間違いないようだ。

（5）ノルマンディー上陸作戦に貢献した女性通信士

アイリーン・ニアン[※]（一九二一～二〇一〇年）は一九四四年三月、ドイツの占領下にあったフランスにパラシュートで降下し、英BBC放送を通じて暗号指令を受け、無線を通じて情報を流した。

彼女の任務は、一九四四年六月に控えたノルマンディー上陸作戦に備えてドイツ軍の鉄道を破壊する爆薬や武器の投下場所と時間をSOEに知らせることであった。（『産経新聞』二〇一〇年一〇月四日）

上陸成功後の七月、通信が傍受され、ゲシュタポに隠れ家が突きとめられた。アイリーンは情報メモを燃やしたが、無線機や暗号表は押収され、ゲシュタポ支部に連行された。そこで氷風呂での水攻めなど激しい拷問にさらされながらも沈黙を守り、機密情報を漏らそうとはしなかった。

一九四五年四月、ドイツの収容所に送られる途中、逃走してアメリカ陸軍に保護された。

戦後、アイリーンは姉のジャクリーンとともに暮らしたが、一九八二年に姉が死去したあと、イギリス南西部のトーキーに移り、家族も恋人も持たず、そこでひっそりと暮らした。

彼女と一度会ったM・R・D・フット（イギリスの戦史家）は「アイリーンさんはナチズムと戦う強い意志を持っており、自白しなかった。しかし、何年も眠れぬ夜を過ごした。（拷問の）悪夢を誰とも共有できなかっただろう」と語る。地元在郷軍人会のジョン・ペンリース氏は「トーキーの町で彼女を知る人は1人か2人だった。多くの人が死後、彼女の勇気と功績を知り、追悼の意をささげた」と話した。（前掲『産経新聞』）

秘密工作は男性スパイの独壇場ではない

イギリスSOEの秘密工作は失敗したケースが極端に多く、全体的に見れば成功とは言いがたい。作戦当初の一九四一年にフランスに送られた工作員のほとんどは逮捕された。これは、初期の工作員に支給された装備と通信システムが貧弱であったことが災いしたようだ。

一九四二年になると、SOEのフランスでの活動は成否半ばするが、オランダでの活動はことごとく失敗に終わったようである。

このように危険で勇気を必要とする任務に多くの女性が志願した。夫の死がきっかけで、運命のいたずらで、あるいはナチス・ドイツの住民虐待に〝憎悪の炎〟を燃やして彼女たちは秘密工作に参加したのである。

ここで紹介した女性はごく一部である。このほかにも多くの女性が命を犠牲にして、国家の自由と独立を守るため、ナチス・ドイツに勇敢に立ち向かった。彼女たちは、仲間を守るため、組織の活動を守るため、厳しい拷問や脅迫を受けながらも、さらには人権擁護、国家の尊厳と自由を守るために、口を割ろうとしなかったという。

このような英雄伝説は割り引いて読む必要はあるが(注)、情報活動の中でも最も危険であり能動的な活動である秘密工作も男性スパイの〝独壇場〟ではないということである。

(注) イスラエルのモサドの情報官ウォルフガング・ロッツ(一九二一〜九三年)は、「ゲシュタポの拷問によって死にいたりながらも一つも秘密を漏らさなかったという第二次大戦中の地下組織の戦士たちについての報告を私も読んだことがあるが、そんなものは一言も信用しない。不器用で嗜虐的なゲシュタポの尋問者が、犠牲者に話す機会をあたえる前に殺してしまったということなら大いにありうることだろう」と述べている。(『スパイのためのハンドブック』)

第12章 ソ連の対独情報戦

「赤いオーケストラ」の活動

インテリジェンスの研究において、一九四一年六月の「バルバロッサ作戦」は頻繁に取り上げられる。それは、この作戦がインテリジェンスと奇襲の問題を考えるうえで、いまなお重要な教訓を教示しているからである。したがって、本章において少しこの問題を扱うことにしよう。

まず、当時の欧州におけるソ連諜報網についてであるが、「赤いオーケストラ(※)」が顕著な活動を継続していた。その活動は、ほぼ三つのグループに大別される。

(1)レオポルド・トレッペル(※)(一九〇四〜八二年)によって指揮され、主にベルギー、オランダおよびフランスで活動していたグループ。

(2)アービド・ハルナック(※)(一九〇一〜四二年)およびハッロ・シュルツェ・ボイゼン(※)(一九〇九〜四二年)によって指揮され、ドイツ内部にあったベルリン・グループ。

(3)アレクサンダー・ラド(※)(一八九九〜一九八一年)が指揮し、著名なスパイにはルドルフ・レスラー(※)(一八九八〜一九五八年)がいた、中立国スイスで活動していたグループ。

トレッペルは、ベルジン将軍による直接の指揮を受けており、GRUの将官待遇であった。彼は第一と第二グループを総括していた。彼は、隠れ蓑の商社を設立し、資金調達を行なう一方で、ドイツの公的機関に浸透、あるいはドイツ軍兵士が訪れるパリのキャバレーの踊り子、観光案内所などに協力者を設定し、さまざまな有力情報を収集し、ドイツの対ソ連侵攻準備などの状況を通報した。

トレッペルは、のちの『回想録』の中で一九四〇年から四三年にかけて「赤いオーケストラ」のピアニスト（無線送信員）は約一五〇〇通の有用な電報をモスクワに送信したと語っている。

一方のベルリン・グループは、ドイツ共産主義者によって一九三〇年代から形成されていった。第二次世界大戦が勃発した時に、指導者の一人ボイゼンは空軍省ゲーリング研究所にスパイ網を構築していた。ボイゼンは空軍省の地位を利用して大量の軍事情報を収集した。

もう一人の指導者であるハルナックは経済省の高官であった。彼はドイツの武器製造を含む工業生産品についての極秘計画に接近するとともに、モスクワに対する情報送信の責任も分担した。

一九三六年、ボイゼンとハルナックのグループは合流した。その後、著名な劇作家や活動家などがこのグループに加わった。ハルナックとボイゼンは、ドイツ空軍、航空省、陸軍省、陸・海・空軍総司令部、外務省、宣伝省、人民政策局、労働者保護局、ベルリン市庁など、幅広いスパイ網を構築していった。

独ソ戦が開始されて五カ月後の一九四一年秋、ドイツ軍は国境からソ連領内一二〇〇キロの地点まで深く侵攻し、赤軍はドイツ軍の攻勢を前に危機的状況にあった。ここで、ドイツ軍参謀本部はモスクワ攻撃を敢行するための頂上会議を開催した。ところが、この会議において、ヒトラーと将軍たちとの会話を記録していた速記者がボイゼンのグループの一員であったため、赤軍参謀本部はこのモスクワ攻撃計画の細部まで知ったうえで、反撃を準備することができた。

中立国スイスでは、アレクサンダー・ラドが情報活動を指揮していた。ラド・グループは、モスクワに情報を送るための通信基地（「郵便ボックス」）として、スイスの中立的立場を利用していたのである。一九四二年までにラドがソ連に送信した情報は月に平均して八〇〇件に上ったとされる。

ラドのグループにはルドルフ・レスラーがいた。

レスラーは第二次大戦中で最も偉大なスパイといわれ、彼が提供したドイツの情報は極めて正確であった。レスラーの情報はラドを経由してモスクワに送られた。はじめは信憑性を疑っていたモスクワも、その情報の正確さからレスラーに興味を持ち、「ルーシー」というコードネームを与えて継続契約を結んだ。レスラーに対する報酬は破格であった。一七〇〇米ドルという月給は、ゾルゲ・グループ全体に対して支払われていた一〇〇〇米ドルをはるかに超えていた。（春日井邦夫『情報と謀略』）

これは、いかにレスラーの情報価値が高かったかを物語っている。

トレッペル逮捕（一九四二年一一月、後述）以降、ソ連はレスラーの情報に頼らざるを得なかった。一九四三年四月の「クルスクの戦い」では、レスラーはドイツ軍の攻撃時期や兵力についての正確な情報をソ連に送った。この情報によって、ソ連軍は十分に準備を整えることができた。

「クルスクの戦い」は、劣勢のドイツにとって〝起死回生〟の攻撃作戦であったが、無残にも赤軍によって撃破された。これ以降、独ソ戦の主導権は完全に赤軍のものとなった。すなわちレスラーからの情報が赤軍に勝利をもたらしたのである。

ゲシュタポの捜索とトレッペルのその後

一方、ゲシュタポは「バルバロッサ作戦」に関する情報がモスクワに漏れていることに気がついた。そこで各地からモスクワに送られている怪しい電波を捉え、逆探知を開始した。

やがて、ブリュッセルのオフィスを突きとめ、送信機を発見し、一人の男（ミカエル・マカロフ）と二人の女性を逮捕した（一九四一年一二月一二日）。なおトレッペルは機転を利かせて、セールスマンを装って難を逃れた。

逮捕された男は、トレッペルによって「ピアニスト」（無線送信員）の訓練のためにブリュッセルに送られてきていた。彼は何も情報を与えることなく、拷問のあと死亡した。二人の女性はともに若くて美しかった。女性の一人は、パレスチナでトレッペルと知り合い、フランスで不足していた「ピアニスト」として訓練するために送られてきた。彼女は獄中で自殺した。

もう一人の女性（リタ・アルヌルト）は反ナチ主義者で、このオフィスを借りる世話をした。彼女は「赤いオーケストラ」の活動についてはほとんど知らされていなかった。彼女は、「話せば助ける」という取り引きに応じたにもかかわらず、役目が終わると無残にも絞首刑となった。

これにより、ベルギーのグループは壊滅した。さらに、ゲシュタポは一九四二年九月、モスクワからの暗号電報を傍受して、ドイツ・グループのボイゼン、ハルナック、その同僚と妻たちを逮捕した。女たちは斬首され、男たちはピアノ線で時間をかけて絞首された。

一九四二年一一月二四日、トレッペルもついにゲシュタポにより逮捕された。ゲシュタポは、トレッペルを二重スパイとして利用しようと試みた。しかし、彼は応じなかった。不死身のトレッペルは一九四三年九月一三日、脱走に成功し、その後、四四年八月のパリ解放まで地下活動に入った。

一九四五年一月、トレッペルはモスクワに戻ったが、二重スパイという疑いをかけられて逮捕され、四七年七月、禁固一五年を言い渡された。

「ルーシー」の情報源は誰か？

ところで、最後まで明らかにならなかったルドルフ・レスラーの情報源（ルーシー情報）は誰だったのか？

アレクサンダー・ラドは、モスクワからの指令で、レスラーの情報源の所在を聞き出そうとした。しかし、レスラーは固く拒絶し、「情報源を聞き出そうとするならば、情報提供をやめる」と応酬した。

一九七〇年代に入って、イギリスが「ウルトラ」の秘密を解禁し始めてから、それがイギリス情報機関の工作であるとの説が浮上した。

当時、イギリスはすでにドイツの「エニグマ」情報を解読し「ウルトラ」情報を生成していたが、その事実は知られてはならなかった。ただしイギリスは、ソ連がドイツによって早期に撃破されて、ドイツの攻撃がイギリスに向けられては困ると考えた。そこで「ルーシー」情報を使って、「ウルトラ」情報の内容をソ連に伝え、戦況がソ連に有利になるよう仕向けたというのである。

もう一つの説は、二〇〇〇年になって現れた。これはヒトラーの側近中の側近であったマルティン・ボルマン[※]（一九〇〇〜四五年）が情報源であったという説である。

ドイツ情報機関のヴァルター・シェレンベルク[※]の回顧録（彼は敗戦直前にイギリスに投降し、回想録を残した）によれば、ボルマンとゲシュタポ長官のハインリヒ・ミュラー[※]（一九〇〇〜四五年）は親ソ派であったという。ミュラーは「赤いオーケストラ」を介して、赤軍情報部とのつながりがあった。一方のボルマンは、〝ヒトラー最後の日〟の凄惨な総統官邸の地下濠の中で、一人平静を保ち続け、最後の瞬間に姿を消したという（最近になって、総統地下壕脱出の際に服毒自殺と判明）。

この証言は、ルーシー情報源がヒトラー政権内部でソ連との和平を企てていたグループであったことの傍証となり得るが、推論の域を出るものではない。

「バルバロッサ作戦」は奇襲だったのか？

さて、この章での論点となる「バルバロッサ作戦」の場面に移そう。

一九四一年六月、ドイツによるソ連に対する電撃侵攻が行なわれた。これが、有名な「バルバロッサ作戦」である。「独ソ不可侵条約」を信じていたソ連軍は、ドイツ軍の不意の攻撃にまったくなす術がなかったといわれている。

しかし、実態は少し違う。各地に展開するソ連諜報網は、スターリンに対し「ドイツ侵攻の可能性がある」と報告していた。

一九四〇年秋、「赤いオーケストラ」の指導者の一人であるレオポルド・トレッペルは、「ドイツの三個師団が大西洋岸から撤退し、東部戦線のポーランドに送られた」と報告した。すなわちドイツ侵攻の事前兆候である。

一九四一年初頭、ボイゼンはすでに進められていた「バルバロッサ計画」の中のレニングラード、キエフ、ビボルグに対する集中爆撃と参加兵力についての正確な情報をモスクワに送った。

一九四一年六月二一日、トレッペルは、ボイゼンから「ドイツ侵攻は明日」との情報を受け取り、それをビシー駐在のソ連武官を通じてモスクワに打電した。また、ラドもドイツのソ連侵攻の正確な日付けを調べ上げ、モスクワへ報告した。

このほか、東京で活動をしていたゾルゲも、駐日ドイツ大使のオイゲン・オットからの情報で「バルバロッサ作戦」の開戦日を正確に予測していた。

イギリスのチャーチル内閣の重要部署に所在したソ連のスパイであるジョン・ケアンクロス[※]（一九一三～九五年）も同様に「バルバロッサ作戦」に関する重要情報をモスクワに送っていた。

当時、イワノビッチ・ゴリコフ[※]中将（一九〇〇～八〇年）が率いるGRUもドイツの攻撃が差し迫っていることを報告した。

ドイツ軍の逃亡兵らからも作戦目的や攻撃目標についての正確な情報がもたらされていた。東欧に展開するドイツ軍が、当初の五個師団から三三個師団に増強され、ドイツ軍偵察機がソ連領内に奥深く侵入して写真撮影を行なうなど、ドイツ軍の侵攻を臭わせる事前兆候がたびたび生起していた。

以上を含めて、一九四〇年七月から四一年六月の「バルバロッサ作戦」開始に至る間に九〇件以上の明確な兆候がスターリンのもとに届けられていた。

しかし、スターリンは有力なインテリジェンスをことごとく批判した。トレッペルから情報部長ゴリコフ将軍に対して送られたインテリジェンスに対し、スターリンは「オットー（トレッペルの暗号名）のような古参の情報部員までが、イギリスの流言に騙されているとは驚いた」と言って頭から信じようとはしなかった。またラドのインテリジェンスもスターリンに無視された。

スターリンは「ドイツがよもや二正面作戦を遂行することはない。ヒトラーはまずイギリスを破り、それからソ連に向かうだろう」との希望的観測に固執した。チャーチル英国首相からスターリンに提供された「ドイツがソ連を攻めようとしている」との情報は、イギリスがソ連とドイツを戦争させるために仕組んだ挑発宣伝、すなわち欺瞞だと決めつけた。そして、ドイツ軍の対ソ連侵攻準備を、ドイツがイギリス本土を攻撃するための陽動作戦であると誤判断した。

スターリンが希望的観測に陥った原因には、「独ソ不可侵条約」の存在、ドイツとイギリスとの戦争継続、ソ連の対独戦争の準備不足といった、当時の情勢があった。

そして、一九三八年の「ミュンヘン会談」において芽生えた猜疑心からスターリンは脱却できなかった。この会談ではチェコスロバキアの扱いが焦点となったが（六九頁参照）、隣接国であるソ連はこの会議に招かれなかった。だから、スターリンは英・仏に不信感を抱き、両国がヒトラーの矛先をソ連に向けさせるよう画策してくるに違いないとの猜疑心を持ったのである。

スターリンの思い込みを助長するように、ドイツ側も巧みに欺瞞工作に打って出た。東欧において急速に膨張するドイツ軍兵力に警戒心を持つソ連に対して、モスクワ駐在のドイツ武官はソ連側にこう説明した。

「先に駐屯していた年配者の部隊を生産活動のために本国に帰還させ、若い兵士によって編成された部隊と入れ替えて、イギリス軍の攻撃目標圏外の安全な場所で訓練するためだ」

ポーランドにおいてドイツ軍兵力の増強の意図を問い質したスターリンに対し、ヒトラーはこう応じた。

「ポーランドのドイツ軍はイギリス空軍の行動範囲の外で再編成を行なっているのであり、『独ソ不可侵条約』は遵守する」
　ドイツ国内では大量のイギリス地図が出回った。これは、ドイツ領内に巣くうソ連スパイに向けた偽情報作戦であった。これに引っかかったソ連スパイは、この地図がドイツによる対英上陸侵攻（「あしか作戦」）の兆候だと判断して、モスクワに報告した。ドイツは「あしか作戦」があたかも行なわれるかのように、イギリスに対して引き続き、爆撃機による空襲を継続したのであった。

　以上の戦史から汲み取る最も重要な教訓は、「政策決定者（この際はスターリン）は提示されるインテリジェンスを自由に拒否し、または無視できる」ということである。政策決定者に拒否されないために、やがてインテリジェンス担当者は、本来は客観的であるべきインテリジェンスに意図的な修正を加えることとなる。すなわち、政策決定者への迎合、「インテリジェンスの政治化」という問題が起きることになる。

　組織トップの顔色をうかがわず、トップの考え方とは違う意見を述べることは容易ではない。この人間的で根源的な問題を回避するため、四次の中東戦争を経験したイスラエル情報機関では、部下に独自の考え方を持つことの奨励や、重要会議に「民間人」を参加させるなどの対策をとっているという。わが国にとっても参考になるかもしれない。

第13章 最高の女性スパイ「シンシア」

チャーチルによるアメリカ巻き込み工作

第二次世界大戦においてイギリスがドイツに勝利できたのは、アメリカが参戦したからだと言っても過言ではない。

ヒトラーが欧州を席巻し、イギリスが孤立した時期に首相になったチャーチルにとって、イギリスを救う唯一の手段は、この戦争にアメリカを巻き込むことだった。チャーチルは、アメリカを参戦させるために「イギリスは決して戦いを放棄しないし、負けもしない」ことをルーズベルト米大統領に理解させる必要があった。

その使者として、ウィリアム・スティーブンスン(※)（一八九七～一九八九年）がアメリカに派遣された。彼はのちに「イントレピッド（豪勇）」というコード名で第二次世界大戦に最も影響を及ぼしたスパイとして評価された。

第二次世界大戦中の一九四〇年五月、MI6によってイギリス安全保障調整局（BSC）(※)がニューヨークに設置され、ドイツの「エニグマ」暗号の解読やアメリカを参戦させる工作が仕掛けられた。その長官となったのがスティーブンスンである。

スティーブンスンは一八九七年にカナダに生まれ、第一次世界大戦に空軍パイロットとして参戦した。大戦後、イギリスに渡り、ビジネスマンとして成功し巨額の富を得た。そののちチャーチルの知己を得て、チャーチルとルーズベルトの関係を橋渡しするため、一九四〇年にアメリカに派遣され、ここでBSCの運営責任者となった。また、ウィリアム・ドノバン(※)に協力してCIAの前身機関である戦略課報局（OSS）(※)の創設を支援した。

スティーブンスンに協力する女性スパイ

イギリスは、ドイツの軍門に下ったかつての連合国フランスのビシー政府に手を焼いていた。イギリスは「ビシー政府がどう動くのか」「地中海にいるフランス艦隊をドイツに渡してしまうのではないか」「マルチニク島にフランスが蓄えていた金塊がどうなるのか」といった情報がとりたくてしかたなかった。しかし、ビシー政府と国交のないイギリスの情報活動は困難を極めた。

そうしたなか、スティーブンスンの下でスパイ活動に殉じた一人の女性がいた。彼女はワシントンのビシー・フランス大使館に潜入して、空前絶後のスパイ活動をやってのけた。おそらく、彼女は第二次世界大戦における最高の女性スパイであったろう。

彼女の名前はエリザベス・ソープ(※)(一九一〇~六三年)である。コードネームは「シンシア」であり、こちらの方が世に知られている。

シンシアの活躍はモンゴメリー・ハイド著『シンシア—大戦のコースを変えたスパイの物語』に詳しいようだ。この本を手に入れることは今日では相当困難であるが、ディーコン&ウエスト『スパイ!』、海野弘『スパイの世界史』でもシンシアの物語については、かなりの紙面を割いて記述されている。

以下これらの著書を中心に彼女の活躍について回顧することにしよう。

一九二九年、一九歳の時にワシントンで約二〇歳年上のイギリス外国官(アーサー・パック)と結婚し、夫にともないチリのサンチャゴ、スペインのマドリッドなどに居住した。

彼女のスパイ活動は、夫がマドリッドでイギリスのためのスパイ活動を行なうため、シンシアにその手助けを頼んだことがきっかけとなった。

彼女はブロンド、中背の美人で、社交的であったので、たちまちマドリッドの社交界の人気者となり、男たちから貴重な情報を入手することができた。

やがて彼女自身が自立し、社会性と政治性を高めるとともに、次第にスパイとしての自覚が芽生え、自己の信念でスパイ活動を行なうようになっていった。

一九三六年にスペイン内乱が起きた。身の危険を感じたシンシアはスペインから脱出し、フランスのビアリッツに移住した。しかし、その後も何度もスペインに再入国し、戦傷兵の医療援助や、スペイン人の恋人探しを行なった。

一九三七年、夫のポーランド赴任にともなって彼女はワルシャワに移住した。この頃には夫婦仲も冷え切っていたようである。シンシアはポーランドでもスパイ活動に従事し、ある外交官から「ヒトラーがチェコ侵入を企てている」という貴重な情報を入手して、イギリス情報部に伝えた。

こうしたシンシアの功績に着目したのがＭＩ６[※]である。ＭＩ６は彼女を正式にスパイとして採用し、さらにポーランド政府組織に食い込むよう命じた。この頃の彼女は、すでに夫には内緒の、まったく自立的なスパイ活動を行なっていた。

やがてシンシアは、ポーランド外相のベックの部下であったヤンというポーランド人と恋仲になる。彼を通じて、彼女は秘密情報を得ようとするが、ヤンが彼女に夢中になったので、ベック外相は彼女の存在を怪しむようになった。

シンシアはポーランドから逃げ出すようにして、夫の次の赴任地であるチリに向かった。チリに居住していた彼女に再びＭＩ６から指令が下った。シンシアはここで夫と正式に離婚し、暗号名「シンシア」としてスパイ活動を本格的に行なうようになった。

密命は「暗号を盗め」

やがてシンシアはワシントンに移り、イギリス安全保障調整局（ＢＳＣ）を取り仕切るスティーブンスンの下で働くよう命じられた。最初の大仕事は、ワシントンに駐在するイタリア大使館からイタリア海軍の暗号を入手することであった。彼女はイタリア海軍のアルベルト・ライス提督を誘惑し、見事に暗号の聞き出しに成功した。

この仕事が認められ、スティーブンスンから、次の密命が下された。それはワシントンのビシー・フランス大使館の秘密情報を探ることであった。イギリスは、ビシー・フランスとドイツとの関係を知りたかった。しかし、ビシー政府とは国交関係がなかったので、ワシントンにあるビシー・フランス大使館から秘密情報を得ようとしたのである。

シンシアはそのための協力者として、大使館の新聞係官シャルル・ブルースに狙いをつけた。彼女は〝狙った獲物〟は決して逃さない。すぐにブルースはシンシアの虜になった。

二人が最初に出会ってから二カ月ほど経った頃、シンシアは微妙な状況に立たされた。ビシー政府がワシントン大使館員の削減を要求してきたのである。ブルースはフランスに帰国するか、ワシントンに残ってこれまでの半分の給与で暮らすか、二者択一を迫られた。そこで、ブルースはシンシアに一緒になってフランスに行ってくれないかと求婚した。


彼女はプロポーズに応じるわけにもいかなかった。ブルースをフランスに帰国させるわけにもいかなかった。彼女は、大使館に彼ほど有望な情報提供者はいないと信じていた。

シンシアはBSCと接触して対策を協議し、「自分はイギリスのスパイではないが、中立国アメリカのスパイである」とブルースに伝えた。同時に彼の給与の不足分を補う代わりに、戦争に関する大使館のすべての通信および平文電報の写しを手渡すよう、ブルースに頼んだ。すなわちワシントンに残って、一緒にスパイ活動をしてくれるように頼んだのである。

シンシアにほれ込んでいたブルースは、彼女の要求に応えて、ビシー大使館の電報、書類、大使・海軍武官・陸軍武官の動向などに関する秘密情報をシンシアに渡した。

ニューヨークのBSC事務所は、英海軍秘密情報部の要請に基づき、シンシアに「ビシー・フランスの海軍暗号を入手せよ」という強引な要求を告げた。

シンシアは、この要求に応じることに決め、ブルースに手伝うよう話した。彼は「狂気の沙汰だ」と言って、シンシアを諌めたが、彼女は怯まなかった。

結局、金庫破りのプロの協力を得て二人は行動に出た。まず大使館の保安係を睡眠薬で眠らせて暗号室に忍び込む。やっかいなのは巡察する夜間警備員である。そこで、シンシアはなんと一糸まとわぬ姿でブルースとの情事を警備員に見せつけた。懐中電灯を照らす警備員はどぎまぎして、その場から立ち去った。あとは金庫破りの仕事である。彼の器用な指先がダイヤルを回し、やがて金庫が開いた。

二人は中から暗号書を盗み出し、それを外で待つBSC工作員に渡した。工作員はカメラですばやく複写すると、暗号書を返した。シンシアたちはなにも痕跡を残さず暗号書を金庫に戻した。見事な連携プレーである。

彼女をスパイ活動に駆りたてたもの

この海軍暗号は、米・英連合軍による北アフリカ進攻計画に多いに役立った。おそらく、この海軍暗号がなければ、一九四二年一一月の北アフリカ進攻は円滑にいかなかったであろう。計画の変更が余儀なくされた可能性も高い。

ただし、シンシアは入手した海軍暗号が、米・英連合軍による北アフリカ進攻計画に活用されることも、連合軍がフランス・ビシー政府の艦隊の位置や兵力を知るためであることも知らなかった。

彼女は自分のスパイの功罪もわからないまま〝スリルとサスペンス〟を追い求めてスパイ活動に熱中した。敵を欺き、勝利に貢献することで、無上の喜びを感じ、やがてスパイ活動が〝麻薬〟になっていった。さらに多くの賞賛と破格の報酬が彼女の活動の原動力になった。

しかし、それだけで危険なスパイ活動ができるものではない。モンゴメリー・ハイドは彼女の伝記『シンシア』を書くため、彼女の晩年にインタビューした。以下は彼女の言葉である。

「私は男たちを魅惑しました。その〝愛〟の代わりに彼らは情報をくれました。はずかしいかって？　全然！　私の上司は私の仕事が何千という英米の人々を救ったといっています。むしろやりがいのある仕事でした。〝尊敬すべき〟女性ならとびのくような状況に私はまきこまれました。でも私は全身全霊をこめてとびこみました。戦いは尊敬すべきやり方では勝てないんです。人はどんな戦いでも、どんな手を使っても勝とうとすべきなのです」（『スパイの世界史』）

そこには、彼女なりの論理や、国家に対する愛国心、スパイとしての使命感の発露が見られるのである。

第二次世界大戦が終わった一九四六年、シンシアとブルースは結婚し、南フランスに移り住んだ。彼女は一九六三年一〇月、喉頭癌で死んだ。ブルースは悲しみに暮れた。彼はさらに一〇年生きたが、最後は電気毛布の漏電で焼け焦げて死んでいるのが見つかった。これが事故か自殺かはわからなかった。シンシアを愛し、彼女とのスパイ活動に魅了され、そして、燃え尽きたのかもしれない。

第14章 ゾルゲを取り巻く女性たち

ゾルゲの対日スパイ活動

第二次世界大戦中のスパイ活動の舞台を日本に移そう。

ゾルゲは日本において、無電係マックス・クラウゼン(※)（一八九九～一九七九年）やブランコ・ブケリッチ(※)（一九〇四～四五年）などを部下に、尾崎秀実(※)をはじめとする日本人に協力者網を設定して対日スパイ活動を実施した。その詳細についてはいまさら説明するまでもないが、要点を整理しておこう。

まず、ゾルゲの諜報活動の目的は、「日本がいま何をしているのか？　これから数年間何をしようとしているのか？」を明らかにすることであった。すなわち、ソ連にとって最高レベルのインテリジェンスを獲得するためのものである。

それは無償では手に入らない。だから、日本の特高、憲兵という厚い防諜体制に覆われた〝鉄のカーテン〟の内側にスパイを浸透させる必要があった。

スパイ活動の成否は信頼できる情報源に接近できるか否かである。その情報源に自ら接近することは危険をともなう。そこで情報源に近い、あるいは所属する協力者を獲得することになる。

協力者は獲得した情報の意味を正しく理解し、伝えなくてはならない。すなわち、協力者の「インテリジェンス・リテラシー」が問われることになる。

必要とするインテリジェンスをもとに、今度は協力者を通じて、目標とする組織・人物の思考・判断に影響力を与え、我の欲する判断や行動をとらせる。これが積極工作（秘密工作、影響化工作ともいう）である。ここまでできればスパイ活動は申し分ない。

この点、ゾルゲは尾崎秀実という格好の協力者を獲得していた。彼の情報源には、近衛文麿(このえふみまろ)、西園寺公一(さいおんじきんかず)、犬養健(いぬかいたける)などの政府中枢に通じる複数の要人がいた。また、ゾルゲはドイツ人クラブに加入して第三帝国の熱烈な信奉者として振る舞い、オット駐日ドイツ大使をはじめとするドイツ人脈に食い込んでいた。

こうした人脈形成により、彼は、ドイツがソ連を侵攻開始する正確な日時を探り、また日本がソ連と戦争する意志のないことを見抜き、モスクワに報告したのである。そして、尾崎を使って、日本軍の矛先がマラヤ、東インド、フィリピンなどの南方に向かうよう間接的に仕向けた。すなわち積極工作まで携わっていたのである。

磁石のようなゾルゲの魅力

ゾルゲは磁石のように女性をひきつけた。ゾルゲが一九三〇年代に上海でアグネス・スメドレー(※)と交流したことはすでに述べたが(九五頁参照)、時代をさらにさかのぼって、彼の女性遍歴を見てみよう。

一九二〇年頃、彼はフランクフルトにおける党活動に従事していた際、クリスチァネと最初の結婚をした。彼女はゾルゲのベルリン大学時代の恩師である教授の妻であった。ゾルゲは彼女に一目ぼれし、彼女もまた同様であった。ゾルゲの電光石火の早業により、彼女はすぐに教授と別れ、ゾルゲのもとに走った。

クリスチァネは社会科学研究所の図書館に勤務していて豊かな教養を身につけていた。この頃、二人は有名な「女性スパイ」とのちにいわることになるヘード・マッシング(※)(一九〇〇～八一年)とも交流があった。

マッシングは、その頃のゾルゲ夫妻の暮らしぶりについて、「ゾルゲ夫妻の家庭には近代絵画のコレクションがあり、家庭内に優雅な雰囲気が漂い、夫妻は共産主義者仲間では見られないような趣味を示した」などと語っている。

クリスチァネはのちにゾルゲとともにモスクワに

行き、コミンテルン関係の部署についたようだが、まもなく離婚、そののち独身のままアメリカに渡ったという。

　モスクワではクリスチァネと別れたのち、ゾルゲはエカテリーナ・マキシモー（カーチャ）という演劇志望の女性と深い関係になった。彼女は、ロシア語が十分ではないゾルゲのために、特別にロシア語教師として派遣された女性である。

　ゾルゲが東京で検挙された時、クリスチァネ、カーチャから、変わらぬ愛の手紙が届いたという。

　ゾルゲは一九三〇年、上海に移住するが、三二年暮にいったん上海からモスクワに帰り、カーチャと束の間の幸せの日々を過ごした。だが突然、GRU長官のヤン・ベルジン(※)から呼び出しを受けて東京行きを命じられることになる。

　日本に旅立つに際して、カーチャと正式に結婚した（一九三三年八月八日）。この結婚は、彼女の生活保障を取り付けるためと、GRU(※)がカーチャを人質として取ったことを意味した。ゾルゲが東京に向かったあと、カーチャは女児を出産したが、ゾルゲがそののち二人に会うことはかなわなかった。

　当時、ソ連の内務人民委員部（NKVD）(※)はゾルゲを二重スパイではないかと疑っていた。そのため、ゾルゲが逮捕（一九四一年一〇月）されたあと、カーチャは一九四二年九月、NKVDに逮捕され、スパイとして流刑地に送られ、四三年に死亡した。彼女は逮捕の際の拷問に屈して「ゾルゲはドイツのスパイだった」と供述した。

「ソニア」にスパイの基礎を指南

　ゾルゲは、上海でスメドレーと交際しつつ、のちに大物女性スパイとなるウルスラ・クチンスキー(※)（一九〇七～二〇〇〇年）とも深い関係にあった。彼女の運命は、一九二九年に建築技師で赤軍第四局のスパイであったルドルフ・ハンブルガー（一九〇三～八〇年）と結婚したことから変わった。彼女が二三歳の時である。

　クチンスキーは一九三〇年、夫とともに上海に渡り、ゾルゲの助手として活動した。ゾルゲの指導の下で、中国人革命家との連絡、武器の隠匿、文書の作成など、スパイとしての基礎を学んだ。コードネーム「ソニア」もゾルゲが与えたとされる。

クチンスキーは若く美しかった。彼女は上海の街をゾルゲのオートバイの後部席に乗って疾走した。一九三一年九月、ゾルゲはオートバイ事故を起こして入院するが、彼女の献身ぶりは、身の回りの世話を看護婦にさせないほどであったという。

一九三二年暮れ、ゾルゲが上海を離れると、クチンスキーはしばらく放心状態になったという。その後、モスクワに帰り、諜報学校でスパイの養成訓練を受けると、GRUのスパイとしてハルビン、満洲里、奉天、新京（現在の長春）で活動し、赤軍随一の女性スパイといわれるまでになった。

しかし、クチンスキーのスパイとしての活躍が世界的に知られるようになったのは中国ではない。第二次世界大戦中のロンドンにおいてである。とくに顕著な活動は、核物理学者でのちに渡米し「マンハッタン計画」の中枢に入ることになるクラウス・フックス[※]（一九一一～八八年）を運用したことである。これについては後述する。（一九二頁参照）

日本でのゾルゲの恋人たち

ゾルゲは一九三三年九月に来日する。日本では石井花子と深い関係になった。彼女は東京・銀座のドイツ料理店「ケテル」でウェイトレスをしていた。彼女もまたゾルゲの虜となり、たちまち同居するなど深い関係を持った。

二人は正式な結婚はしなかったが、ゾルゲの死後に花子によって建てられ、現在は花子とゾルゲが眠る多摩霊園の墓には「妻石井花子」と彫られている。

ゾルゲは花子と深い関係を持つ一方で、エタ・シュナイダー[※]（一八九七～一九八六年）とも関係を持つという二股の関係にあった。彼女は美しいハープ奏者で、大人の女性の魅力を振りまいていた。どちらかと言えば、少女のような癒し系の女性が花子で、花子にない女性の魅力をシュナイダーは持っていた。

シュナイダーは一九四一年にナチスから追放され日本に来たばかりで、東京のドイツ大使館に身を寄せて、各地で演奏活動をしていた。

ゾルゲの女性関係は二股にとどまらなかった。ゾルゲを信頼して、ドイツ大使館の政治顧問として運用したオイゲン・オット駐日ドイツ大使の夫人とも不倫関係にあったようである。彼女はシュナイダーとゾルゲの関係に嫉妬し、二人を引き裂こうと画策した。

さらに、定かではないが、ゾルゲの部下として日本でスパイ活動に従事していたブランコ・ブケリッチ[※]の元妻とも性的関係を持ったといわれる。これについては、大田尚樹著『赤い諜報員』によれば、次のとおりである（なお同書は小説であるので幾分の脚色はあるとみられる）。

ブケリッチと妻のエディットは婚前妊娠結婚であり、彼は妻とひとり息子を日本に呼び寄せていたが、夫婦の関係は冷え切っていた。そうしたなか、ブケリッチは、一九歳で津田塾の学生であった山崎淑子と、東京水道橋の能楽堂での能見物で、偶然、隣の席になった。それからブケリッチの猛アタックが開始された。

ゾルゲは、ブケリッチから淑子との結婚を打ち明けられると、猛反対した。日本人女性と結婚すれば、まわりにつながっている日本人の機密が漏れる、そして嫉妬したエディットが何をしでかすかわからない、つまり、すべての機密を握っている彼女が自暴自棄になって情報を漏らすことをゾルゲは恐れた。

しかし、ブケリッチはゾルゲに内緒で淑子と結婚した。ゾルゲは困った。エディットを消すことも選択肢に上がったが、自制心が働き、やっと一つの妙案に達した。すなわち、エディットと肉体関係を結ぶことを思いついたのである。このことは事件発覚後、取り調べにあたった大橋秀雄警部がずっとのちに語ったという。

日本におけるもう一人のソ連スパイ

ソ連のＧＲＵ[※]が対日工作のため、日本に派遣していたのは、実はゾルゲだけではなかった。ＧＲＵは日本に女性スパイを放っていた。その女性の名前はアイノ・クーシネン[※]（一八八六〜一九七〇年）である。なお、彼女もゾルゲと特別の関係にあったといわれている。

一九三四年、クーシネンはＧＲＵ長官ヤン・ベルジン[※]によって「イングリッド」という名前で日本に派遣された。一九三五年末、いったんモスクワに呼び戻される。この時にはＧＲＵ長官はセミョーン・ウリツキー[※]に交代していた。彼女は、再び日本に行きたいと、組織に願い出て聞き入れられた。そこで彼女は「リスベート・ハンソン」の名前で『微笑みの日本』をスウェーデン語で執筆した。これは、彼女が再来日するのに際し、彼女の名声を日本で高める目的であった。

再来日したクーシネンは、ゾルゲとも緊密な連絡をとりながら、スウェーデンの親日貴族「リスベート・ハンソン」の偽名で、日本の上流社会に食い込んだ。秩父宮殿下とも何度か会い、皇室の園遊会にも参加して、皇室情報を入手した。

クーシネンがソ連のスパイであったことは、日本では戦後まで知られることはなかった。あくまでも、親日的なスウェーデンの女流作家であったのである。〝名声〟という偽装によって粛々とスパイ活動が継続されたのである。この点は、今日のわが国の防諜における問題点としても指摘されよう。

ゾルゲにとって女性スパイとは

ゾルゲは、女性は諜報活動には絶対的に不向きだと言っている。ゾルゲは『ゾルゲ事件―獄中手記』で次のように記している。

「女というものは、政治的なあるいは色々な知識がないから情報活動には全然駄目で、私は女からよい情報を得た事は一度もない。女は役に立たないので、私は『グループ』には女を使わなかった。上流夫人等と交際しても、彼女等は夫の言っている事が分からないから駄目である。これは日本の女のみならず、外国の女も世界を通じて、女は情報活動には役に立たないと思っている。

たとえば、支那において使った女は、その夫の支那人と共に働いたに過ぎない。また『スメドレー』は教育もあり頭もよかったので新聞記者としてはよいが、人妻としては価値がなく、例えば男と同じような女であったのである。また情報活動に人妻と親しくして利用するという事は、その夫がやきもちを焼くので、かえってその仕事を打ち壊すものである。要するに情報活動をするのは男で、知識があり、頭のよいものでなければ駄目である」

これに関して、佐藤優氏は『世界インテリジェンス事件史』において、「女はスパイ活動の役に立たないといったゾルゲの供述は、愛する女たちに疑惑が及ばないようにするためについた嘘なのである」と述べている。

ゾルゲの発言の真意は謎であるが、ゾルゲのまわりには、「ゾルゲ以上のスパイ」と言われた「ソニア」（クチンスキー）もおり、その彼女にゾルゲはスパイ教育をしていた。女性はスパイに向かない、と考えていたのではなさそうだ。

ゾルゲ流のスパイ術とは

ゾルゲは、「有能なスパイには二つの型がある」との原則に基づいて仕事をした。第一は「静かで目立たない、おとなくし穏やかなスパイで、人に気づかれないでやる型」である。第二は「派手で騒々しいスパイで、あまり人の関心を引くので、だれもスパイと思わない型」である。

ゾルゲはこの二つの型を巧みに組み合わせた。彼はしばしば芸者を呼んで騒々しいパーティーをした。しかし、一般客を送り届けたのち、主な工作員は夜明けまでゾルゲのところに残って、スパイ活動の計画が綿密に練られた。すなわち、酒と女性が日本の秘密警察を欺くゾルゲの方法であった。

ゾルゲのスパイ活動から、思い起こすのが真珠湾攻撃のための諜報活動で成果を上げた吉川猛夫(※)（一九一二〜一九九三年）である。吉川は日本海軍を休職し、一九四一年三月、外務書記官「森村正」としてハワイのホノルルに赴任した。このことは喜多長雄総領事しか知らない秘密であった。

彼は日本人二世のメイドを連れ、派手なアロハシャツを着て、観光バスや遊覧飛行機に乗り、軍事施設などを見て回った。彼は無類の酒好きで、女道楽が激しく、いやでも人目を引いた。事実、米FBI(※)は吉川を執拗にマークした。

海軍のある同僚の話によると、陽気で冗談好きの吉川は「女遊びをしないスパイなどは、命運の尽きたスパイだ」と言ってすましていたという。

彼はまた「米海軍の情報部員はなによりもまず覗き魔であって、彼らにとってスパイは二の次である」とも言った。

吉川は女色におぼれることが最高の偽装方法であると確信していたらしく、米海軍の盗聴者を電話で釘づけにしておくために、わざわざ女たちと電話で長電話した。つまり、ゾルゲ同様に吉川が「スパイは目立たないものである」という既成概念を逆手にとったのである。

こうした裏で、吉川は米海軍の技術報告や大量の専門誌を読み漁って、基礎知識を蓄えていた。そして、真珠湾を見下ろす高台にある日本料亭「春潮楼」に入りびたって眼下の米艦隊の動向を監視したり、釣り人を装って水深を測定したりした。（リチャード・ディーコン『日本の情報機関』ほか）

吉川は一九四一年一二月七日午前八時に予定された真珠湾攻撃の準備に備えた。吉川はこの攻撃の数時間前に「真珠湾には空母はいないが主力艦艇はいる」などの情報を日本に送った。

ゾルゲも吉川も「女にうつつをぬかす奴はたいしたことはない」という雰囲気を醸成することで、自らの活動を巧みに隠蔽した。

第15章
女性暗号解読官「ドリスコール」

暗号戦争の勃発

第一世界大戦に勝利したイギリス、フランス、アメリカなどは軍の動員を解除し、情報組織を最小限に切り詰めた。しかし、スパイ活動が国際舞台から姿を消したわけではなかった。

そのスパイ活動の大きな潮流となったのは、米・英が主役となった通信スパイ活動、すなわち暗号解読戦争である。

暗号解読戦争においては、チャーチル政権のイギリスがドイツの「エニグマ」(※)を解読し、戦力の劣勢を情報戦によって跳ね返したことが有名である。この「エニグマ」解読の中心となったのが、所在地の愛称「ブレッチリー・パーク」で呼ばれる政府暗号学校(GC&CS)(※)である。なお、GC&CSは第二次世界大戦後、政府通信本部(※)(GCHQ)へと発展する。

暗号解読においてイギリスの上をいっていたのがアメリカである。アメリカの暗号解読戦争は主として日本との戦いに向けられた。アメリカの通信スパイ活動に対して有効な手立てを講じなかった日本軍は、やがてミッドウェー海戦での歴史的敗北をこうむり、太平洋戦争における敗者になってしまうのである。

(1)ブラック・チェンバーの活躍

第一次世界大戦まで時計の針を巻き戻してみよう。第一次世界大戦に参加したアメリカは、自国の暗号通信がドイツから盗聴・解読されているのではないかと疑心暗鬼にかられた(実際には同盟国のイギリスから盗聴されていた)。

そのため、暗号の専門機関である陸軍情報部第八課（MI8[※]、通称ブラック・チェンバー）が設置された。同機関を率いたのは、第一次世界大戦以前からアメリカ国務省に勤務していたハーバート・ヤードレー[※]（一八八九～一九五八年）である。

MI8は自国の通信を高度に暗号化するとともに他国の通信を傍受して解読した。ワシントン海軍軍縮会議（一九二一～二二年）では、駐英日本大使と東京の間で交わされた暗電（暗号電報）、日本外務省からワシントンの駐米大使に打った暗電などを解読し、日本の妥協案を認識しつつ、優位に外交交渉を進めた。

しかし、ハーバート・フーバー政権が発足し、国務長官にヘンリー・スティムソンが就任すると、スティムソンは「紳士は他人の信書は読まないものだ」として、MI8を一九二九年一〇月末で廃止させた。

ヤードレーはそれに対して一九三一年『ブラック・チェンバー』を出版して反撃した。その本の中で、彼は、ほかの秘密とともに、ワシントン海軍軍縮会議（一九二一年一一月～二二年二月）中に日本が使用していた暗号をアメリカが解読していた事実を明らかにした。

（2）フリードマンの通信課報部が発足

MI8が閉鎖された一九三〇年、ウィリアム・フリードマン[※]（一八九一～一九六九年）を中心にわずか七人で陸軍通信課報部（ASIS[※]）が組織された。

彼はコーネル大学卒業の暗号研究家である。アメリカが第一次世界大戦に参戦した時、陸軍はフリードマンの暗号解読官としての能力に注目し、彼を新設の陸軍暗号解読班に士官として採用した。

ASISの外交暗号解読の主要なターゲットは第一に日本、第二にドイツであった。日本の外交暗号は「パープル[※]」の秘匿名で呼ばれ、パープルから得られたインテリジェンスは「マジック[※]」と呼称された。

ASISの活動により、日本政府の主要な外交文書はほぼ解読された。在ベルリン大使館と東京の外務省との間の通信を傍受・解読し、一九三六年の日・独防共協定、一九三七年の日・独・伊防共協定、一九四〇年の三国軍事同盟の締結などの過程も、ほぼリアルタイムでつかんでいたようである。

(3) 第二次世界大戦前後の陸・海軍の暗号解読部署

第二次世界大戦開戦時、アメリカには陸軍ASISと海軍通信課報部(OP‐20‐G)[※]があった。

ASISは主として外交暗号を担当した。一九四三年七月には通信保全部(SSA)となって、そのまま終戦を迎えた。終戦時の総人員は一万人まで膨れ上がっていた。終戦後の一九四五年九月、陸軍保安部(ASA)となった。

一方、海軍は一九二四年、海軍省内に暗号・通信課を設置し、日本海軍の暗号の解読を開始した。この機関は一九三六年頃、OP‐20‐G(海軍作戦部第二〇部G課、海軍通信課報部)に発展した。

同機関はローレンス・サフォード大尉[※](一八九三〜一九七三年)によって強化され、開戦後の解読業務は、ワシントン(外交暗号と海軍関係担当)、ハワイ(日本海軍担当)、フィリピン(両者の一部を担当)の通信所を有し、約七〇〇人で傍受、方位測定および暗号解読を行なった。

女性暗号解読官、ドリスコール

第一次世界大戦から第二次世界大戦にかけて、暗号解読の著名な専門家はそのほとんどが男性によって占められている。しかし、この領域においても女性の輝かしい活躍があったことを紹介しておこう。

その一人はフリードマンの妻エリザベス・フリードマン(一八九二〜一九八〇年)である。そして、もう一人の女性は海軍文官で主任暗号解読官まで昇進したアグネス・メイヤー・ドリスコール[※](一八八九〜一九七一年)である。

ドリスコールは、大学で学んだ物理、工学、数学、統計学の能力が認められて、第一次世界大戦後の一九一八年六月、自ら希望して海軍の軍事暗号訓練所に入所した。その後、いったん海軍を辞め、暗号解読機械を製造する会社に入った。ここで暗号解読機械のエキスパートになった。

一九二四年八月、彼女は軍属として海軍に再入隊し、OP-20-Gの数字文字暗号課に配属され、ローレンス・サフォード大尉のもとで、日本軍の暗号の解読に従事することになる。

彼女は一九二四年から第二次世界大戦まで、日本海軍の暗号をかたっぱしから解読した。暗号解読分野では海軍トップであると認められて、文官の解読主任に昇格した。

第二次世界大戦中、数字文字暗号課は米海軍ワシントンの無線傍受解読局（US）に発展した。彼女はここで日本のあらゆる海軍作戦暗号と航路通報暗号の解読に従事した。

第二次世界大戦中、日本海軍は数種の暗号書を使っていたが、最も用いられたのが五数字暗号（海軍暗号書D）であった。これは、単語あるいは文字を五桁の数字に変換する一次暗号書と五桁の乱数を並べた乱数表で構成される。五数字暗号（米軍はJN-25と読んだ）は一九三九年六月から使用され、一九四〇年一二月一日よりその改良版（同、JN-25b）が使われ始めた。

OP-20-Gは五数字暗号の解読に努めた。その成果について、ロバート・スティネットは、米軍側の資料を検証して、著書『真珠湾の真実』の中で、次のように述べている。

●五数字暗号に関する書類は今でも機密文書扱いだが、インガソル海軍作戦部次長の陳述によれば、早くも一九四〇年一〇月四日頃から、米側はこの暗号を解読して情報を入手していたことは明白である。

●FBIは、海軍が一九四〇年一〇月二一日に暗号解読に成功したことを確認しており、その手柄を司法省の記録の中で公表している。

●ドリスコールの暗号解読班は、五数字暗号の解読方法を文書にまとめ「RIP73」（無線課報刊行物第七三号）として発行した。これらの改訂版が一九四一年三月と七月に「RIP80」として発行されている。
●これらの改訂版により、CASTとHYPOの暗号解読班は、マッカーサー将軍、ショート将軍、ハート大将およびキンメル大将に山本大将の（真珠湾）攻撃計画を提供できる能力を持っていたことがわかる。
●しかし、決定的な暗号解読の詳細説明資料「RIP73」または「RIP80」は真珠湾攻撃までにはハワイに届かなかっただろう。
●一九四一年秋、五数字暗号解読資料の最新版が米海軍の最も遅いボートでハワイに送られた。この解読資料が早く到着していたら、キンメル提督は日本の秘密を知ることができたであろう。
（『真珠湾の真実』より要点を抽出）

しかし、『真珠湾の真実』には多くの疑問も呈されている。ほかの多くの情報源によれば、真珠湾攻撃以前に、日本海軍の五数字暗号はほとんど解読されなかったという。

これに関して、『ルーズベルト秘録』でも、真珠湾攻撃以前には五数字暗号は解読されなかった、したがってルーズベルトは日本海軍の真珠湾攻撃を暗号によって知る由もなかった旨の反証を掲載している。

ミッドウェー海戦における敗北

開戦以来、連戦連勝を続けていた日本軍を敗戦へと導いたのは、一九四二年六月四日から七日にかけて行なわれたミッドウェー海戦である。

〝天下分け目の戦い〟となったミッドウェー海戦において、米海軍が日本海軍の行動を暗号解読によって承知していたことは事実とされている。

OP‐20‐Gのハワイにある無線傍受局が、日本海軍の暗号JN‐25bを解読し、連合艦隊の作戦行動を予測して、待ち伏せ攻撃を仕掛けた。この海戦で日本軍は空母四隻、重巡洋艦一隻、航空機三三〇機以上を失った。対する米軍の損害は空母一隻と航空機約一五〇機であった。

米太平洋艦隊司令官のニミッツ大将は「ミッドウ

ェーは基本的に情報の勝利である」と語っている。

米海軍が日本海軍の暗号解読に成功した経緯は以下が通説となっている。

開戦後の一九四二年一月二〇日、日本潜水艦がオーストラリア海軍基地ポート・ダーウィンの沖で、米海軍駆逐艦の包囲攻撃を受けて座礁した。日本潜水艦の艦内から軍機・戦略・戦術暗号書が押収された。これによって五数字暗号の解読は一挙に進んだというのである。

オーストラリア国防省のピースレーは、「日本の暗号は開戦後まもなく、珊瑚海海戦（一九四二年五月八日）以前にアメリカ情報士官によって解読された」と言明している。

一方、日本海軍は、この潜水艦が基地に帰投中、外洋で事故を起こして、行方不明になったものとして処理した。こうした保全に対する甘さが、ミッドウェー海戦の敗北を招いたのである。

日本軍は自軍の暗号が解読されていたことに気がつかなかったが、実は米国側に重大な機密漏洩が発生していた。それは、珊瑚海海戦の三日後に、ルーズベルト嫌いで知られるロバート・マコーミックの発行する保守系新聞『シカゴ・トリビューン』に、「米海軍は日本海軍の作戦計画を知っていた」と報じたのだ。

米海軍のトップであるキング大将は激怒し、関係者は日本海軍が解読されていることに気づいたのではないかと青くなった。しかし、日本がこの記事を知ったのは戦後になってからである。

日本側は暗号が解読されていることを察知する千載一遇の好機をみすみす逃したのである。このことは、当時の日本においてグローバルな情報活動が行なわれていなかったことを如実に物語っている。

組織保全に固執した日本海軍

ミッドウェー海戦が、暗号書の漏洩による情報戦の敗北であったにもかかわらず、日本海軍に緊張感はまったくなかった。

一九四三年四月一八日、山本五十六連合艦隊司令

長官の搭乗機が、暗号を解読して待ち伏せしていた米陸軍の戦闘機によってブーゲンビル島上空で撃墜された。

日本海軍は、山本長官が撃墜されたことを「海軍甲事件」として極秘扱いに指定し、暗号解読については「解読されていない」との結論を提出した。

しかし、米軍機はその行動を探知、把握していたかのように山本長官の搭乗機に集中攻撃を浴びせた。事前の情報が漏洩していると考えるのが道理であったろう。この事件のあいまいな対応がさらなる悲劇を生むことになる。

一九四四年三月三一日、パラオからミンダナオ島のダバオに退避する古賀峯一（こがみねいち）連合艦隊司令長官（大将）以下が搭乗した一番機が墜落（古賀長官らは殉職）、二番機に搭乗していた福留繁参謀長（中将）、山本祐二作戦参謀（中佐）以下は墜落を免れてセブ島沿岸不時着した。これが「海軍乙事件」である。

福留参謀は反日ゲリラの捕虜となり、作戦計画、暗号書などの機密文書を収めた鞄を奪われた。

その後、機密文書はゲリラの手から米軍に渡り、英訳されたのち、前線の米太平洋艦隊やその指揮下の第三艦隊に回送され、「あ」号作戦（マリアナ沖会戦）などに活用されたという。なお米軍は計画書などの機密文書は鞄に戻し、セブ島近海の潜水艦から投棄したという。

福留参謀以下は日本陸軍の治安維持部隊に救出され帰国した。福留、山本両氏は事情聴取で「機密入りの鞄は海中に投棄した」として、紛失事実を隠匿した。

事情聴取後、福留参謀長はフィリピンの第二航空艦隊長官へ、山本中佐も連合艦隊主席参謀に栄転した。この人事には海軍が秘密漏洩の事実がなかったことを公式に表明する、情実人事の意味があったとされる。

これら一連の対応を見るにつけ、身内の不祥事を隠すことで、結局は組織全体が崩壊してしまう。この繰り返しは、今も昔も変わらないのではなかろうか。

世に知られなかったドリスコールの活躍

最後に、ドリスコールをもってこの章を締めくくりたい。彼女は太平洋戦争の勝利にアメリカを導いた立役者であった。しかし、その名前はほとんど世に知られていない。

なぜなら、アメリカはドリスコールの手柄を公表しなかったからだ。アメリカが日本の秘密情報の入手に成功したことが表面化すれば、日本は対策を講じる。そうなれば、血のにじむような暗号解読の努力は水泡に帰す。

だから、米海軍暗号解析の「栄誉名簿」(注)には五数字暗号を解読したドリスコールの名前はない。本来であれば、真っ先に名前が載っても不思議ではない。

しかし、彼女の活躍とその実力は同僚らが知っている。まさに記憶に残る暗号解読官であった。彼女は一九五九年七月、七〇歳まで国家安全保障局(NSA)(※)に勤務した。

この歳まで現役として勤務したことからも、彼女がいかに〝余人をもって代えられない〟優秀な暗号解読官であったかがわかる。

世に知られずとも、国家の情報戦に多大な貢献を果たした一人の女性が存在した。水面下の情報戦においては、名もない、縁の下の存在が最大の働きをするということである。

アメリカやソ連において、多くの優秀な女性が戦争や平時の情報任務に登用され、歴史に大きな影響を及ぼしてきた。

また、人的資源の少ない英国では、開戦当初から写真判読に女性を大量に採用した。チャーチル首相の次女サラも、判読士官として活躍した。日本軍には女性を活用しようという発想にかけていた。(『情報戦の敗北』)

もし日本でも優秀な女性を軍隊に登用する道が開けていれば、総合戦を戦ううえで有利に働いただろう。この点についてわが国は反省すべきである。

（注）ニミッツ大将が一九四二年六月に作成した名簿。一九四一年七月から四二年六月まで、日本の作戦命令を解明するために電報を傍受した六五人の功績を称えている。（『真珠湾の真実』）

第16章 ヒトラー暗殺と女性たち

第二次世界大戦の終了

一九四三年二月、ドイツはスターリングラード攻防戦に敗北し、同年五月には北アフリカ戦線でも敗れ、枢軸国は北アフリカを放棄した。

アジア太平洋の戦線では、一九四二年六月、日本がミッドウェー海戦で敗北し、やがて制空権・制海権を失った日本は四四年一一月以降、本土空襲により、東京をはじめ主要都市がことごとく爆撃され、国民の戦意は失われた。

一九四五年四月、ヒトラーが自殺し、五月にはベルリンが陥落した。五月七日、ドイツは連合軍に対して無条件降伏した。ここに、ドイツのポーランド侵攻より五年八カ月をもって欧州の戦争は終結した。

太平洋戦争は一九四五年七月、トルーマン、チャーチル、スターリンによってポツダム会談が行なわれ、蔣介石の同意を得て日本に無条件降伏を要求するポツダム宣言が発表された。

日本がこれを協議している間に、広島、長崎に原爆が投下され、ソ連が八月八日、日ソ中立条約を一方的に無視して日本に宣戦し、ソ連国境を越えて満洲に侵入し、樺太・千島でも軍事行動を起こして占領した。

ここで日本は天皇の聖断により、一九四五年八月一五日、ポツダム宣言を受諾して降伏した。

ドイツ国防軍内部のクーデター計画

第二次世界大戦の首謀者はヒトラーである。よってヒトラーを排除し、ドイツの早期降伏ができたならば、大戦はもっと早期に終了したかもしれない。

一九三七年、ヒトラーの戦争決意が明確になるや、ひそかに反対し、それを阻止しようとするグループがドイツ国防軍内部に形成された。陸軍参謀総長ベック大将（ルードヴィヒ・ベック）、国防相ブロンベルク元帥（ベルナー・フォン・ブロンベルク）、陸軍総司令官フリッチュ大将（ヴェルナー・フォン・フリッチュ）はいずれも、そのグループのメンバーであった。

ヒトラーは自分に反対する将軍たちを次々に陰謀・秘密工作によって追い落とした。ベック参謀総長の後任になったハルダー大将（フランツ・ハルダー）は、チェコとの開戦を契機に、ヒトラーを追い落とすクーデター計画を開始した。

抵抗グループは、パリやロンドンに密使を送り、英・米連合国による対独参戦を画策した。カナリス提督の率いる国防軍情報部（アプヴェーア）(※)は、反ヒトラーの立場を鮮明にし、抵抗グループを支援した。

アプヴェーアは英・仏連合国側との和平工作をひ

そかに進め、同次長オスカー大佐は、カナリスの指示で、何度もヒトラーの秘密を連合国側にもらしたとされる。

のちのCIA長官アレン・ダレス[※]によれば、アプヴェーア内の一割がヒトラーの戦争指導・対ソ措置に反対して反ナチスになっていたという。この結果、アメリカはアプヴェーア組織内に浸透することが可能となった。

しかし、抵抗グループの工作にもかかわらず、クーデター計画は成功しなかった。この主な要因は、イギリスのチェンバレン首相などが対独宥和政策を続けたからである。

ヒトラー暗殺計画「ヴァルキューレ事件」

一九四三年のスターリングラード攻防戦以降、ヒトラーを暗殺して、大戦を早期に終了させる試みが本格化した。

一九四四年七月、ドイツの一部軍高官がヒトラーを暗殺して戦争を終える動きに出た。これを「ヴァルキューレ事件」(七・二〇事件)と呼ぶ。

この事件は、総統が参加する会議の室内に、アタッシュケース爆弾を設置して、ヒトラーの爆死を狙ったものである。しかし、事情を知らぬ会議参加者が前もってアタッシュケースの位置を変えていたので、ヒトラーは難を逃れた。

ヒトラーは激怒して、加担が疑われた容疑者を粛清した。この事件によって、国防軍情報部長カナリス提督が逮捕された。カナリスが関与していた証拠は何も出てこなかったが、終戦前に処刑された。

ヒトラー暗殺の未遂事件は四二件もあったとされる。(W・ベルトルト『ヒトラーを狙った男たち』)

「ヴァルキューレ事件」以前にも、よく知られたものだけで二つある。一つは大戦前の一九三八年、ナチス・ドイツがチェコのズデーテン地方を併合しようとして英仏と緊張を高めていた時期である。もう一つは一九四三年で、東部戦線から戻るヒトラーの総統機に爆弾が仕掛けられたが、不発に終わった。この事件にはカナリスが関与していたとされる。

ヒトラーの暗殺事件にはドイツ国防軍内部の反ヒトラー組織が関与していた。こうした軍内部の組織を、ＳＳ保安部（ＳＤ）（※）やゲシュタポ（※）は、ソ連のドイツへの浸透組織「赤いオーケストラ」（※）に倣って「黒いオーケストラ」（※）と呼称して、その摘発と排除に努めた。

「黒いオーケストラ」は、海外組織ともつながっていた。ドイツ国内でのヒトラー暗殺計画には、アメリカ戦略諜報局（ＯＳＳ）長官のドノバン（※）や、のちのＣＩＡ長官のアレン・ダレス（※）が加担したとされる。

このように、ヒトラー暗殺網は広範囲に形成されていたが、それでも暗殺は容易ではなかった。結局は自殺するまでヒトラーは生き延びたのであった。

カナリスとハイドリヒの最期

カナリスは、早くから、この戦争でドイツは惨憺たる敗北をこうむるだろうと予測し、戦争を長引かせるようなことをしてはならないと考えていた。

ＯＳＳのアレン・ダレスは、戦後カナリスについて「現代の歴史において最も勇敢な人物であり、紳士で愛国者」であったと、高い評価を与えている。（『情報と謀略』）

カナリスが率いるアプヴェーア（※）は、ナチス・ドイツのポーランド侵攻（一九三九年九月）を、あたかもポーランドの「挑発行為」であるかのように捏造する、秘密工作のお膳立てを命じられた。

つまり、ドイツ陸軍から国防軍情報部に、ポーランド国境近くのドイツ領内で、ポーランドの軍服を着込んだドイツ部隊によって、偽の攻撃を仕掛ける手はずを整えるよう命令されたのである。

結局、その作戦は、ハインリヒ・ヒムラー（※）の親衛隊（ＳＳ）の手にゆだねられたが、アプヴェーアは情報収集や事前工作で成果を上げた。

ドイツとポーランドとの戦いはわずか二七日間で終了した。この驚くべき大勝利にアプヴェーアは貢献した。ドイツの侵攻作戦の成功、国防軍情報部の工作の進行状況が伝えられると、カナリスは得意満面だった。

しかし、のちにナチスに対する激烈な反逆運動に加担して、善悪両方の意味で有名になった若い法律家兼政治家のハンス・ベルント・ギゼヴィウスは、渋い顔をしていた。「提督」と彼は言った。「これが、いま来たところです。イギリスが総動員令を出しました」

カナリスの顔にうかんでいた微笑が消えた。彼は押し殺した声で言った。

「こいつはことだ。もしもイギリスが介入してきたら、ドイツは終わりだ」（ラディスラス・ファラゴー『ザ・スパイ』）

戦争が始まって二週間経過するかしないかのうちに、カナリスはヒトラーと袂を分かつことを決意した。カナリスは国防軍を視察するために、第一線に出向いた。ポーランド戦場で目撃した悲惨な光景に彼は吐き気をもよおした。そこには、大量虐殺によるポーランド市民の、真っ赤な血に染まった、夥しい数の死体が転がっていた。


カナリスは国防軍総司令部総監のヴィルヘルム・カイテル将軍に「自分は何も知らされていない」と激しく抗議した。

やがてカナリスは、ドイツの行く末について悲観的なインテリジェンスをヒトラーに報告するようになり、ヒトラーから疎（うと）んじられた。一九四四年二月、情報部長を罷免させられ、それにともないアプヴェーアは廃止された。

アプヴェーアの対外情報機能はRSHA第六局に受け継がれ、その局長にはヴァルター・シェレンベルク(※)が就任した。

一九四四年七月、カナリスはヒトラー暗殺計画への加担容疑で逮捕され、四五年四月、フロッセンビュルク強制収容所の運動場に裸で引き出され、ピアノ線でゆっくり絞殺された。それをSSたちは楽しんだ。この一連のカナリス粛清に関与したのは、彼がかつて後輩として面倒を見たシェレンベルクであった。

カナリスは独房の水道管をスプーンで叩いて、隣の独房のルーディン中佐へ最後の言葉を送った。

「私はヒトラーの愚行と犯罪がドイツを破滅に進むのに反対した。ただ、国家のために職務を果たしただけだ。私の妻と娘のためにできることをしてほしい。奴らは私の鼻を折った。私は今朝死ぬ。さらば」（広田厚司『ドイツ国防軍情報部とカナリス提督』）

カナリスの永遠のライバルであった、SD長官ラインハルト・ハイドリヒ[※]の最期も悲惨である。彼の暗殺は、ハイドリヒを危険人物と見定めていたイギリスのチャーチルなどが画策した。

ハイドリヒがチェコの副総督として派遣されていた一九四二年五月、彼はイギリスの特殊作戦執行部（SOE）[※]の訓練を受けた暗殺団から襲撃を受けた。その時の手榴弾による負傷によって感染症を併発し、襲撃後一週間で死亡した。

結局、ヒトラーは二年強の間にドイツ情報機関の二枚看板を失ったのである。

さらに、もう一つの情報組織の長もヒトラーから排除されたことを見逃してはならない。ヒトラーがソ連侵攻を計画し始めた一九三八年一二月、ソ連に対する専門の情報組織として東方外国軍課[※]が設立された。その課長に四二年四月に就任したラインハルト・ゲーレン[※]（一九〇二～七九年）は「戦局が最終局面にある」と分析・報告したことがヒトラーの逆鱗に触れ、四五年四月に解任された。

次々に、情報組織の長が粛清あるいは排除され、ドイツにおける情報活動は正常に機能しなくなった。敗戦はまさに刻一刻と迫っていた。

ナチス・ドイツの崩壊

一九四五年四月、ソ連軍はベルリン近郊まで迫った。四月二〇日、地下壕ではヒトラーの誕生祝賀パーティーがささやかに行なわれた。その席上、国家元帥ゲーリングやSS長官ヒムラーなどの最高幹部は口々にベルリン脱出を進言した。しかし、ヒトラーはこれを拒否した。

四月二二日、地下壕でソ連軍に対処するための作戦会議が開催された。ヒトラーはベルリン周辺に駐屯する部隊に攻撃を命じたが、「部隊の損耗が激しく、攻撃は不可能」と将軍たちは応じなかった。ヒトラーは激怒し、自殺する旨を宣言して会議を終了させた。

四月二三日、ヒトラーは、副官のボルマンから不幸な報告を受けた。ゲーリングが総統権限の移譲を要求する電報を出したのである。

ヒトラーは激怒して、ゲーリングの全権剥奪と逮捕を命令した。しかし、このボルマンも陰でヒトラーを裏切り、ソ連と通じていた（一二四頁参照）。

四月二六日、数人の腹心たちと食事をしているヒトラーのもとに、「ヒムラーが連合軍と和平交渉を行なっている」との報告が入った。「忠臣ハインリヒ」と呼んでいたヒムラーの裏切りにヒトラーは激怒し、ヒムラーの逮捕を命じた。

相次ぐ腹心の裏切りに、ナスス・ドイツは内部崩壊していったのである。

ヒトラーが愛した女性

ヒトラーと女性との関係について触れておこう。

ヒトラー名言集には、「女性が権力を持った国は数年内に滅ぶ」「女性は弱い男性よりも、強い男性に支配されたがる」「男性は女性と比べ、生物学的にもすべてにおいて能力が上。だからといって男は女性に優しくする必要がない」などの発言がある。

世の女性が聞いたら、たちまち糾弾されるような言葉が続く。だが、ヒトラーは男性的で、女性蔑視論者かと思うと、実態はまったく逆で、ヒトラーは女性的であった。このことは多くの研究者の共通する結論で、アメリカのOSS(※)が彼の女性的な面に着目して、「ヒトラー女性化計画」（ヒトラーに女性ホルモンを投与する）を画策したことも伝えられている。

ヒトラーは女性に大変人気があった。彼の演説に女性の集団が酔いしれ、彼を取り囲み、なかには「ヒトラーの残り湯が欲しい」という熱狂的な女性さえいたという。ヒトラーは「自分はドイツと結婚した」と公言し、ほぼ生涯にわたって独身を貫いた。これは多くの女性の支持者を失わないためのヒトラーの戦術であった。

しかし、どこかの国家指導者や某国の宗教指導者とは違って、次々と女性と性交渉するタイプではなかった。ヒトラーは人見知りかつナイーブな性格で、女性に対しては常に紳士的であった。彼の子供は現在も確認されていない。

またマザーコンプレックスであったともいわれている。母親を心から愛し、母親の肖像画を自殺するまで肌身離さなかったという。ヒトラーの狂信的虐殺による精神的代償を、理想の母親像に求めていたのかもしれない。

彼が心底愛した女性は二人であったといわれる。一人は、党の公式写真家であったハインリヒ・ホフマンの経営する写真店の店員であったエバ・ブラウンである。二人の出会いは一九二九年頃にさかのぼる。ヒトラーが四〇歳、エバが一七歳の時である。

ヒトラーは、自殺直前に長年の恋人であったエバと結婚式を挙げた。これは、長い間、日陰の存在だった彼女の変わらぬ愛情に報いたとされる。そして、妻となったエバとともにヒトラーは地下壕の自室に入り、二人で自殺を遂げたのであった。

ヒトラーが愛したもう一人の女性がゲリ・ラウバルである。ゲリはヒトラーの姪（腹違いの姉の娘）であった。エバよりも四つ年上である。ヒトラーは彼女を溺愛し、ゲリもヒトラーに恋心を抱いていた。

一九三一年九月一八日、その溺愛していたゲリが突然ピストル自殺した。ヒトラーは大きな衝撃を受け、一時は政界からの引退もほのめかした（数日後に復帰）。

ゲリの自殺原因は今もって明らかではないが、彼女がヒトラーの自室を片づけている時に、エバからの恋文を発見し、ヒトラーとエバとの関係に激しく嫉妬して、衝動的に自殺したといわれている。

ゲリの血だらけの死体を目の当たりにしたヒトラーは、以後、肉食を断ち、菜食主義を宣言した。

この二人の女性との物語は、あれほど残虐な虐殺を繰り返したヒトラーが、女性に対しては、相当なフェミニストであったことを物語っている。激しい闘争の代償として、ヒトラーは気のおける女性にのみ、唯一、母性的なやすらぎを見いだそうとしていたのであろうか。

第17章 ダレスと愛人メアリのスパイ活動

OSSによるヒトラー暗殺計画

ドイツ国内でのヒトラー暗殺計画には、アメリカOSS[※]（戦略課報局）が加担していた。

戦争が終わりに近づくと、OSSはスイス領内から行なう対ドイツ情報活動に加えて、独自のスパイをドイツ国内に潜入させることを画策した。

創設まもないOSSには派手な成果が必要であった。OSSの工作員は、ほとんど準備もなくパラシュートでドイツに降下しては、ドイツ軍などに発見され、捕らえられた。ドイツ国内にパラシュートで潜入したOSS三四チームのうち、成功したとみられたのはわずかに四チームであった。（ジェフリー・リチェルソン『トップシークレット』）

OSSのアーロン・バンク大尉は「アイアンクロス作戦」を提案した。この作戦は、ドイツ歩兵に扮した一個中隊のスパイをアルプス山中に降下させ、アルプス要塞を攻撃するというOSS最大の作戦であった。

ドノバン[※]はこれに夢中になった。「それならいっそ、ヒトラーを捕らえろと彼は命じた。しかし結局、百数十人をアルプスに降下させ、ヒトラーをさらってこいという作戦は、取りやめになった」（『スパイの世界史』）

ただし、OSSはこうした冒険的な秘密工作ばかりに手を染めていたのではない。中立国スイスにおいて、ドイツの国防軍関係者などと通じて、反ナチスの動きを詳細に探り、その情報を米・英に送り、ドイツにおける抵抗グループによる反ヒトラー・クーデター計画に英・米を支援させようとしていた。

のちのCIA長官、ダレス登場

OSSの最も重要な職員の一人は、スイスで活動したアレン・ダレス[※]（一八九三～一九六九年）で、一九五三年から六一年までCIA長官を務める。

ダレスは一九一六年に国務省に入省し、外交官の道を歩む。彼の初任地は、第一次世界大戦中のウィーンであった。一七年四月にアメリカが第一次世界大戦に参戦すると、オーストリアが交戦相手国となった。そのため、ダレスはウィーンを離れ、中立国であるスイスの首都ベルンのアメリカ公使館に移り、ここで外交官の日常活動と並行してインテリジェンスの活動に携わった。

この時のよく知られたエピソードがある。スイスに亡命中のレーニンがダレスに会いたいと、接近してきた。しかし、ダレスはこれをいいかげんな話だとして退けた。アメリカの協力を諦めたレーニンは、ドイツと取り引きして「封印列車」（注）でロシアに帰国して、ロシア革命の指導者になった、というものである。

大戦後、欧州がロシア革命の影響を受け共産主義になびく状況を見たダレスは、反共産主義の思想を強くする。一九二〇年代、彼は国務省の近東課長となり、近東における石油利権をめぐって、イギリスとしのぎを削った。

一九二六年、北京の大使館勤務を突如、命じられたことをきっかけに、ダレスは国務省を辞めた。その後、国際弁護士としての職歴を経たのち、四〇年にOSSに入局した。

一九四二年一一月初め、ダレスはベルンに向けて旅立った。彼はアメリカ公使のリーガル・アタッシェ（法律担当特別補佐官）の肩書であったが、本当の任務は、同地におけるスパイ組織の確立であった。ダレスは四二年から四五年まで、OSSベルン支局長を務め、欧州におけるスパイ網の構成・運用に従事した。

ダレスがワシントンから与えられた任務の一つは、ドイツの反ナチス地下運動についての情報を集め、この対応策を考えることであった。スイス軍最高司令官（アンリ・ギザン将軍）、軍情報部長（ロジェ・マソン）および全情報組織がひそかにダレスに協力することを了承した。

ダレスは、第一次世界大戦時の友人である旧知のドイツ人から、チューリッヒのドイツ総領事館に副領事として出向していたハンス・ベルント・ギゼヴィウス※を協力者として紹介された。ダレスはギゼヴィウスを通じてドイツ国内の情勢把握に努めた。

（注）一九一七年のロシア二月革命後、ロシアの政治亡命者をロシアに送り返すため、ドイツ領内を無停車で通過させるために徴用した特別列車のこと。縦断中は治外法権を有した。レーニンはこの列車でロシアに帰国した。

ダレスの協力者、ギゼヴィウス

ギゼヴィウスはかつて親衛隊（SS）将校であったが、反ヒトラー派であった。彼は、カナリスの軍情報部から副領事としてスイスに派遣されていた。

ギゼヴィウスはダレスの依頼を受け、ベック陸軍参謀総長、カナリス提督、オスター軍情報部次長などと連絡をとり、その同意のもとに一九四三年一月からダレスと接触を開始した。

ギゼヴィウスは反ヒトラー・グループとの関係で入手した情報をダレスに流し続けた。ダレスは、ドイツ国内の抵抗グループに同情し、彼らを勇気づけるために、「アメリカが何らかの措置をとるべきだ」と上申したが、却下された。

ギゼヴィウスは、やがてドイツ国内で画策されているヒトラー暗殺計画に参加することを決意した。ダレスの反対を押し切り、彼は一九四四年にスイスから姿を消し、七月二〇日の未遂に終わったヒトラー暗殺事件に加わった。（一五二頁参照）

事件後、容疑者に対するゲシュタポの厳しい追及が始まった。ギゼヴィウスがアジトに潜んでいることを知ったダレスは、直ちに「ギゼヴィウスはすでに無事スイスに入国し、姿を消した」という噂を流す偽情報工作を行なった。

ゲシュタポがスイスで必死にギゼヴィウスを追っている時、ダレスは彼の写真を付けたゲシュタポの身分証明書とメダルをひそかにアジトに送り届けた。これによってギゼヴィウスは、堂々と特別任務と称してスイスに帰ることができた。彼はダレスによって救われたのであった。一九四五年一月のことである。

ダレスの愛人兼女性スパイ

こうした中立国ドイツにおいて、ビシー政府の暗号を盗んだシンシアにも劣らない活躍をした女性がいる。彼女の名前はメアリ・バンクロフト[※]（一九〇三〜九七年）である。

彼女は最初の結婚に失敗して、自立を求めて欧州にやってきた。そこで、スイス人の夫（ジャン・ルーフェナハト）と再婚した。また彼女は心理学者カール・グスタフ・ユング（一八七五〜一九六一年）の影響を受けた。

一九四二年末、ベルンにやってきたダレスはメアリをスカウトする。ドイツ語がうまく、スイスの事情に詳しかったからである。メアリの夫はビジネスマンで留守がちであった。退屈していた彼女は、スリルのある仕事に飛び込んでいく。

メアリはダレスの愛人兼スパイになった。二人とも独身ではなく、戦時の恋であった。

その色恋の様子については、海野弘『スパイの世界史』に詳述されている。そこから、主要な記述を引用して説明しよう。

「アレン・ダレスは旧式な男で、メアリのように、現代的で、性についてもこだわらずに話す女ははじめてだったらしい。メアリはSAやSSといったナチの組織におけるホモセクシャルな関係の話をして、ダレスを仰天させたらしい。（中略）メアリは、外交官や教会などでもホモ・コネクションが隠れた力になっている、といい、ダレスをどぎまぎさせた」「ダレスは言ったそうだ。『私たちは、仕事でロマンスを隠すことができるし、またロマンスで仕事を隠すことができる』」

メアリはダレスを心理学者のユングに紹介する。ユングはインテリジェンスに強い興味を持っていた。精神分析も人の心を覗くスパイ術であり、ユング理論はインテリジェンスに応用されたのである。

「ユングはアメリカのスパイマスターに興味を持った。『あなたが彼の耳をとらえたことはよかった』と彼はいった。どういう意味かと聞くと、『彼のように野心家で、権力の座を狙う人間は、適切な判断をしているか、自分を見失っていないかを確かめるために、女性の意見を聞く必要があるんだ。必ずしも女性の意見に従うわけではなく、それに耳を傾け、それを参考にして、決定するためなんだ』とユングはいった」（『スパイの世界史』）

メアリとギゼヴィウスとの接触

ダレスがメアリに与えた任務は、前出のギゼヴィウスとの接触であった。当時のギゼヴィウスは、反ナチスの将校グループによるヒトラー暗殺計画に連合国の支援を得ようと画策していた。まずイギリスに接触したが拒否され、アメリカに打診してきた。ダレスは、この交渉に応じたのである。

女性スパイは男性スパイ間の連絡員として適役である。男同士が秘密の場所でこそこそ接触するのは不自然だが、男女ならば、それは他人が覗いてはならない秘密の交際として処理される。

ダレスのスイスでのスパイ活動の成果はギゼヴィウスによるところが大きい。しかし、彼らが頻繁に会うと、ほかのドイツ機関によって警戒される。その緩衝材としてメアリの果たした役割は大きい。

ギゼヴィウスは手記を英文で出版したがっていた。メアリがその翻訳をすることになった。その仕事で付き合っているうちに二人に愛情が芽生えた。メアリはギゼヴィウスとの間にテレパシーが働くのを感じた。ダレスは馬鹿馬鹿しいと言ったが、ユングは二人が精神的に同じタイプであると言った。

メアリは、ダレスとギゼヴィウスの二人と恋愛関係になるが、互いに嫉妬心は起きない。なぜなら、恋愛よりも国家使命が優先されるインテリジェンスの世界であるからだ。まさに「仕事でロマンスを隠すことができるし、またロマンスで仕事を隠すことができる」ということである。

それにつけても、スパイの世界には再々婚、不倫など山ほどある。仕事が秘密なら私生活の秘密も許される。軍人と違って、不倫問題は処罰の対象とはならないのである。

二〇一二年一一月、オバマ大統領が再選されたわずか三日後に、ペトレイアスCIA長官（当時）は自らの不倫を理由に辞任した。インテリジェンスに詳しい春名幹男氏は、ダレスとメアリとの不倫関係を例にして、「CIA工作員の不倫話は山ほどある」「不倫だけでは辞任の理由にならない」と発言した。妙に説得力を感じるのは筆者だけだろうか。

メアリにとっての第二次世界大戦

戦争は終わり、すべては変わった。ダレスはドイツに移り、メアリとギゼヴィウスの関係もしっくりいかなくなった。彼らを結んでいた戦争という糸が切れ、ばらばらになった。メアリは夫のジャンとも別れ、一九五三年にアメリカに戻った。

メアリはアメリカで、雑誌『ライフ』の編集長で反日で知られるヘンリー・ルースや、映画監督のウディ・アレンなどと交友し、複数の小説を書いた。

ギゼヴィウスはアメリカで暮らしたいと思ったがうまくいかず、欧州をさまよい、一九七四年に没した。彼は『無残な結末―ヒトラー暗殺計画のインサイダーの報告』（一九四七年）を出版した。この本の序文をアレン・ダレスが書いた。

ギゼヴィウスは戦後、結婚したが、メアリとの手紙のやりとりは一九七四年の彼の死まで続いた。

一九六九年、アレン・ダレスが没した。そのことがメアリに、第二次世界大戦の思い出を書くことを決心させる。『あるスパイの自伝』に彼女は次のように書いた。

「それぞれの世代は自分の戦争を持たなければならないようだ。第二次世界大戦は確かに私の戦争であった。それは私を、私の人生を、そして私の世界観のすべてを変えた。それ以来、すべてのものを以前のようには見られなくなった」（『スパイの世界史』）

第二次世界大戦は、良くも悪くも世界の戦略図を塗り替え、そこに生きる人々の人生観に影響を与え、それがのちの世界へと受け継がれることになった。

チャーチル、スターリン、ルーズベルト、ヒトラー、ゾルゲ、ダレスなど歴史を動かした男たちの中で、微細ながらも重要な役割を演じた多くの女性がいた。メアリは間違いなくその一人であった。

◆冷戦期

第18章 冷戦とソ連の情報工作

冷戦の開始

第二次世界大戦が終了しても世界は平和に向かわなかった。すなわち、冷たい戦争（Cold War）に入った。冷戦といわれる時期は一九四五年二月の「ヤルタ会談」から八九年一二月の「マルタ会談」までとされる。この期間、米ソが直接交戦することはなかったが、米ソにそれぞれ代表される「二つの世界」が、あらゆる面で厳しく対立した。

東欧には、ソ連の勢力圏に属する社会主義国家群が誕生した。一方のアメリカは西欧諸国に対してマーシャル・プランを実施して経済的に支援するとともに、ＮＡＴＯによる軍事的結合を強化して、社会主義国家群に対する封じ込め政策を展開した。

アジアでは中国における内戦が激化し、北朝鮮ではソ連の援助のもとに金日成を中心に政治体制と軍備の強化が行なわれた。南朝鮮では各地に暴動が発生していた。インドシナ半島ではベトミン軍とフランス軍の戦闘が本格化しつつあった。

中国の共産化（一九四九年一〇月、中共建国）、ソ連の原爆開発（一九四九年八月）、朝鮮戦争の勃発（一九五〇年六月）は、アメリカ人の不安を掻き立てた。こうしたなか、アメリカでは一九五〇年に上院議員マッカーシーを中心に「赤狩り」（共産主義者の排除）が沸騰したのである。

米ソ双方は国連常任理事国として、互いに直接衝突を回避する努力を継続する一方で、相手側の意図や、国力・軍事力ギャップに対する疑心暗鬼に駆られ、水面下での熾烈な情報戦を展開した。その主役となったのはソ連ＫＧＢ(※)とアメリカＣＩＡ(※)であった。

ソ連ではKGBが設立

第二次世界大戦後、ソ連情報機関の再編過程における重要な事象が二つある。第一は、コミンテルンに代わるコミンフォルムの設置である。

大戦間期から第二次世界大戦期にかけて、世界の共産主義化を指導したコミンテルンは、独ソ戦が勃発し、英ソが連合国を形成したことによって存在意義を失い、一九四三年五月に解散した。しかし、コミンテルンの精神までが消滅したわけではない。

大戦後、共産主義勢力の拡大に対抗するアメリカに対し、ソ連は一九四七年九月、ポーランド、ハンガリーなどの東欧六カ国共産党、これにフランス、イタリアの両共産党を加えた情報会議を開催し、一〇月五日、コミンフォルム（共産党・労働者党情報局。本部はベオグラード）を設置した。かくして、コミンテルンが名前を変えてよみがえったのである。

コミンフォルムは、ユーゴ共産党の除名（一九四八年六月）、日本共産党の野坂参三（のさかさんぞう）批判（一九五〇年一月）など、国際共産主義運動を強力に指導した。

一九五三年三月にスターリンが死去すると、ソ連の大国主義に対する各国の批判が集まり、五六年四月にコミンフォルムは解散した。しかし、これによって国際共産主義の連帯が失われたのではないことは、その後の歴史が証明している。

第二の主要事象はKGBの成立である。一九四六年三月からスターリンが死去するまで、ソ連情報機関は内務省（MVD）と国家保安省（MGB）[※]が並列する状況となっていた。（八一頁付図参照）

スターリンの死後、ベリヤ第一副相兼内相は秘密警察と情報組織を掌握し、権力奪取を試みた。すなわち、MVDとMGBを合併し、MVDに一本化し（一九五三年三月）、自ら内相となった。しかし、軍首脳と結託したマレンコフの反対によってベリヤは逮捕され、一九五三年一二月に処刑された。

ベリヤの処刑によって、MVD内部は大いに動揺し、一九五四年には情報組織員の大物が相次いで亡命した。日本においては駐日機関員のラストボロフ中佐が同年一月二四日、アメリカに亡命した。

マレンコフ政権は、ベリヤが率いていた〝悪の秘密警察〟の解体に取り組んだ。そして、一九五四年三月、MVDから国家保安部門を分離させ、国家保安委員会(KGB)を設立した(なおMVDは国内治安専任の機関となり、フルシチョフ時代になって権限は大幅に縮小)。

KGBの設立により、ソ連情報機関は、KGBと国内政争に巻き込まれることなく生き残った軍情報機関のGRU(※)の二本柱となった。

KGBは国内外における防諜、国外における政治・経済・科学技術情報の収集、破壊活動・偽情報の流布などの秘密工作を広範に展開する総合情報機構として発展していくことになる。

一方のGRUは主として軍事情報の収集を主任務とした。ただし、軍事に関連する政治・経済・科学技術情報の収集のほか秘密工作、非合法工作まで携わった。

アメリカではCIAが創設

一方のアメリカにおける情報組織再編についてみておこう。

アメリカは、軍隊の復員を開始すると同時に、一九四五年九月、大戦中に二万二〇〇〇人まで膨れ上がっていた戦略諜報局(OSS)(※)を解散させた。

世界に共産主義が拡大するなか、トルーマン米大統領は一九四七年、OSSをもとに中央情報局(CIA)(※)を発足させた。五三年にアイゼンハワー政権下で不世出(ふせいしゅつ)のアレン・ダレス(※)が長官に就任するとCIAの規模は急速に拡大した。

一方、第二次世界大戦期に暗号戦で活躍した陸軍の通信諜報部(SIS)と、海軍の海軍作戦部第二〇部G課(OP-20-G)(※)を基礎に、一九五二年一一月、トルーマン大統領は国家安全保障局(NSA)(※)を設置した。軍においては、六一年一〇月、国防情報局(DIA)(※)が設置された。

かくして、一九〇八年に設立された防諜機関の連邦捜査局(FBI)(※)に加え、CIA、NSA、DI

Aが相次いで設立され、ここに今日のアメリカが誇る四大情報組織の礎が築かれたのであった。

これら情報組織は、ソ連の共産主義の革命輸出に対して敢然と立ち向かって数々の実績も残したが、同時に多くの失敗も重ねた。

「ハル・ノート」にソ連スパイの陰

太平洋戦争の口火となる真珠湾攻撃（一九四一年一二月）は、日本の開戦通告が攻撃開始後の四〇分後になったことから、ルーズベルト大統領率いるアメリカ政府は、日本軍の〝卑怯なだまし討ち〟を喧伝し、「リメンバー・パールハーバー」をスローガンに、一気呵成に報復気運をあおった。

しかし、ルーズベルト大統領はすでに蒋介石軍を支援し、厳しい対日経済制裁を発動し、対日決戦を行なう意志を固めていた。

これが日本にとって「のど元をつかまれた」かたちになり、日本が真珠湾攻撃を決意した、というのが歴史の流れであることを見逃してはならない。

日本が対米戦争を最終的に決定した契機となったのが「ハル・ノート」である。このノートを最後通告と解釈した日本は、これが提出された翌日の一一月二六日（日本時間二七日）、アメリカとの交渉の打ち切りを決定した。

このノートの作成には財務省次官ハリー・デクスター・ホワイト(※)（一八九二〜一九四八年）が関わっていた。ホワイトは一九四一年一一月一七日、「ハル・ノート」の原案を財務長官ヘンリー・モーゲンソーに提出した（なお、この原案は「モーゲンソー案」あるいは「ホワイト・モーゲンソー案」といわれている）。

モーゲンソーは翌一八日に、「モーゲンソー案」をハル国務長官に提出した。国務省極東部は、この原案を参考にして、二二日に「国務省基礎案」を作成した。これが四日後の二六日に「ハル・ノート」としてわが国に提示された。

実は、この「ハル・ノート」の原案作成に関与したホワイトは一九九五年に公開された「ヴェノナ(※)文書」によって、ソ連のスパイであったことが判明したのである。これについては後述する。

対日爆撃計画にもソ連スパイの影

真珠湾攻撃以前には、アメリカがわが国を攻撃するという作戦計画もあった。これは三五〇機のカーチス戦闘機、一五〇機のロッキード・ハドソン爆撃機を使用し、木造住宅の多い日本民家に効果のある焼夷弾を使用するというものであった。

すでに米軍の最新鋭戦闘機とパイロット約一〇〇人、地上要員約二〇〇人のフライング・タイガーと呼ばれる一隊が、義勇兵を装って蔣介石軍に参加していた。つまり、この戦闘機部隊に爆撃機を加えて、日本本土を直接攻撃するという計画が粛々と進んでいたのである。

実際には、欧州戦線への爆撃機投入を優先したため、この計画は実施が遅れてその前に真珠湾攻撃となった。だからといって、アメリカの行動が結果オーライであるはずはない。この爆撃計画は明らかな中立義務違反なのである。

もう少し、爆撃計画について見ていこう。この計画の推進者はロークリン・カリー[※]（一九〇二〜九三年）であった。彼はカナダ生まれの経済学者で、一九三九年から四五年までルーズベルト大統領の補佐官（経済担当）を務めた。四一年初頭には対日戦略を調整するため、アメリカの中国支援担当特使に任命され、ルーズベルト大統領と中国国民党の蔣介石主席の橋渡し役をしていた。

カリーもまた、「ヴェノナ文書」によって、共産主義者であり、かつソ連のスパイであったことが判明したのである。

アメリカの対日戦争の前哨戦ともいえる対日爆撃計画と「ハル・ノート」の原案作成にアメリカ政権内部の高官がソ連のスパイとして関与していたとは驚きである。

「ヤルタ協定」にもソ連スパイの陰

さて、冷戦の出発点とされる「ヤルタ協定」であるが、この協定は、一九四五年二月一一日、ルーズベルト、チャーチル、スターリンの連合国三首脳が集まり、秘密裏にまとめられた（その全貌の公表は一九四六年二月一一日）。

ヤルタ会談に出席したルーズベルトに随行した、当時の国務長官のエドワード・ステチニアスは、自著『ヤルタ会談の秘密』の中で次のようないきさつを述べている。

「ヤルタ会談中、ルーズベルトは、その軍事顧問たちから、日本の降伏は１９４７年（昭和二十二年）まで実現しないかも知れない。（中略）ソ連の対日参戦がなければ、日本の征服には、アメリカに１００万の死傷者を犠牲に出させるであろうと忠告された」「スターリンはルーズベルトに対して、ソ連の対日参戦には、参戦の大義名分について議会と国民を納得させることが必要であるとし、その条件として、日露戦争により、日本に侵略された権益を回復することを基本とした数項目の条件を示した。ルーズベルトがスターリンの提示した条件を全面的に承認したので、ソ連軍を対日参戦させることが機密のうちに約束された」「ヤルタの秘密協定の中にはソ連の北朝鮮進駐はなかった」

つまり、ヤルタ協定では、ドイツ降伏後のソ連による対日参戦とその条件についての秘密協定が作成された。すなわち、ソ連への樺太南部の返還や千島列島の引き渡しを条件に、アメリカはソ連に対し、対日参戦を要請したのである。

ソ連は、この秘密協定に基づき、一九四五年八月八日、日ソ中立条約（一九四一年四月）を一方的に破棄し、満洲（中国東北）の関東軍に攻撃を開始した。これが決定打となり、日本はポツダム宣言を受諾したのである。

ヤルタの秘密協定にはソ連による北朝鮮進駐はなかったが、少しの危機意識があればソ連が進駐してくることは容易に想定できたはずである。にもかかわらず、アメリカの見通しの甘さは、原子爆弾の実験成功（一九四五年七月四日）と、有力な戦略空軍を擁しているとの慢心からきたのであろう。今日の不正常な北方領土問題も「ヤルタ協定」に端を発する。つまり、この秘密協定は、わが国の戦後史において、抜こうにも抜けないトゲを刺したのであった。

実はこの「ヤルタ協定」にもソ連のスパイの影がちらついている。というのは、ルーズベルト大統領にともなってヤルタ会談に参加した政府高官がソ連のスパイであることがのちに判明したからである。

その男の名前はアルジャー・ヒス[※]（一九〇四～九六年）である。ヒスは「ヤルタ協定」に参加したのち、サンフランシスコ会議事務総長、第一回国連総会アメリカ主席顧問などを歴任した。まさにルーズベルト大統領の片腕として外交の檜舞台で活躍した人物であった。

一九四八年八月、ヒスは突然、米下院の非米活動委員会に召喚された。三四年から三七年まで、国務省の機密書類をソ連に引き渡していたという嫌疑であった。そして、二度の裁判にかけられた。

ヒスは容疑を真っ向から否定した。結局、彼がソ連のスパイであるとの断定には至らなかったが、一九五〇年、ヒスに対して偽証罪で懲役五年が下され、彼は五一年三月から五四年一一月まで刑務所に収監された。

その後、ヒスは数冊の著書を出版し、世間に無実を訴え続けた。その代表作には、一九八八年に出版された『Alger Hiss; Recollections of a Life』（邦訳『汚名―アルジャー・ヒス回想録』）がある。

冤罪を訴え続けるヒスに対し、アメリカ世論は次第にヒスに味方し、アメリカ政府の行き過ぎた〝赤狩り〟を批判した。一九九二年、ロシア側の調査でヒスのスパイ活動は否定され、いったんは彼の潔白が証明された。

しかし、ヒスもまた「ヴェノナ文書」によってソ連のスパイであるとの事実を裏付けられたのである。

「ヴェノナ文書」とは第二次大戦後半から一九八〇年まで、アメリカの陸軍情報部および第二次大戦後に設置されたＮＳＡ（国家安全保障局）と、イギリスの情報機関が協力して行なった、モスクワとアメリカ国内のソ連大使館およびソ連スパイとの間で行なわれた暗号交信記録を傍受・解読したものである。この解読作業によって一九四六年には、アメリカは政権内部にソ連のスパイが巣くっているとの重要情報をつかんでいた。

しかし、「ヴェノナ文書」と暗号解読作業の存在は、米ソ冷戦期のさなか秘匿され続けてきた。冷戦が終わり、ソ連崩壊とともに旧ソ連の秘密情報が一部公開され、これとともに「ヴェノナ文書」の存在を裏付ける史料が見つかり、一九九五年に「ヴェノナ文書」の内容の一部が公開されたのである。

この「ヴェノナ文書」の信憑性について疑義を唱える声もあるが、この文書は長年のシギントの膨大な集成記録である。事実の解釈には多少の幅は出てくるが、あとから意図的に事象を作成する、事実を捏造するというのは極めて困難である。シギント担当者であれば「辻褄合わせは、ほぼ不可能であり、常識的に信憑性は高い」と判断するのが妥当である。

ソ連による対日工作はあったのか?

ところで、今日も太平洋戦争におけるさまざまな対日工作説が取り沙汰されている。代表的なものには、ルーズベルト大統領が日本軍による真珠湾攻撃を事前に知っていながら、国内の戦争気運を盛り上げるため、日本に先制攻撃を行なわせたというものである。この工作説については、すでに歴史家諸氏による検証が数多く行なわれているので、ここでの言及はしない。

もう一つは、前述のように、アメリカ政権内にソ連のスパイが巣くっていたことを根拠に、ソ連による対日工作があったとする指摘である。すなわち、ソ連が独ソ戦争を有利に戦うために日米開戦を画策した、という説である。

実際、「ハル・ノート」の原案を作成したデクスター・ホワイト財務省次官に対するソ連情報機関による情報工作はあった。これは、ソ連NKGB(※)(NKVDの後継組織)の在米責任者であったイスハーク・アフメロフ(※)(一九〇一〜七六年)、NKGBのアメリカ部副部長であったピタリー・パブロフによって行なわれた。

先にアメリカで活動していたアフメロフの仲介で、パブロフは一九四一年五月にホワイトに会った。そして一枚のメモをホワイトに手渡した。なお、これはホワイトの名前、白から連想される「スノー（雪）作戦」と呼ばれた。

これに関して須藤眞志氏は、自著『ハル・ノートを書いた男』において、NHK取材に対するパブロフの発言（一九九七年九月）、「モーゲンソー案」と「国務省基礎案」および「ハル・ノート（国務省最終案）」との内容比較などから、「スノー作戦」を通じてのソ連工作説には根拠がないと結論付けている。

須藤氏の緻密で説得力がある分析にはまったくの異論はないが、当時のソ連の情報工作は「スノー作戦」だけではないことは申し添えておきたい。アメリカの政権内のさまざまな領域にスパイ網が浸透し、このスパイ網は世界的ネットワークで広範囲に連接され、目に見えないかたちで多面的な情報工作が展開されていたとみられる。わが国におけるゾルゲ工作もその一環であろう。

とにもかくにも当時のソ連は、ドイツと日本からの二正面作戦を警戒していた。したがって、アメリカによる対日圧力の強化、日本と中国国民党との軍事的衝突、日本の南進政策の推進などをソ連が欲し、水面下での情報工作を展開したという説は理にかなっている。

アメリカ政権内に広範囲かつ高層まで浸透していたソ連のスパイ網の存在と、当時のソ連が置かれた状況から、いまだに決定的な否定証拠が出ていない以上はソ連による対日秘密工作論を排除することはできない。

いずれにせよ、第二次世界大戦中から引き続く冷戦期において、ソ連がアメリカを舞台にどのようなスパイ活動を展開していたのかを考察することは国際情勢の歴史的潮流、わが国の歴史認識をとらえるうえで重要な視点となるであろう。

第19章 ソ連スパイ網を告発した女性スパイ

ホワイトを告発したベントレー

大戦間期からアメリカ政権内には多くのソ連のスパイが巣くっていた。そのなかで最高ランクの人物が前出したホワイト、カリー、ヒスである。ここでは彼らを告発した女性スパイについて取り上げよう。

第二次世界大戦後のアメリカでは「赤狩り」と呼ばれるマッカーシー旋風（注）がまもなく吹き荒れようとしていた。そのような一九四八年から四九年にかけて、二人の女性スパイが米下院の非米活動委員会に召喚された。その一人はエリザベス・ベントレー(※)（一九〇八〜六三年）、もう一人はヘード・マッシング(※)（一九〇〇〜八一年）である。

最初にベントレーについて述べよう。彼女はアメリカ人女性で一九三〇年代から四〇年代にかけてソ連のスパイであったが、一九四五年一一月に転向してFBIの協力者になった。

彼女は一九四八年七月末の米下院の非米活動委員会の証言台に立ち、GRU(※)（ソ連赤軍情報部）の在米責任者であるボリス・ブコフ大佐が一九三〇年代から、アメリカ政権内部にソ連のスパイ網を構築していることや、ルーズベルト政権の重要ポストに相当数のソ連のスパイが浸透していることを告発した。

彼女が告発した最大の大物がデクスター・ホワイト(※)財務省次官である。彼女は「ホワイトに直接会ったことはないが、彼はワシントンの共産党エリート分子の一人だった。ホワイトは共産党党員や同調者を政府機関の影響力のある地位に就けるために自分の地位を利用した」などと述べた。

彼女の告発に対してホワイトは「自分は共産党員ではない。反米活動にも従事していない」と応じた。しかし、ホワイトは非米活動委員会に召喚された三日後に、持病の心臓発作によって突然死した。これらが、ますますホワイトの疑惑を呼んだ。

ベントレーは、前出のロークリン・カリー[※]大統領補佐官についてもソ連のスパイであることを告発した。彼女の告発によりカリーは非米活動委員会の追及を受けた。彼もホワイトと同様に、最後まで容疑を否認した。そして一九五四年にアメリカ市民権を失い、南米コロンビアに移住し、そこで九三年に死亡した。

すでに述べたように、ホワイト、カリーは日米戦争を回顧するうえで重要な人物である。この二人が共産主義であることを告発した女性スパイとはいかなる人物であったか。そのスパイ活動歴を追跡してみよう。

（注）ジョセフ・マッカーシー上院議員によって行なわれた共産主義者の摘発。一九五〇年二月、同議員は国務省に五七人の共産主義者がいると演説。この演説により、米国で〝赤狩り〟が吹き荒れた。

恋愛からスパイ活動に着手

エリザベス・ベントレーは一九〇八年、コネチカット州のニューミルフォードで生まれた。幼少期にニューヨークに移り住み、バッサー女子大学に入学、そこで英語、イタリア語、フランス語を履修した。

その後、コロンビア大学院に進み、在学中にイタリアに一年間留学し、そこでファシスト党の活動に参加した。しかし、ムッソリーニのファシズムを嫌悪し、逆に反ファシズムの活動に興味を持った。

一九三四年七月に彼女は帰国し、「反戦争・ファシズム連合」の会合に参加するようになり、ここの会員に影響を受けてアメリカ共産党に入党した。

ベントレーが本格的にスパイ活動を始めたのは一

九三九年頃のことで、ある大物スパイの影響による。その人物とはNKVD(※)(のちにNKGBに改編)の指導者ヤコブ・ゴロス(※)(一八八九〜一九四三年)である。

ゴロスはウクライナ人であったが、一九一五年に帰化してアメリカ人になっていた。表向きはニューヨークで旅行会社を経営していたが、実態はバリバリの共産党員であった。彼は当時五〇歳で、背は低く(ベントレーより一八センチ低い)、見栄えは良いとはいえなかったが、エネルギッシュで女性を魅了した。

ベントレーは熱心なキリスト教信者である母親から厳しく育てられた。身長は一八〇センチ近くもあり、女性としては大柄で、性格は恥ずかしがり屋、外見もぱっとしなくて、学生時代には特定のボーイフレンドもいなかった。一方、ファシズムへの傾斜と反発、反戦と共産主義イデオロギーへの信奉など、自らの社会性を追求する多感な女性でもあった。

そのようなベントレーが、共産主義活動に殉ずる熱烈な闘士ゴロスとの恋に落ちるには時間はかからなかった。ベントレーは年齢が大きく離れたゴロスを心底愛した。彼女は表向きには共産党を脱退し、隠れ共産党員として、ゴロスのスパイ活動を手伝うようになった。

一九四〇年、「外国エージェント登録法」(一九三八年制定)に基づき、司法省はゴロスに対する監視を開始した。身動きのとれなくなったゴロスは、ソ連のスパイ網に対する連絡任務をベントレーに委ねるようになった。

また、彼がスパイ活動の隠れ蓑として経営していた旅行会社の経営にも、彼女を副社長として参画させた。

ベントレーが連絡・運用した主要なスパイ網は「シルバーマスター・グループ」と呼ばれた。このグループの中心人物は、財務省高官のネイザン・グレゴリー・シルバーマスター(※)(一八九八〜一九六四年)である。

一九四三年、ゴロスは深刻な心臓発作に見舞われた。そこで、アメリカ共産党書記長アール・ブラウダー(※)(一八九一〜一九七三年)との会合で、ゴロスに代わって、ベントレーがシルバーマスター・グループとモスクワとの連絡任務を担うことが決定された。前出のホワイトやカリーは、このグループに所属していた。

ベントレー、FBIの協力者になる

ゴロスの病気により、ベントレーを運用する新たなソ連人責任者はイスハーク・アフメロフ(※)に代わった。彼はNKGBの非合法工作員である。アフメロフはモスクワの指示で、彼女を連絡任務から排除し、シルバーマスター・グループを直轄運用しようとした。

しかし、ベントレーはブラウダーを味方にして、いったんはアフメロフの圧力に抗することに成功した。実際、彼女の連絡任務は、ビクター・パーロ(戦時工業生産委員会の高官)のグループまで拡張した。このグループは上院議員、財務省になどに協力者網を展開していた。

ゴロスは一九四三年一一月二七日、心臓発作によって死亡した。ベントレーはイタリア留学時の頃から、うつ病とアルコール依存症を患っていた。ゴロスに先立たれた悲しみと、アフメロフらの圧力にさいなまれ、さらにアルコールに溺れた。仕事上でも重大なミスをおかすようになった。

アフメロフはスパイ活動からベントレーを排除するようブラウダーに圧力をかけた。一九四四年一月、ついにブラウダーはアフメロフの圧力に屈し、シルバーマスター・グループはNKGBの直轄に置かれた。

ベントレーは転向後、「この事件が共産党から転向する契機となった。ブラウダーは、しょせんは操り人形で、モスクワの誰かが糸を引いていた」と述べた。

一九四四年末、ベントレーはパーロ・グループに対する運用からも手を引いた。モスクワは彼女に対

し、旅行会社の副社長からも辞任するよう迫った。

一九四五年、ベントレーはＦＢＩと、ソ連が派遣したソ連人スパイの両方から厳しく監視されるようになった。ソ連は彼女をソ連に亡命させようとしたが、彼女は亡命先で粛清されることを警戒し、これに応じなかった。

一九四五年八月、アフメロフの後任のＮＫＧＢの在米責任者であるアナトリー・ゴロスキー(※)（一九〇七～八〇年）との会合で、酒に酔ったベントレーはゴロスキーに向かって、怒りにまかせた暴言を吐き、共産主義から転向するかもしれないと脅した。

重大事であると見たゴロスキーは、ベントレーを粛清してよいかモスクワに打診したが、自制するよう諭されたのでなんとか命拾いした。

ベントレーは次第に身の危険を感じるようになり、一九四五年一一月、ＦＢＩのニューヨーク事務所に駆け込み、特別捜査官に、すべてを告発することを決意した。

彼女の告発によれば、アメリカ政権内部に巣くっていているソ連のスパイは一五〇人近くに上り、カナダ駐在のソ連大使館の軍事暗号官（ＧＲＵ中尉）であるイーゴリ・セルゲイビッチ・グーゼンコ（一九一九～八二年）、『タイム』誌の名物編集者であるウイタカー・チェンバーズ(※)（一九〇一～八一年）らの名前を挙げた。

グーゼンコはすでに一九四五年九月にカナダに亡命していた。後述するが、この亡命事件は、ソ連が核兵器に関する情報を狙ってアメリカ国内にソ連のスパイを浸透させていることを知るきっかけとなった重要な事件である。しかし、カナダ政府はその事実をすぐには公表していなかった（公表は一九四六年三月）。だから、この時点で、グーゼンコの存在を語る彼女の話は本物だとＦＢＩは確信したのである。

「ヒスはスパイだ」チェンバーズの告発

一九四八年七月三一日、まずベントレーが下院非米活動委員会の証言台に立った。さらに八月三日、彼女の発言から容疑者として名前が挙がった名物編集者のチェンバーズが重要参考人として喚問された。ただし、彼はすでに一九三〇年代末に共産主義から転向し、四二年からFBIがひそかに接触していた。チェンバーズは、強烈な反ファシズムであったが、独ソ不可侵条約（一九三九年八月）に嫌気がさして、転向を決意したという。

チェンバーズは、ホワイト財務省次官がアメリカ共産党員であること、彼に直接会って共産党から離脱するよう勧めたことなどを述べた。またチェンバーズの口から飛び出したのが「ヤルタ会談」に参加したアルジャー・ヒスである。彼は「アルジャー・ヒスがアメリカ共産党に所属し、一九三六年と三七年に国務省の機密書類をソ連に渡していた」と述べた。

これに対し、ヒスはチェンバーズの告発を事実無根として、非米活動委員会で発言する機会を求めた。一九四八年八月五日に開かれた同会の聴聞会で、ヒスはチェンバーズという男はまったく知らないと発言した。

頭脳明晰なヒスは、委員会メンバーの執拗な質問攻めにも、沈着冷静に答え、容疑を一つ一つ否認した。委員たちは彼が潔白だという印象を受けた。しかし、当時下院議員であったリチャード・ニクソンだけは引き下がらなかった。さすが、のちに米大統領になる男である。しかし、その彼が情報組織によるスパイ活動を過信し、「ウォーター・ゲート事件」でよもや失脚するとは、誰が予想しただろうか。

第20章
ソ連スパイ網を告発したもう一人のスパイ

マッシングの告発

チェンバーズの発言を契機にアルジャー・ヒスの容疑をめぐる裁判が開始された。一九四八年から五〇年にかけて新聞はヒスを激しく非難し、ヒスは二度の裁判を受けた。こうしたなか、当時ヒスの証人として世論を騒がせたのが、もう一人の女性スパイがヘード・マッシング(※)である。

彼女はソ連情報機関GPU(※)(のちにNKVD、NKGB)の要員として一九三〇年代に欧州やアメリカでソ連のためのスパイ活動に従事した。

一九三七年にスパイ活動から足を洗い、まもなくしてFBIの協力者になった。そして四九年一一月、ヒスの二回目の裁判における重要証人として召喚された。

マッシングはヒスがソ連のスパイであることや、国務省の高級官僚であったノエル・フィールド(※)(一九〇四~七〇年)をどちらのグループ(彼女のグループはNKGB、ヒスのグループはGRU)に組み入れるかをめぐって、一九三五年の秋にノエルの自宅でヒスと会って話をしたなどのいきさつを述べた。これに対し、ヒスは彼女のことは知らないし、会ったこともないと否定した。

結局、裁判ではヒスがソ連のスパイであるとの断定までには至らなかったが、一九五〇年一月、ヒスは偽証罪で懲役五年の判決が下され(ヒスはただちに上訴、一九五一年三月に最高裁で上告棄却)、五一年三月から五四年一一月まで刑務所に収監された。

マッシングのスパイ活動

マッシングは一九五一年に、自らの回想録『This Deception』（邦訳『女スパイの道』）を執筆した。モスクワによって粛清されそうになりながら、生きながらえることのできた数少ない共産主義者の貴重な自叙伝である。

ここには彼女の半生の経験を通して、当時のソ連共産主義の全貌、すなわち党生活の魅力、党幹部の人間像、党生活の不自然さ、常につきまとう暗い影があまねく描写されている。同書によりマッシングのスパイ活動歴とソ連共産主義の〝光と影〟を探ってみよう。

マッシングは一九〇〇年、オーストリアに生まれた。二一年に最初の夫となるゲルハルト・アイスラー(※)と結婚し、しだいに共産主義に共鳴していった。その後、アメリカ生まれの共産主義者ジュリアン・ガンベルとの再婚を経て、三人目の結婚相手となったのが、共産主義者であり農業研究者のポール・マッシング（一九〇二〜七九年）であった。

一九二九年末、夫のポールは農業研究者として働くためにモスクワに赴任した。ベルリンに一人残った彼女は、心理学の研究を始める一方で、共産党の地区集会などに参加した。

退屈な日々を過ごしていたマッシングにある日、劇的な変化が訪れた。古い友人であるリヒャルト・ゾルゲと再会したのである。彼女は数年前に当時の夫ジュリアンとともにチューリンゲンのマルキスト学習会でゾルゲに出会った。その後、彼女とゾルゲは遠く離れていたが、交際は続いていた。

ゾルゲは彼女に一人の男性を紹介した。イグナス・ライス(※)である。のちにライスはスターリンに反旗を翻して、NKVDによって暗殺された伝説的なスパイマスターである。（八六頁参照）

マッシングはライスとたびたび接触し、彼から初歩的なスパイ活動の手ほどきを受けた。秘密の暗号を使う、周囲に気づかれずに相手と接触する、尾行をまくなどの方法である。

やがてマッシングは、ライスに対してモスクワに行く計画を告げて、その実現を橋渡ししてくれるよう懇願した。しかし、彼はゾルゲ同様に、マッシングのモスクワ行きを断念させようとした。おそらく、若い熱心なイデオロギストである彼女がソ連の現実を見ることで、共産主義に抱いている理想が打ちひしがれることを懸念したのであろう。

一九三〇年、マッシングは夫のポールのあとを追ってモスクワに行った。そこで外国語学校で上級ドイツ語の教師をしながら、コミンテルン司令部の要員、各国から派遣されている共産主義者たちと交流した。ソ連の対外政策論の研究家にして著名な新聞記者であるルイス・フィッシャー、その妻で著述家のマルクーシャ・フィッシャーとも知り合った。最初の夫であるゲルハルト・アイスラーと彼の妻になったエリ（マッシングの妹）とも再会した。時折、モスクワを訪れたライスとも会った。

一九三一年春、マッシングはポールとともにドイツに帰国した。その頃、ドイツでは経済苦境から共産党が躍進する一方で、ナチス党のファシズムが急激に台頭していた。そうしたなか、ヒトラーと戦うために、彼女はスパイ活動を本格的に行なうことを決意し、共産党地方支部から離脱し、水面下の活動を開始した。同時に彼女はスパイ活動によって潤沢な金銭的報酬を得るようになった。

一九三三年一〇月、マッシングは新たな任務のためアメリカに向かった。そこでソ連人監督官のバレンタイ・マーキン（ウォルター）と接触した。彼はブャチェスラフ・モロトフ首相（一八九〇～一九八六年。戦後は外相などを歴任）が直々に任命した在米NKVDのトップであった。

ウォルターは、ヤン・ベルジン(※)が率いる軍情報組織を一掃してゲンリフ・ヤゴーダ(※)のGPUに統一するなどの功績により、若くして異例の出世をした。しかし、まもなく彼はトロツキー派の烙印を押され、謎の死を遂げることになる。

彼の死亡によりウォルター・グリンケ（ビル）が一九三四年末にマッシングの下に派遣された。さらにビルの上司であるボリス・バザロフ（フレッド）

が三五年五月頃に着任して彼女を監督することになった。

マッシングはフレッドおよびビルが指揮する六〜七人のグループに組み込まれ、アメリカと欧州との間の連絡係（クーリエ）、資金調達、重要人物の獲得などの任務にあたった。

マッシングは国務省官僚であったノエル・フィールドに接触して、彼を仲間に引き込む工作を開始した。ノエルの妻ヘルタがドイツ人であったことなどから、彼女とノエル夫妻には反ファシズムという連帯感が生まれた。彼女はノエルがアメリカ共産党に加盟せずに、彼女の属する秘密機関の一員になるよう説得したのである。

さらにマッシングはノエルの友人である、国務省南米課長のローレンス（ラリー）・ダガン(※)（一九〇五〜四八年）とその妻ヘレンの獲得工作も手がけた。こうして彼女の獲得工作は粛々と進展していった。

ソ連の監視下に置かれたマッシング

マッシングは一九三六年頃から組織活動に不満を持つようになり、組織から離脱したいとの思いを吐露するようになった。そのうえ、一九三七年六月、マッシングの欧州における運用者イグナス・ライスがクレムリンに対し公然と反旗を翻した。これにより、ライスの部下であったマッシングは要注意人物として、クレムリンの監視対象になったのである。

ライスは組織と決別するにあたり、マッシング夫妻に二通の手紙を送っていた。それはスターリンに宛てた決別状の写しと、夫妻宛の私信であった。私信には、ライスがどれほど熟考してモスクワとの決別を決めたか、そして二人に行動をともにして欲しいということではないなどが記されていた。

マッシング夫妻が手紙を受け取ってまもなく、モスクワから監査委員の女性が派遣された。ＮＫＶＤ高官のエリザベス・ジュベリンである。彼女は表向きにはヘレンとだけ名乗っていた。

ヘレンは「ライスから手紙が送られて来たか」な

どの確認で、たびたびマッシングに面会した。ヘレンの任務はマッシング夫妻をモスクワに連れ出し、秘密警察本部の管轄下に置くことであった。ヘレンは夫妻に対しモスクワに行くよう執拗に迫った。

一九三七年九月、行方をくらましていたライスがついに暗殺された。マッシング夫妻にとっては無断で組織を脱退すれば命の保証はないという警告となった。

モスクワに行けば生きて帰れる保証はない。しかし、モスクワからの執拗な圧力に抗しきれないと考えたマッシングはある計略を思いついた。それは、アメリカ市民（彼女は二人目の夫であるアメリカ人のジュリアン・ガンベルと訪米した一九二八年にアメリカ市民権を得ていた）としての正式な旅券で合法的にモスクワに行くことであった。つまり、ヘレンが用意した偽の旅券と旅行計画を拒否したのである。

ヘレンを出し抜いたマッシングは夫とともにモスクワを訪問した。そこで友人らと交流する一方、秘密警察本部の査察を受け、当局と心理的駆け引きを展開した。

マッシングはソ連で軟禁あるいは粛清されそうになったが、夫妻がアメリカ旅券を持っていたこと、当時は米ソが良好な国際関係にあったことが功を奏して、奇跡的にアメリカに帰国できた。まさに九死に一生を得たのである。

アメリカに戻った夫妻は身を隠すためにしばらく田舎暮らしをした。それでも、ヘレンは二人の居所を探して執拗に接触を迫った。

身の危険を感じたマッシングは、ライスの妻であるエリザベス・ベントリー（ライス暗殺後、彼女はモスクワの追及をかわし欧州からアメリカに逃亡）の説得でFBIに出頭した。

FBIにとってマッシングは利用価値があった。ソ連のスパイ組織のこと、ゲルハルト・アイスラー（当時、在米の共産主義の責任者になっていた）のことなど、彼女から聞きたい情報は山ほどあった。

自分の利益のためだけに働くエゴイスト的なソ連

情報機関をすっかり嫌悪していたマッシングには、FBIは自由闊達で国民のために真摯に働く、望ましい組織として映った。彼女はFBIにすべてを話すことを決意した。

彼女たちの証言を裏付けた「ヴェノナ文書」

一九四〇年代末の非米活動委員会でのエリザベス・ベントレーやマッシングの証言は当時の米社会に一大センセーションを引き起こしたが、真実としてはとらえられなかった。

逆に彼女たちはFBIに自首していたので、世間からは非米活動委員会にとって都合のよい存在に思われた。つまり、彼女たちに対する証人喚問は非米活動委員会がFBIと組んで行なう「赤狩り」であり、彼女たちはその〝手先〟として世間から非難の目を向けられたのである。

しかし、一九九五年に公開された「ヴェノナ文書」[※]が、彼女たちの疑惑を晴らした。すなわち、彼女らの証言が約半世紀を経て真実であることが証明されたのである。そして狂信的と批判された「赤狩り」は根拠に基づいて行なわれていたことが判明した。

仮に当時「ヴェノナ文書」が公開されていれば、アルジャー・ヒスの頑強な容疑否定は成立しなかったであろう。しかし、当時のアメリカは通信傍受という秘密を守りながら、ソ連のスパイを摘発しなければならなかった。だから共産主義から転向したベントレーらの証人喚問を利用したが、当時ヒスらの巧みな共産主義者の弁術・戦法によって、不幸にも彼女たちの名誉は傷つけられたのであった。

共産主義イデオロギー終焉の前兆

ところで、なぜ彼女たちは共産主義から転向したのか?

まずベントレーが転向した原因は、愛人ゴロスの病死が大きい。最愛者の死により彼女は悲しみにくれ、自暴自棄となり、結果的にソ連スパイの仲介者たる地位と生活保障（金銭報酬）を失った。さらにモスクワから粛清されるという恐怖心にも駆られた。そこで、彼女はＦＢＩに命の保証と経済的支援を求めた。

またゴロスが死でいく過程でモスクワがなんの感情も示さなかったことにベントレーは失望した。彼女の心情に押し寄せたものは共産主義の冷酷さと恐怖であった。個人は権力者の利益を体現する〝コマ〟にすぎないのだと悟り、非人間的な共産主義に失望し、嫌悪した。

一方のマッシングが転向する決定的動機は、運用者ライスの反旗・暗殺だが、彼女はそれ以前に組織を脱退したいという心情を明かしている。おそらく共産主義に対する幻滅は、一九三〇年代初頭のモスクワ滞在から芽生えていたのだろう。

モスクワでマッシングが目にしたものは、飢えた市民の悲惨な生活や「幸福な生活のためにスターリンに感謝せよ」との欺瞞に満ちたスローガン、両親を監視するよう強要された子供たち、嘘の報告ばかりの党会議であった。「階級なき社会」に厳然と存在する階級差別、我が物顔で弱者や国民を愚弄する権力者など、すべてが虚像に飾られた共産主義であった。

それでも、マッシングを共産主義につなぎとめていたものは反ファシズムの精神であったが、一九三六年からのスターリンの大粛清で、共産主義の中に恐怖政治が横行し、ファシズムと区別がつかなくなった。一九三九年八月には、ファシズムと共産主義が連携する独ソ不可侵条約が締結され、独裁主義のみが蔓延した。多くの者が共産主義の恐怖、挫折、諦観から転向して西側への亡命を企てた。彼女もそうした一人であった。

ベントレー、マッシングはともに感受性の強い女性であった。共産主義の裏社会を見た彼女たちは、現実と理想とのギャップをいちはやく感じ取り、自分自身の内部矛盾にさいなまれていたのだろう。

大衆に支持されなくなるとイデオロギーは弱体化する。そして恐怖政治によってのみしか組織を維持する力はなくなる。

スターリン時代からすでに矛盾が生まれていた共産主義はやがて滅亡する運命にあった。彼女たちの転向はその前兆であった。

ＫＧＢの二人の女性スパイは、組織の締め付けと粛清の恐怖におびえ、自由で魅力的な生活にあこがれて西側組織に亡命した。つまり、我が方が魅力ある国家および組織を運営することが、究極的なイデオロギー浸透の防波堤になるのである。

第21章 マンハッタン計画とローゼンバーグ夫妻

マンハッタン計画をめぐるソ連のスパイ活動

前述のとおり「ヴェノナ文書」は、ルーズベルト政権の相当数の高級官僚が共産主義に籠絡され、ソ連のスパイになっていた事実を明らかにした。さらに注目すべきは、この文書がアメリカの核開発関連の情報や物資をソ連がスパイしていた事実を明らかにしたことである。

一九三八年暮れ、ドイツでウランの核分裂が発見され、これを契機にアメリカでも核分裂に関する研究が一斉に開始された。三九年秋に第二次世界大戦が始まると、ドイツで原爆研究が進んでいるという情報がアメリカにもたらされた。ドイツが先に原爆を手にすれば世界はファシズムに制される。こうした危機感を背景に、一九四二年九月、アメリカで核開発の国家プロジェクトが始まり、同年一〇月からイギリスが参加した。

このプロジェクトの実行・管理組織が陸軍マンハッタン工兵管区に設けられたことから「マンハッタン計画」と命名された。責任者は管区司令官のレズリー・リチャード・グローブス准将（一八九六〜一九七〇年。最終階級は中将）であった。

原爆の設計開発と製造は、ニューメキシコ州のロスアラモス研究所で進められた。科学部門のリーダーはロバート・オッペンハイマー（一九〇四〜六七年）で、ナチス・ドイツ支配下の欧州から逃れたニールス・ボーア（一八八五〜一九六二年）、エンリコ・フェルミ（一九〇一〜五四年）など著名な科学者のほか、優秀な技術者も多数集められた。

一九四五年七月四日、アメリカはついに原爆実験に成功し、八月六日に高濃縮ウランを用いた「リトルボーイ」を広島に、八月九日にプルトニウムを用いた「ファットマン」を長崎に投下した。

一方のソ連も遅れをとるまいと核開発を目指した。水面下でのスパイ活動によって原爆製造技術などを盗み出し、一九四九年に原爆実験に成功。やがて中国が核開発競争に参入し、核による冷戦構造が確立されていくのであった。

スウェーデンの愛国者グレタ・カルボ

「マンハッタン計画」に多大な貢献を果たしたニルス・ボーア博士は、一九四〇年代初頭、デンマークで理論物理学の研究を続けていた。彼に着目したのが原爆開発を目指していたナチス・ドイツである。

ボーア博士をドイツの手に渡してはならないと考えた米・英は、ナチス支配下のデンマークからボーア博士をイギリスに脱出させることを計画した。

この脱出のお膳立てをしたのがスウェーデンのイ

ンゲポリ王女であった。デンマーク国王の妹である彼女は、スウェーデン国王に嫁いでいた。また彼女は、著名なスパイマスターであるウィリアム・スティーブンスン[※]（暗号名「イントレピッド」）の協力者の一人であった。

最初、ボーア博士は「デンマークにとどまり、レジスタンスを支援し、亡命科学者を保護するのが自分の義務である」と述べ、研究中止も脱出も拒否した。

そこで、デンマーク国王はボーア博士に手紙を送り、「もはやデンマークでの研究とユダヤ人科学者の保護は不可能になった」と書いた。デンマーク国王はボーア博士を脱出させるために、妹のインゲポリ王女を通じてスウェーデン国王の力添えを求めた。

一九四三年九月、ようやく脱出を承諾したボーア博士は、イギリスSOE[※]（特殊作戦執行部）の護衛下で、高速艇によりデーマークからスウェーデンに脱出した。この時、インゲポリ王女とともにボーアの脱出を手助けしたのが、「ハリウッドの女王」と呼ばれた大女優グレタ・ガルボ[※]（一九〇五～九〇年）である。

ガルボはストックホルムで生まれ、貧乏な家庭環境にあったが、絶世の美女である彼女を世間が放っておくはずもなく、たちまち銀幕の大スターへとのぼりつめた。

しかし、人気絶頂期にあった一九四一年、ガルボは三六歳の若さで銀幕を去り、九〇年四月に八四歳で死去するまで、謎に包まれた後半生を送った。そのような彼女が女性スパイとしてボーア博士の脱出作戦に加わり、原爆をナチスの手に渡さない作戦に一役買っていたとは驚きである。

ガルボはインゲポリ女王と同様に「イントレピッド」の協力者であった。彼女はイントレピッドが中立国スウェーデンから必要な軍需品を買いつけることを手助けした。スウェーデン王室内に親独感情があるという情報でチャーチル首相が心配していた時、それを否定して安心させたのもイントレピッドとガルボであった。（『情報と謀略』）

イントレピッドは彼女を通じてストックホルムでドイツ側のスパイを調査し、ドイツ占領下の欧州から亡命者が脱出するルートを開拓したのである。

スパイ団の総帥アベル大佐を逮捕

原爆保有を目指したのはドイツだけではなかった。ソ連は米・英の「マンハッタン計画」の全貌を解明するために、アメリカ・カナダなどにおけるスパイ網の構築を着々と進めていた。

当時のアメリカにおけるソ連のスパイ団の総帥は、ソ連の伝説的スパイであるルドルフ・イバノビッチ・アベル(※)（一九〇三〜七一年）である。これは偽名で、イギリスの資料では、本名はウィリアム・フィッシャーであり、イギリスで生まれた。両親ともにロシア出身の革命運動家であり、彼は幼少期から革命思想に傾倒した。二〇年にフィッシャー一家はモスクワに帰り、ウィリアムはコミンテルンで通訳として働くようになった。一七歳の時のことである。

一九二七年、ウィリアムはOGPU(※)（のちのKGB）に採用されて本格的なスパイ活動を開始した。四一年の独ソ戦争開始時には欧州で破壊工作に手を染めた。この頃に彼の偽名となるアベルと知り合ったようである。

一九四八年一一月、ウィリアムはアベルの偽名で「マンハッタン計画」を探るべく、非合法にニューヨークに潜伏し、コードネーム「マーク」として活動を開始する。

アベルはアメリカにおいて約九年間、ひっそりと水面下で活動し、アメリカおよびカナダなどに複数の部下やエージェントを持った。その部下たちが歴史をゆるがす大スパイ事件に関与した。これらについては後述する。

一九五七年六月、ＦＢＩが入手した特殊な構造の五セント硬貨の謎が、アベルの部下のヘイハネンＫＧＢ少佐の亡命により明らかになったことが端緒となり、アベルは逮捕された。(注)

アベルの寝室からは、二つに割れる五セント硬貨が発見された。これはモスクワに送る縮小写真を隠し入れる容器であった。ほかにも細工された万年筆や爪切り、カフスボタン、ネジ類が出てきた。

しかし、アベルKGB大佐の逮捕はソ連の情報活動の失敗とはいえない。すでにソ連はアメリカの秘密情報を入手し、一九四九年に核実験に成功しているからである。

（注）アベルは五セント硬貨を中空にした、二つに割れる容器にマイクロフィルムを収めてやりとりしていた。この特殊硬貨が新聞配達の少年を介して偶然にもFBIの手に渡っていた。FBIはこの道具が何に使用されているのか突きとめられずにいたが、ヘイハネン少佐がアメリカに亡命し、スパイ工作に関する自供を始めたために、その目的と、アベルの正体が暴露された。

ソ連暗号解読官グーゼンコの西側亡命

一九四五年九月、アメリカ、カナダなどにおけるソ連スパイ網が摘発される危機的な事件が発生した。オタワに派遣されていた暗号官イーゴリ・セルゲイビッチ・グーゼンコ（※）（一九一九〜八二年）の亡命である。

グーゼンコは西側の自由な生活を求めてカナダ政府に亡命を求めた。当初、カナダ当局は彼の亡命の受け入れを躊躇したが、この頃にカナダで活動していたウィリアム・スティーブンスン（※）がグーゼンコを保護した。

カナダ政府は彼の亡命をしばらく隠しておいたが、一九四六年三月、真っ白な覆面をかぶったグーゼンコが世間に亡命の事実を公表し、世間を驚かせた。

グーゼンコの〝亡命の手みやげ〟は、ソ連の内部資料のコピーであった。その中にはアメリカ・イギリス・カナダの政府高官で、ソ連に獲得されたスパイに関するリストがあった。さらに「マンハッタン計画」の秘密情報をソ連の情報機関が獲得している事実も含まれていた。

グーゼンコの自供から、イギリス人の二人の科学者がソ連側のスパイであることが判明した。アラン・ナン・メイ[※]（一九一一～二〇〇三年）とクラウス・フックス[※]（一九一一～八八年）である。

メイは一九四四年、シカゴで原子炉の研究を開始し、四五年七月の原爆実験成功の時にはモントリオールで働いていた。一九四三年からオタワに駐在のソ連武官ニコライ・サボーチン大佐[※]（～一九四六年）が保有する秘密ファイルによれば、メイは秘密の共産主義シンパであった。

ザボーチン大佐は、駐在武官補佐官のアンゲロフ中尉を使ってメイに接触させた。メイはその補佐官に二度目に会った時にウラン233と235の見本を手渡した。（『智慧の戦い』）

一九四六年二月、イギリスに戻っていたメイはイギリス当局によって逮捕された。

フックスの逮捕はメイの逮捕からずっと遅れた。フックスはベルリンでは物理学を学ぶ一方でドイツ共産党員となった。一九三三年にナチスから逃れてロンドンに移住した。彼は三九年八月にイギリスの市民権を獲得した。しかし、同年九月に第二次世界大戦が始まったため、敵性外国人として収容され、四〇年六月にカナダに抑留者として送られた。

フックスはカナダから帰国したのち、一九四一年五月からイギリスの原爆開発研究に参加した。この頃に、彼はロンドンのソ連大使館に接触してGRU[※]のスパイになったようである。その経緯については後述する。

一九四三年一二月、フックスは一五人のイギリス科学者チームの一員としてアメリカに渡り「マンハッタン計画」に参加した。イギリス情報機関はフックスに思想的な問題があることは知っていたが、彼の科学者としての能力が保安の重要性を上回ったのである。

一九五〇年一月、FBIから受け取った特報によりロンドン警視庁がフックスを逮捕した。同年三月、彼は四〇年の懲役刑に処せられ、同年一二月にイギリスの国籍を剥奪された。

フックスを運用した女性スパイ「ソニア」

フックスがソ連のためのスパイになった過程には、ある大物女性スパイの存在がある。彼女の名前はウルスラ・クチンスキー[※]、コードネームは「ソニア」である。彼女は一九三〇年代の中国で、ゾルゲの恋人としてともに共産主義スパイ活動に殉じた女性である。（一三六頁参照）

フックスはベルリンで、ソニアの兄のユルゲン・クチンスキー[※]（一九〇四〜九七年）を通じてドイツ共産党に入党した。一九四二年にフックスはロンドンで旧知のユルゲンに再会した。フックスはユルゲンに「ソ連に価値ある情報を持っている」と切り出した。

そこでユルゲンは当初、フックスに在英ドイツ大使館付き陸軍武官を紹介した。この武官はドイツ情報機関に所属するソ連GRUの二重スパイであった。この武官が一九四二年七月にソ連に転勤になったので、ユルゲンはフックスを運用する新たな人物を探した。そこで登場するのが妹の「ソニア」である。この頃、彼女はイギリス人と結婚してロンドンに居住し、イギリス内におけるGRUのスパイの運用・管理を任されていた。

すでにソニアの経歴についてはゾルゲとの関係で紹介したが、ゾルゲと別れた以後の活動について少しだけ触れておこう。

ゾルゲが一九三二年に上海を去ったのち、ソニアはモスクワに召還された。三四年、彼女はシベリア経由でモスクワに向かった。その後、満洲、ポーランドで危険な任務に従事した。その活躍が顕著であったため、三七年六月には「赤旗勲章」を授与され、GRU少佐の階級を拝命した。

一九三八年、ソニアは無線機を持つ情報組織のチーフとしてスイスに派遣された。ここで彼女はアラン・フート、のちに夫となるイギリス人のレン・ブリュアなどを率いて、ナチスの情報を収集しては、それを逐一モスクワに送った。

一九四〇年二月、彼女はフートに業務を引き渡し、最初の夫であるルドルフ・ハンブルガーと離婚し、ブリュアと再婚して、スイスからロンドンに移住した。なお、この再婚はロンドンでスパイ活動をさせるためにモスクワが仕組んだものであった。

ソニアとフックスとの接触は一年半にわたって続けられた。その接触は木の根もとの窪みを使ったドロップコンタクトを用いて慎重に行なわれた。彼女がフックスから入手した情報はソ連大使館の軍事アタッシェを通じて、ただちにモスクワに送られた。

一九四三年一二月、フックスはアメリカでの「マンハッタン計画」に参加した。アメリカでのフックスの新たな運用者が、すでに当地で原子力スパイ活動に従事していたソ連情報機関の要員であるハリー・ゴールド[※]（一九一〇～七二年）であった。

フックス逮捕による事件捜査の進展

一九五〇年二月にフックスを逮捕し、その自供により、同年五月、ＦＢＩはハリー・ゴールドを逮捕し、彼を自供に追い込んだ。

ゴールドはアメリカ国内で活動しているソ連スパイ団の首領の一人であるヤコブ・ゴロス[※]が率いるスパイ団のメンバーであった。

一九四五年、ゴロスの元秘書と恋人（前出のエリザベス・ベントレー[※]）が共産主義から離脱し、このスパイ・グループに関する情報をＦＢＩに提供した。この時、ＦＢＩはゴールドの名前を初めて把握したが、彼のスパイ活動に関する具体的な情報は入手できなかった。

一九四九年八月、ＦＢＩ担当官がロスアラモス国立研究所に勤務するフックスを拘束して尋問した。フックスは、五〇年一月頃からソ連のスパイであることを自供し始めた。その自供により、ＦＢＩはようやくゴールドの尻尾を捕まえることができたのである。そして、ゴールドの逮捕がローゼンバーグ夫妻の事件解明につながったのである。

ローゼンバーグ夫妻とは、ジュリアス・ローゼンバーグ[※]（一九一八～五三年）と妻のエセル（一九一五～五三年）である。まずゴールドの自供によってデイビッド・グリーングラス（妻エセルの弟）の容疑が確定した。そしてデイビッドの自供により、ローゼンバーグ夫妻の容疑が浮上したのである。

夫妻でスパイ活動を働いたローゼンバーグ

ローゼンバーグ事件は「電気椅子に消えた夫婦のスパイ事件」として有名である。夫のジュリアスはニューヨーク市立大学出身の電気技師にして共産党員であった。彼に対する容疑は、一九四四年末から四九年にかけて、妻エセル、妻の弟デイビッドとその妻ルース、親友のモートン・ソベル(※)からなる小さなグループを結成し、スパイとして利用できそうな科学者のリストや近接信管の実物などを盗み出し、ハリー・ゴールドに手渡していたというものである。(一九九頁付図参照)

スパイ容疑が発覚してジュリアスらは国外逃亡を試みたが、失敗して全員が逮捕された。裁判の判決はローゼンバーグ夫妻が死刑、デイビッドが懲役一五年で、妻のルースは無罪になった。

ローゼンバーグ夫妻は刑務所から無実を訴え続けた。物的証拠がなにもなく、デイビッドの供述のみを状況証拠としていたため、マスコミが「冤罪事件」として大々的に報道した。世界中の著名人から死刑執行を中止するよう嘆願要請が行なわれた。

しかし、世間の願いはかなわず、一九五三年六月、ニューヨークの刑務所で夫妻に対する死刑が執行された。執行後、獄中から幼い息子(一〇歳と六歳)に宛てた手紙が紹介された。日本でも『ローゼンバーグの手紙―愛は死をこえて』が邦訳出版され、世の人々の涙を誘った。

折しも朝鮮戦争のさなかで、アメリカ国内ではマッカーシー旋風が吹き荒れていた。だから、狂乱の〝赤狩り〟のために夫妻は犠牲になったのだ、これは冤罪事件なのだと、世の多くの人が思った。

しかし、一九九五年の「ヴェノナ文書」の公開により、夫ジュリアスはソ連のスパイであったことが判明した。ただし妻エセルがスパイ活動に携わっていたのか、夫のスパイ活動を知っていたのかなどは明らかにならなかった。関連して、エセルの弟デイビッドは後日、自分の妻（ルース）を守るために姉の罪を故意に重くしたと告白したが、エセルに関する真相は今も謎である。

ソ連原爆開発の功労者「ジョルジョ」

「マンハッタン計画」のスパイ事件にはさらなるスパイが潜んでいた。

二〇〇六年、モスクワのあるアパートの一室で九二歳の男性がひっそりと息を引き取った。隣人によれば、彼は礼儀正しく、無口で知的な人物であった。

ところが、二〇〇七年一一月三日、プーチン・ロシア大統領は彼に「金鵄勲章（きんしくんしょう）」を授与し、「ロシア連邦英雄」の称号を与えた。彼の名前はジョルジョ・コワリ（※）（一九一三〜二〇〇六年）である。

プーチンは「彼のお陰でわが国の核開発期間は劇的に短縮された」とジョルジョの貢献を称えた。実際、ソ連は広島、長崎に原爆が落とされた四年後の一九四九年に原爆の開発に成功したのである。

実は、ジョルジョこそが「マンハッタン計画」の秘密情報を盗み出し、ソ連に情報を送り、原爆をもたらした最大の立役者であった。彼は一九二九年、二六歳でＧＲＵ（軍情報局）のスパイとして採用され、そこで訓練を受けて四〇年にアメリカに潜入し、四四年から四五年にかけて「マンハッタン計画」に参加した。しかし、前出のグーゼンコＧＲＵ中尉がカナダに亡命し西側に寝返ったことで、ジョルジョの存在が米当局にマークされそうになった。そこで彼は危険を察知して四八年一〇月にアメリカを脱出してソ連に帰国し、以後、化学技術大学で教鞭をとった。

内部に深く浸透し、ひっそりと目立たないスパイというものは、優秀なアメリカの防諜機関をもってしても、簡単には摘発できないということである。

第22章 あるスパイ夫婦が関与したスパイ事件

「ポートランド・スパイ事件」とは

独身者よりも夫婦者の方が地域社会に溶け込みやすい。夫婦あるいは、まことしやかに夫婦を装うなど、男女ペアによるスパイ活動は官憲の盲点となりやすい。

ローゼンバーグ夫妻に負けず劣らず有名な、もう一組のスパイがクローガー夫妻である。二人は、アメリカで長い間、プロのスパイであった。

場面はイギリスに移るが、一九六一年に起きた「ポートランド・スパイ事件」の隠れた首謀者がクローガー夫妻なのである。

一九六一年一月七日、ロンドン警視庁は男性二人と女性一人を追跡していた。一人の男の名前は、ゴードン・ロンズデール[※]（一九二二〜七〇年）という。年齢は三八歳、職業は商社員でカナダ人だという。しかし、後述するように彼はソ連海軍将校でロシア情報組織の一員であった。もう一人の男性はハリー・ホートン[※]（一九〇五〜八五年）で五五歳、二五年間イギリス海軍で下士官を務め、その後は海軍文官として働いていた。そして女性はエセル・エリザベス・ジーで四六歳、ホートンの恋人であった。

スパイ活動の現場はイギリス南西部のドーセット州ポートランドにあるイギリス海軍の水中兵器研究所であった。そこには潜水艦と各種の対潜兵器の研究に関する西側同盟国の本部が置かれていた。

このスパイ団の首領はロンズデールである。そして、ホートンが恋人のジーに命じて、ポートランドにある大きな秘密機関から機密書類を盗ませていたのである。

ホートンはイギリス海軍文官としてジーの部署の近くで働いていた。ジーはイギリスの科学者によって開発された攻撃型原子力潜水艦「ドレッドノート」の秘密情報の資料係をしていた。つまり、彼女は極秘情報に接することのできる絶好の職にあった。

逮捕されたクローガー夫妻

ロンズデール、ホートン、ジーの三人の逮捕から、その背後にいる大物スパイが逮捕された。そのスパイとはクローガー夫妻である。彼らの逮捕はロンドン警視庁の優れた監視能力によるところが大であった。この監視の状況をアーサー・ティージェン著『ソ連スパイ網』から要点を整理して再現してみよう。

一九六〇年夏、ロンドン警視庁はホートンが極秘情報を外国の手に流している疑いを持って彼を追跡していた。警視庁はホートンとロンズデールが接触する現場を捉えた。この時は彼らが何を手渡したのか、どんな言葉を交わしたのかわからなかった。しかし、彼らは誰かが見張っていないかどうかをひどく気にしている様子だったので、係官は「何かあることは間違いなし」と判断し、二人の尾行を続けた。

尾行の結果、ロンズデールについては、彼が成功したカナダの実業家らしいという以外に、ＭＩ５もロンドン警視庁も容疑の決め手になる情報は何も得られなかった。そこで、大がかりな監視が開始された。

イギリス情報機関はロンズデールの住居を突きとめ、住居の隣に係官を住まわせ、彼の行動を朝から晩まで監視した。その結果、ロンズデールが、古本屋を経営している中年のクローガー夫妻と接点を持っていることがわかった。しかし、その夫婦がいったい何者なのか、自宅には何があるのか、二人は本当は何をしているのかなど、まったくわからなかった。

六カ月に及ぶ監視と尾行により、ホートンが再び

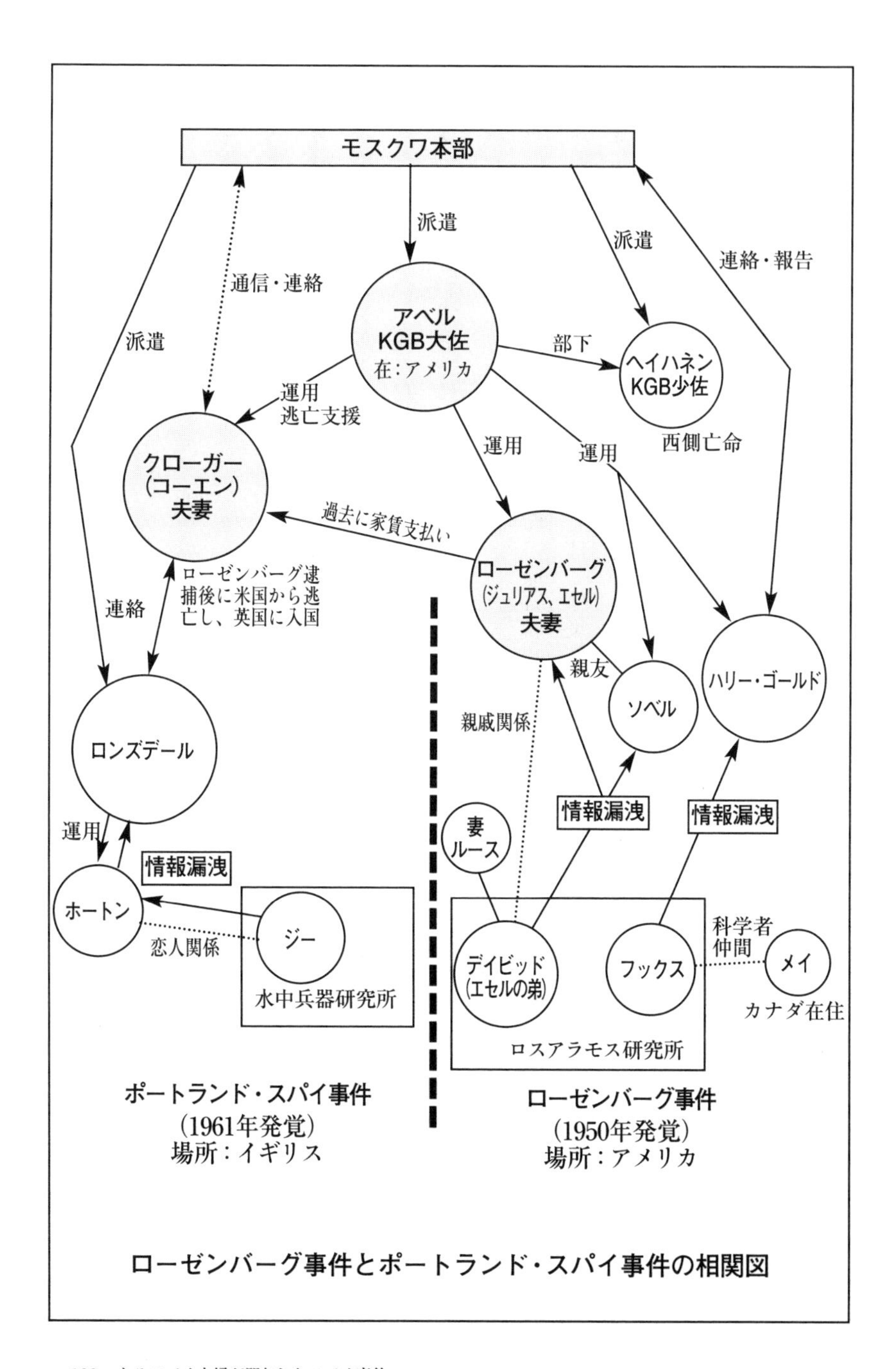

ローゼンバーグ事件とポートランド・スパイ事件の相関図

ロンドンにやってくるという情報をつかんだ。今回は、ホートンは恋人のジーを連れていた。この二人が買い物かごを提げて町を歩いて行くのを尾行していると、前回と同じようにロンズデールが背後から二人に近寄ってきた。

ロンドン警視庁は、ロンズデールが二人から買物かごを受け取ろうとする瞬間に三人を逮捕した。買物かごは「品物」を接受するために前もって用意されていたに違いないと読んだのである。案の定、そこには「ドレッドノート」に関する秘密情報が入っていた。

彼らの容疑を確定したロンドン警視庁の係官は間髪を入れず、ロンズデールがこれまでしばしば接触してきたクローガー夫妻宅に直行し、夫人のハンドバッグからモスクワに送られる直前の暗号を押収することに成功した。さらに夫妻宅の屋上でコンクリートで厳重に隠された通信機を発見した。

夫妻はスパイ団の一味であるホートンとジーが窃取した海軍兵器に関する秘密情報をロンズデールから入手し、それを「マイクロロッド」（写真技術により資料を縮小し、目的地に着いた時に逆に写真技術によって解読する方法）、モールス通信などの方法を使用してモスクワに送信していたのである。

ロンズデールとは何者か？

ロンズデールの本当の名前は複数説あるが、ここではJ・B・ハットン著『スパイ―ソビエト秘密警察学校』により彼の経歴を辿ることにしよう。

彼の本名はソフィヤ・ニコライエブナ・パコモフで一九二二年にソ連で生まれた。彼は青年になって共産党員となり、献身的な働きが認められ、一九四〇年一二月に「秘密諜報局の適材」として推挙された。四一年五月、ゴーリキーにある基礎訓練施設マルクス・エンゲルス学校に送られた。

ドイツによるソ連への電撃作戦が起きたため、ここでの訓練を途中で終えて、彼は軍の現場に送られ、ナチスのスパイ摘発などの任務に従事した。

一九四三年、前線での勤務を終え、ベルコフノイエのレーニン技術学校へ送られ、そこを経て、四四年一二月、彼はガツイナと呼ばれる国外勤務のための特別訓練施設に入校するよう命じられた。彼の活動ぶりと信頼度が優れていた証しである。

ガツイナでは、訓練生は選ばれた国の国籍を与えられ、その国の言語しか話してはならず、ロシア人という身元を忘れ、一〇年以上の訓練を受けることになる。彼はこの学校に到着したその時にゴードン・ロンズデールとなり、給与課で働いていた女性ガリナと結婚した。

ロンズデールはガツイナで最終試験を通って「完全に訓練された有能な局員」として折り紙を付けられた。彼はまずカナダに赴き、そこでゴードン・ロンズデールの名前で身分証明書を要求し、完全にカナダの生活様式に順応するよう命じられた。しかしながら、彼は当初から、最終的にはイギリスに送られることを知っていた。

一九五五年一一月、ロンズデールはカナダのバンクーバーに入り、セールスマンに扮して部屋を借り、運転免許も取得した。同年一二月にトロントに移り、ロンズデールとしての出生証明書を請求した。彼は本物のロンズデールより三歳年上であったが、まったく問題はなかった。

その後、カナダ人のパスポートを取得してアメリカに入国。ここでアベルKGB大佐と会って、イギリスに前進するよう命令を受け、そこでクローガー夫妻と接触するよう指示された。

イギリスに入国後、自動販売機会社、セキュリティ会社などを手がけた。こうしたカバーで彼は頻繁に海外旅行に出かけた。商売は繁盛しているようには見えなかったが、金には不自由しなかった。潤沢な資金がモスクワから送られてきたからである。その資金は、アメリカとスイスを経由してクローガー夫妻に渡り、そこから受け取っていた。

スパイらしからぬスパイ

クローガー夫妻はピーター・クローガーおよびヘレン・クローガーとして世に知られる。しかし、いくつもの偽名を持ち、どうやら本名は夫がモーリス・コーエン[※]（一九一〇〜九五年）、妻がロナ・テレサ・ペテイカ（結婚後はロナ・コーエン）であるらしい。

この二人こそ、一九五〇年にニューヨークでFBIが取り逃がして以来、自由世界の情報組織が一〇年以上も行方を捜していた重要スパイであった。

夫のモーリスは、一九一〇年にロシア移民の父親の子供として生まれた。イリノイ総合大学時代に共産主義運動の一員となり、四一年にオーストラリア移民の娘ロナと結婚した。

モーリスは一九四二年に米陸軍に召集されて軍隊勤務に就き、四五年九月に復員して、以前よりも熱心な共産主義者となった。妻とともにソ連のために働くようになり、党組織から実質上の報酬が申し出られた時、彼はその報酬を拒絶し、言い放った。

「私はお金のためにスパイをしているのではない、共産主義の理想に燃えてスパイをしているのだ」

（『スパイ―ソビエト秘密警察学校』）

一九五〇年、ローゼンバーグ夫妻が逮捕された時、FBIはアメリカ全土で徹底した捜査活動を展開し、スパイおよびその共犯者を次々に検挙した。

その頃、ニューヨークにあったモーリス（クローガー夫妻）のアパートの家賃はローゼンバーグが支払っていた。この夫婦スパイは、FBIがローゼンバーグとの関係について事情聴取したあと、突然と姿をくらましたのである。

二人は無駄遣いをせず、ごく普通の夫婦に見えたが、実際は大物スパイであった。ここにも〝スパイらしからぬスパイ〟が存在したのである。

ロンドンでのクローガー夫妻は地域社会に完全に溶け込んでいた。モスクワからの送金で質素な平屋建てを購入し、そこで頻繁に隣人を呼んでは、ささやかなパーティーを催した。また古本屋の経営者に偽装していたので、家で仕事しようが、商談のために海外に旅しようが、周囲から怪しまれることは決してなかった。

では、なぜクローガー夫妻は官憲によって逮捕されたのか？

通常、スパイ組織は現地の官憲からのマークを外すため、ケース・オフィサー[※]（工作官、オペレーションズ・オフィサーともいう）がエージェント（現地の収集員）と直接接触することはない。すなわち中間連絡員と呼ばれるカットアウト[※]（安全器）を利用する。

カットアウトを使用するのでなければ、第三国で接触する方法（第三国制御方式、拙著『中国が仕掛けるインテリジェンス戦争』参照）がとられる。ゾルゲ事件ではソ連情報機関からの指令受け渡しの場所として香港が利用された。

また「デッド・ドロップ[※]（死んだ隠し場所）」といって、ケース・オフィサーが郵便ポスト、木の根もとの窪み、壁の隙間などに、情報指令あるいは報酬をこっそりと隠しておき、しばらくたって、エージェントがそれを回収するといった手口もある。

さらにデッド・ドロップよりは危険性が高いが、「ブラッシュ・コンタクト[※]（すれ違い接触）」という方法もある。これは、ケース・オフィサーとその組織のエージェントが通路などで瞬間的に接触して、命令・指示・金銭の受け渡しを行なうことである。このほか、「デッド・ドロップ」に対して「リーブ・ドロップ[※]（生きた隠し場所）」といって、人間や動物を仲介として情報を伝達する方法もある。

かつて自衛官の宮永幸久陸将補とソ連のユーリー・コズロフGRU大佐とのスパイ事件（宮永事件）において、ソ連情報機関は宮永陸将補にデッド・ドロップとブラッシュ・コンタクトなどの技法を教えたが、彼らが取り押さえられたのはブラッシュ・コンタクトだったという。

ちなみに最近では、共通のGメールのアカウントを開設して、メールを送信せずに、下書きとして保存して、それを互いに読み合う方法もあるという。これは、二〇一二年に不倫で辞任したペトレイアス元CIA長官が不倫相手との連絡に使ったやり方である。（一六三頁参照）

クローガー夫妻が逮捕されたのは、こうした秘密保全の原則を無視したからだ。なんと、スパイ団の長であるロンズデールが、カットアウトを使用せずに、自らが夫妻宅を直接訪問していたのであるからお粗末である。

当時、クローガー夫妻は「世界で最も有能なスパイ」と言われ、その行方がわからなかった。夫妻の暗号作成、機密保持、偽装的活動はどれも周到だった。仮にロンズデールが通常の用心を怠ることなく、原則どおりに行動していれば、クローガー夫妻が検挙されることはなかったであろう。

スパイ団の黒幕はアベル大佐

クローガー夫妻（コーエン夫妻）はアベルＫＧＢ大佐が徴募したスパイであった。一九四九年、アベル大佐はモーリス・コーエンを仲間に引き入れたが、直接に接触することはなかった。

たとえばコーエン夫妻宅での午餐会の時のことである。カットアウト（中間連絡員）が夫妻に「富裕な実業家」のミルトンを紹介したが、このミルトンがアベル大佐であることを二人は知らなかった。

アベル大佐はローゼンバーグ夫妻も支配下に置いていた。一九五〇年のローゼンバーグ夫妻の逮捕によって、アベルはコーエン夫妻に逮捕の危険が及ぶと考えた。そのため意を決して二人に面会し、すぐにアメリカを脱出するよう指示した。

偽装パスポートと潤沢な活動資金を与えられたコーエン夫妻はカナダ経由でシンガポールに行った。そこで二人はニュージーランドから来たピーター・クローガーとヘレン・クローガーになり済まし、パスポート、結婚証明書および出生証明書を得た。二人は本物のクローガー夫妻はすでに死亡しているのを知っていたのである。（『スパイ―ソビエト秘密警察学校』）

クローガー夫妻になりすましたコーエン夫妻は、シンガポールからソ連に入国した。そこで包括的なスパイ訓練を終えた一九五四年、二人はイギリスに送られた。

モスクワ本部は、アベル大佐にロンズデールをイギリスに派遣するよう指示した。そして大佐はクローガー夫妻に、目立たぬように生活しながら、ロンズデールの到着を待つよう命じた。

一九五五年二月、アベル大佐はニューヨークでロンズデールと接触した。大佐はロンズデールがイギリスで仕事ができるようすべての手配を整え、クローガー夫妻のことも伝えた。一九五七年、そのアベル大佐が逮捕され、彼の所持品からクローガー夫妻の写真が発見された。（『ソ連スパイ網』）

しかし、FBIはこの情報を徹底的に追跡しなかったため、クローガー夫妻のロンドンでのスパイ活動をむざむざ許してしまった。

それにしても、特筆すべきはアベル大佐である。彼は、ローゼンバーグ夫妻の逮捕後七年間もひそかにスパイ活動を続けていたのである。もし部下のヘイハネンKGB少佐の亡命がなければ、彼のスパイ活動はその後もずっと続いていたであろうことは、アメリカ情報機関も認めている。

なお、アベル大佐のスパイ活動の全容を図示すると一九九頁のようになる。


アメリカのロスアラモス研究所を舞台に生起したローゼンバーグ事件（一九五〇年発覚）と、イギリスのポートランド水中兵器研究所を舞台に生起したポートランド・スパイ事件（一九六一年発覚）の黒幕がアベル大佐であることが理解できよう。

スパイ事件が起こるたびに、判で押したように「とてもスパイに見えなかった」という声が聞かれる。これは、まったくばかげている。〝スパイらしいスパイ〟などどこにもいない。本物のスパイは、アベル大佐やこのクローガー夫妻のように、善良な市民として社会秩序を守り、ひっそり生活しているのである。さらに「スリーパー(※)（休眠スパイ）」などは、緊急時に本国から指令が来るまで、まったくスパイ活動をしないため、発見するのは〝至難の業〟である。

わが国で暴露されるスパイ活動は氷山の一角である。水面下のスパイ戦争によって、日本の国益が知らず知らずに侵害されているかもしれないことを深刻に認識すべきであろう。

なお、逮捕されたアベル大佐は一九六二年、U-2機墜落事件のパイロットであるゲーリー・パワーズと「スパイ交換[※]」で釈放された。アベル大佐は六六年二月に「レーニン勲章」を授与され、七一年一一月に死亡した。

第23章 祖国を裏切るスパイたち

「ケンブリッジ・ファイブ」の三人がソ連に亡命

一九五六年二月、英『サンデー・タイムズ』のスクープ記事が全世界を駆けめぐった。大戦間期から第二次世界大戦にかけてイギリス情報機関に巣くったソ連の大物スパイ五人組「ケンブリッジ・ファイブ」のメンバー、ドナルド・マクリーン[※]とガイ・バージェス[※]がモスクワに亡命したことが明らかになったのだ。

二人の亡命は、その後スパイたちの全容があぶり出されるきっかけとなり、ついには五人組最大の大物キム・フィルビー[※]が一九六三年三月にソ連に亡命する事態となった。

亡命時、フィルビーはＭＩ６の対ソ連部署の責任者であり、百人の部下がいた。彼は東側に送り込まれたイギリス側のスパイと、ソ連からイギリスに浸透するスパイの両方を知る立場にあった。さらにアメリカ滞在中はＣＩＡ防諜官のジェイムズ・Ｊ・アングルトン[※]（一九一七〜八七年）と週に一度は食事をともにし、互いに知る極秘情報を交換する関係であった。つまりフィルビーはアメリカの対スパイ浸透作戦をも知る立場にあった。

フィルビーの裏切りに屈辱を受けたアングルトンは、一九七四年一二月にその職を解かれるまで、ＣＩＡ内部に潜入したＫＧＢのスパイ、いわゆる〝モグラ〟狩りにその全精力を傾けることになる。（『現代史を変えた実録！スパイ大作戦』）

大物スパイ「フィルビー」の亡命

「ケンブリッジ・ファイブ」の存在が表面化したかもしれない最初の事件が「ボルコフ事件」である。

一九四五年八月、トルコ駐在のソ連領事であったコンスタンチン・ボルコフ[※]（〜一九四五年）がイギリスの外交官に接近してきた。彼は報酬と庇護を保証してくれれば、トルコにおけるソ連のスパイ網の実態を明かそうと提案してきた。そして彼はイギリス政府内部に三人のスパイがいるとし、二人は外務省に所属し、一人はイギリスの情報組織で防諜をやっていると示唆した。

フィルビーには、それが外務省のバージェスとマクリーン、そして自分であることがすぐにわかった。彼はこの問題を処理するため自らトルコに赴いた。しかし、彼がトルコに到着する前に、ソ連のスパイがボルコフを拉致し、軍用機で連れ去った。フィルビーのソ連への密告によって、ソ連情報機関がボルコフを処理したのである。かくして、フィルビーらは間一髪で危機を免れたが、彼らに対する包囲網は刻一刻と近づいていたのである。

次なる危機が一九五一年頃にやってきた。この頃、米陸軍保安局が第二次大戦中に使用されたソ連の暗号帳を手に入れた。それでソ連の暗号通信を解読すると、原爆をはじめとする米英間の機密がソ連にわたっていることがわかった。そして、「ホーマー」という暗号名のスパイの存在が浮かび上がった。どうやら、このスパイは在米英国大使館に勤務していたことが突きとめられた。

最初に疑惑がもたれたのがマクリーンである。フィルビーは一九四九年からワシントンに赴任し、MI6とCIAとの間の連絡を担当していた。彼はマクリーンに容疑がかかっているのを察知し、このことをバージェスに伝えた。バージェスはそれをマクリーンに伝えた。捜査の手が迫った一九五一年五月、バージェスはマクリーンとともに姿を消した。

外務省のエリート二人が英国から突如姿を消したことで、メディアは大騒ぎし、ソ連への亡命説が噂された。しかし、ソ連はこれを否定した。しかし、実際は、前述のようにこの段階で二人はソ連に亡命していたのである。

バージェスがソ連に亡命したことであわてたのはフィルビーである。一九五〇年、バージェスがワシントンに赴任してきた時、大酒飲みで素行不良な彼の行動に注意するようイギリスから連絡があった。そこでフィルビーは彼を自宅に同居させ、一年近く面倒をみていたのである。そんなバージェスが失踪したのであるから事は重大である。

まもなくフィルビーは二人の失踪事件で裁判を受けた。しかし、フィルビーがスパイであるとの容疑は状況証拠だけで確定的な証拠がなかった。慎重かつ巧妙な答弁、平素の勤務ぶり、生来の血筋の良さなどによって、なんと彼は罪を免れた。そして一九五五年にMI6は免職となるものの、MI6の庇護によってジャーナリストとしての活動を開始し、ベイルートやレバノンで活躍した。

ところが一九六一年に事態が動く。六一年末、KGB大佐のアナトリー・ゴリツィン[※]（一九二六年〜）が米国に亡命した。CIAは、彼から聴取した詳細なレポートをMI6に送った。そこにはフィルビーがソ連スパイ団の一員であることを示す内容が記されていた。

ついに、MI6のサー・ディック・ホワイト部長は、部下の情報部員でフィルビーの親友であるニコラス・エリオットを事情聴取のためベイルートに派遣した。一九六三年一月、フィルビーはエリオットに、自分のスパイ行為を自供し、ロンドンに帰ったらすべてを話すと言った。しかし、フィルビーがロンドンに帰ることはなかった。KGBの手引きでベイルートを脱出したのである。

一九六三年三月、イギリス政府はフィルビーの行方不明を発表した。それと同じくしてソ連の機関紙『イズベスチャ』にフィルビーが亡命したとの記事が、プーシキン広場に立つ彼の写真とともに掲載された。

第四の男がついに逮捕

フィルビーが亡命して以降も、「ケンブリッジ・ファイブ」の四人目の男、アンソニー・ブラント(※)は無事だった。

戦後、ブラントはMI5を辞職し、国王ジョージ六世の絵画鑑定官になった。この仕事はスパイ活動するうえで、完璧な隠れ蓑となった。彼は仲間のスパイのための使い走りをしたり、秘密場所にお金を置いたり、かつてのMI5の同僚との雑談からちょっとした情報を得て流したりした。彼はかけがえのないスパイの支援者となり、ひそかにスパイ活動に従事していた。

MI5のたび重なる尋問に対し、ブラントは否認を続けた。しかし、一九六三年、かつてブラントがスパイに勧誘した米国人のマイケル・W・ストレートがMI5に対し、ブラントがスパイであることを暴露した。翌年、ブラントは自らスパイであることを認めた。

しかし、ブラントの活動が、英ソが同盟関係にあった第二次世界大戦中の出来事であったとして、罪には問われなかった。また、複数のスパイの身元を暴露することで、一五年間はスパイであることを非公開にされるとともに訴追免責の特権が与えられた。

驚くべきことに、一九七八年まで彼はエリザベス女王の絵画鑑定官の職務を失うことはなかった。しかし、この年、作家アンドルー・ボイルの『裏切りの季節』という本が出版され、そこではブラントは名指しこそされないものの、数々の所業が述べられていた。

これに世論が憤激したため、時のサッチャー首相は下院でブラントの名前を公表した。ブラントは「サー」の称号を剥奪され、一九八三年、恥辱のうちに七六歳で死去した。晩年、彼はソ連のスパイだったことは「人生最大の間違い」と供述したという。

なお、五人目の男についていまだに明確ではない。名門ロスチャイルド家のロスチャイルド卿や、同じくバージェスらの友人だったMI5の副局長ガイ・リデルらの名が挙がっている。ただし、複数の関係者によれば、四人と同時期にケンブリッジ大学に在籍していたジョン・ケアンクロス(※)の可能性が高い。

彼らの奇妙な異性・同性関係

組織内の同志関係を強化するためには、男女間の性的関係が影響する。前出のゾルゲもスメドレーも異性との性的関係によって同志的関係を強固なものにした。

「ケンブリッジ・ファイブ」については、ホモセクシャル(同性愛)が彼らを結びつける大きな役割を果たした。タブーの共有がより強い絆を生むことはよくある。一九三〇年代、同性愛は罪とされていた。この時代、パブリック・スクールや名門大学では同性愛が「公然の秘密」として存在していた。ケンブリッジ・ファイブのうち、バージェスとブラントはともに同性愛者であった。

ケアンクロスは、同性愛者のブラントがケンブリッジ大学で獲得した人物である。二人が恋愛関係にあったとする噂があるが、ブラントはその噂を否定している。

一方マクリーンは両性愛者だった。マクリーンは一九四〇年六月、パリで知り合ったメリンダ・マーリングというアメリカ人女性と結婚し、彼女との間に三人の子供がいる。しかし、彼女の留守中には、同性の愛人を自宅に連れ込んだりしていることが確認された。

メリンダは、マクリーンが亡命した一八カ月後の一九五三年五月にKGBの手配でモスクワに到着して、マクリーンと生活をともにする。しかし、大酒飲みで素行の悪いマクリーンとの生活は尋常ではなかった。一九六四年、彼女は亡命したフィルビーと不倫関係になり、六六年にマクリーンと離婚して、フィルビーと結婚した。

フィルビーは同性愛者ではない。逆にその女性遍歴はゾルゲに次ぐかもしれない。ノーマン・ポルマー他著の『スパイ大事典』をもとに、彼の女性遍歴を追ってみよう。

一九三三年、フィルビーはケンブリッジ大学を卒業してウィーンに赴いた。三四年二月、警察から追われていた共産党員アリス・フリードマンと結婚した。妻の友人にソ連の勧誘員だったウディス・チューダー・ハートがおり、フィルビーは彼女からスパイ候補として見いだされた。

フィルビーはスペイン内戦では、共産主義者としての身分を隠すためにフランシスコ・フランコ将軍を支持する。一九三九年にスペインを離れてからも、右翼のイメージを周囲に植えつけていたことから、共産主義者の妻とは別居する。彼は、スペインから帰ってMI6に所属するが、巧みにアリスとの生活に関わる保安上の問題を隠した。

一九四一年頃には、アメリカ人女性のアイリーン・ファースと知り合い、同棲生活を続け、四七年に彼女と結婚。このため戸籍上の妻であるアリスと正式に離婚しなければならず、その過程でMI6はアリスが共産主義者であることに気づくが、優秀なフィルビーに容疑が及ぶことはなかった。アイリーンとの間には五人の子供をもうけた。フィルビーがジャーナリストとしてベイルートに派遣されている間、彼女は子供たちとロンドンに残っていたが、結核による心臓病の悪化がもとで一九五七年一二月に死亡した。

この頃、フィルビーは『ニューヨーク・タイムズ』紙のベイルート派遣員を務めていたサム・ポープ・ブリュワーの妻、エレノア・ブリュワーと不倫の関係にあった。彼女は夫と離婚し、一九五九年一月にロンドンでフィルビーと結婚する。そして、フィルビーはエレノワと五人の子供とともにベイルートへ戻った。

フィルビー亡命後の一九六三年九月、エレノアはモスクワに向かった。だが、六四年、アメリカに一時帰国してモスクワに戻ると、フィルビーはマクリーンの妻メリンダと不倫をしていた。これを知ったエレノアは六五年に再びアメリカに帰国した。そして死の直前に『私が愛したスパイ』を書きあげ、この中でフィルビーに対する愛情を吐露している。

一九六六年、メリンダもフィルビーのもとを去り、やがてアメリカに帰国した。一方、亡命したイギリス情報機関のジョージ・ブレイクの紹介で、フィルビーは二〇歳も年下のロシア人、ルフィーナ・イワノワと出会い、七一年一二月に結婚している。彼の並はずれた原動力もゾルゲ同様に女性であったのかもしれない。

亡命者三人にとっての祖国とは

ソ連に亡命した三人は、その後の人生を異国の地で暮らし、バージェスとマクリーンは亡命を後悔した。

バージェスはホームシックにかかり、飲酒癖はさらに悪化した。イギリスの代表団がモスクワを訪れた際には、母の死に目にあいたいとイギリスへの帰国を願い出たがかなわず、一九六三年に五二歳の若さで死亡した。遺骨はイングランド南部ハンプシャーにある母親の墓に入れられた。

マクリーンは、妻メリンダに愛想をつかされ、その後、一人でひっそりと過ごし、一九八三年に死去。彼の遺骨もイギリスに帰った。

フィルビーは、ロシアに亡命したなかで唯一人、亡命の後悔を口にしなかった。一九八八年三月、英『サンデー・タイムズ』のインタビューで、フィルビーは次のように語った。

「ここでの生活には困難もあるが、私はここに帰属していると感じているし、他の場所で暮らしたいとは思わない。ここが五〇年以上にわたって仕えてきた、私にとっての祖国である。私はここに埋葬されたい。私が尽くしてきたこの地で眠りたいのだ」（『スパイ大事典』）

このインタビューから二カ月後の五月一一日、フィルビーは心臓病で息を引き取った。彼はKGB大将の階級を追贈され、肖像画はソ連の切手にもなった。今もロシアの墓地に埋葬されている。

リアリストであり続けたフィルビーの発言には一片の虚勢も後悔なかったのだろうか。それは今となっては誰にもわからない。

彼らはみな支配階級にいながら常に社会の閉塞感にさいなまれていた。一九三〇年代当時の世界不況、政権への不信、極右の台頭といった激動の時代が、青い理想に燃える若い彼らをスパイの道へと走らせた。しかし、理想と現実は違った。同性愛、不倫、大酒飲み、これらのタブーは、理想と現実との埋められないギャップの代償ではなかったのだろうか。

冷戦は終わったが、世界各地でテロリズムが跋扈（ばっこ）し、多くの若者が現実の社会への不満からイスラムテロへの憧憬を持ち、それが対処困難なローンウルフ（一匹狼）型のテロを生み出している。ケンブリッジ・ファイブの歩んだ人生は、遠い昔に起こった別世界の物語として片づけてはならないのである。

第24章 キューバ危機とケネディ暗殺

キューバ・ミサイル危機

一九六〇年代前半、米ソは冷戦から武力衝突に向かおうとしていた。

一九六二年一〇月一四日、空軍のU - 2偵察機がキューバ国内で撮影した航空写真の解析により、アメリカはソ連がキューバ国内で弾道ミサイルの基地を建設していることを知ることになる。

そこから、緊迫の「一三日間」が始まった。

一〇月一八日、ケネディ大統領はソ連のグロムイコ外相をホワイトハウスに呼び、キューバ国内での弾道ミサイル撤去を迫った。

一〇月二二日、ケネディは全米に向けてテレビ演説し、キューバの海上封鎖を発表した。ソ連によるミサイル搬入を阻止するためである。この時、米ソ両国は文字通り、全面核戦争の瀬戸際に立っていた。

一〇月二七日、キューバ上空でU - 2偵察機がソ連軍の地対空ミサイルで撃墜され、情勢はまさに一触即発の危機を迎える。

ところが、一〇月二八日午前九時、フルシチョフ首相は突如モスクワ放送を通じて、キューバからミサイルを撤去すると発表した。

世界が固唾(かたず)をのんだ緊迫の「一三日間」はこうして幕を閉じた。

キューバ革命とピッグス湾事件

キューバ・ミサイル危機を引き起こしたのは、カストロによる共産革命と反米路線である。一九〇二年に独立したキューバはアメリカの保護下に置かれていたが、三三年に成立したバティスタ政権は、完全にアメリカの傀儡政権と化していた。これに不満を持っていた国民の支持を背景に、カストロは大学卒業後の弁護士時代を経て、一九五三年七月から反政府武装闘争を開始した。五八年には反政府各派の共同戦線が結束され、五九年一月一日にハバナを占領して革命政権を樹立した。この五三年七月から五九年一月までをキューバ革命という。

革命直後のカストロは、アメリカとも友好な関係を維持しようと努力するが、キューバにおける既得権益を喪失した米政権はカストロを忌避した。この対応に反発したカストロは一九六〇年に入り、キューバ国内のアメリカ企業の資産の接収と国営化を進めた。対するアメリカは六一年三月、キューバへの禁輸措置を発動した。一方、ソ連はサトウキビと石油のバーター貿易などを通じてキューバを支援した。

こうしたカストロに対し、CIAや反カストロ亡命キューバ人は彼の暗殺を試みるが、ことごとく失敗する。カストロによると、一九五九年に政権を奪取して以来、実に六百回を超える暗殺の企てがあった。(布施泰和『カストロが愛した女スパイ』)

一方、派手な秘密作戦も計画された。一九六一年四月、CIAは亡命キューバ人部隊を組織し、ピッグス湾に上陸作戦を仕掛けた(ピッグス湾事件)。しかし、カストロは事前にこの情報を入手し、上陸部隊を待ち伏せして撃滅した。作戦は多くの犠牲者を出し大失敗に終わった。この事件を契機に、カストロはソ連を中心とする東欧諸国への接近を本格的に図るようになる。

一方、ピッグス湾作戦の失敗は、ケネディ政権とCIAにとって厳しい挫折となった。アレン・ダレス(※)CIA長官を含む幹部数人と統合参謀本部のメンバー全員が、この事件を受けて辞職することになったのである。

ミサイル・ギャップとU-2機撃墜事件

キューバ危機を引き起こした、もうひとつの要因が「ミサイル・ギャップ」論争である。核兵器の大量保有を達成したアメリカであったが、その運搬手段はもっぱら戦略爆撃機であった。ソ連が核開発に成功しても、核兵器運搬能力においてアメリカは優位であると信じていた。

しかし、ソ連は一九五七年一〇月にはスプートニク一号の打ち上げで、人類で初めて人工物を宇宙空間で周回させることに成功した。そして、ソ連のフルシチョフ首相はミサイル戦略の対米優位を強調した。

当時、アメリカでは一九六〇年の大統領選挙を控え、ケネディはミサイル技術の遅れが命取りになるという「ミサイル・ギャップ」を政策論争の焦点とした。これが国民世論に恐怖心を生起させた。そこでアメリカは一九五九年末にモスクワを射程に収める中距離弾道ミサイル「ジュピター」をＮＡＴＯに加盟するイタリアとトルコに配備した。

しかし、当時のアイゼンハワー政権は、Ｕ - ２偵察機の情報により、ミサイル・ギャップが存在しないことを知っていた。だが、情報源を秘匿する必要から、ミサイル・ギャップ論争にあえて反論しなかったのである。

ケネディは政権奪取後、自らの主張が真実ではなかったことを知った。国防長官に就任したロバート・マクナマラも、国防予算を守るため、ソ連の脅威がインテリジェンスによって誇張されていたことを知った。これは本来は真実であるべきインテリジェンスが政治目的のために使われたという事例である。これを「インテリジェンスの政治化」という。

他方、「ミサイル・ギャップ」論争の開始とともに、情報収集の領域ではエリント[※]（画像情報）に新たな時代が到来しようとしていた。

アメリカは一九五六年六月からＵ - ２偵察機によるソ連領域内の高高度偵察を開始した。この偵察機は、二万五千メートル上空を定期的に航空偵察するもので、当時のソ連の迎撃戦闘機や地対空ミサイルの対応能力を超えていた。

しかし、ソ連は新型の迎撃戦闘機の開発を急ぐとともに、新たな地対空ミサイルの開発を進めた。そして一九六〇年五月に事件は起こった。ソ連が新型地対空ミサイルを発射し、U-2偵察機を撃墜したのである。

パイロットのゲーリー・パワーズはパラシュートで脱出したが、拘束され、スパイ容疑で有罪となった（なお一九六二年二月、FBIに逮捕されていたアベル大佐とベルリンで交換）。

アメリカは、自信を持っていた高高度偵察が失敗したことから、空軍とCIAが共同で衛星軌道上から地上を偵察する人工衛星の開発プロジェクト「コロナ計画」を本格化させ、エリントの主役は航空機から人工衛星に移った。

ソ連からの二重スパイ、ペンコフスキー

アメリカはU-2偵察機によってミサイル・ギャップが存在しないことを解明できていた。しかし、ソ連が実際にどの程度のミサイルを隠し持っているか、ミサイルの製造能力はどの程度なのかなどは謎であった。それを解明したのが、イギリスとアメリカが使っていた二重スパイのオレグ・ペンコフスキー[※]GRU大佐である。

ペンコフスキーはGRUに所属するスパイであると同時に、ソ連の軍事技術に通じたミサイルの専門家でもあった。一九六〇年代初頭、彼はソ連通商代表団の一員としてロンドンに渡った。MI6は彼から秘密情報の提供を受ける手はずを整えた。MI6は通商代表団に対し、本来は立ち入り禁止区域である軍事施設を案内するなどの過剰サービスを行ない、通商代表団に扮したGRUのメンバーを喜ばせた。その一方でペンコフスキーの行動をフリーにし、CIAと協力して秘密情報を受け取ることに成功した。

この秘密情報により「世界中のGRUの将校リスト」のほか「米国の核戦力がソ連よりもはるかに上回っていること」などが判明した。ケネディ大統領は、この情報をもとに一九六二年のキューバ危機では積極攻勢策をとることができた。なおペンコフスキーは二重スパイであることが判明し、ソ連はキュ

ーバ危機前に彼を処刑し、ＧＲＵの大改造に着手した。

この事件は、どんなに科学技術が発達しても、ヒューミント(※)の重要性は変わらないということを如実に示している。なかでもヒューミントの情報源で最も有力なのは、自発的に相手側の在外大使館などに飛び込んで、二重スパイになる者である。これをインテリジェンス用語で「ウォーク・イン(※)」という。

歴史的に大きな働きをしたペンコフスキー、ＣＩＡのオルドリッチ・エイムズ(※)（一九四一年～）、ＦＢＩのロバート・ハンセン(※)（一九四四年～）はいずれもウォーク・インである。（『インテリジェンス』）

ソ連の二重スパイであったエイムズにより、イギリスのためにスパイ行為を行なっていたＫＧＢ職員のオレグ・ゴルディエフスキー(※)は一九八五年に正体が暴露された。イギリス情報機関はゴルディエフスキーの情報によって、イギリス国内に浸透する東側のスパイの動きを押さえていたのである。

ＦＢＩ捜査官のハンセンは、二〇年以上もＫＧＢおよびその後継機関ＳＶＲ(※)（対外情報庁）のためにスパイ活動を続け、「ＦＢＩ史上最も害を及ぼしたスパイ」と評されている。

ウォーク・インは情報組織にとっては労せずに相手方の有力なスパイを獲得できるが、実は大きな問題を抱えている。彼らの忠誠心を確かめる必要があるからだ。なぜ彼らは志願したのか、貴重な情報に接触する権限があるのか、本当に二重スパイとして協力する意思があるのかどうか。あるいは逆に我が方の情報を狙う囮なのか、それとも偽情報を混入させて我が方の情報活動を混乱させようとしているのかなど、慎重に見極めなければならない。

ケネディ大統領は誰が暗殺したのか？

カストロ暗殺工作やピッグス湾事件の失敗が新たな大事件の引き金となったのかもしれない。一九六三年一一月二二日、アメリカ大統領のジョン・Ｆ・ケネディが遊説先のテキサス州ダラスで銃弾に倒れた。享年四六。

まもなくリー・ハーベイ・オズワルドが実行犯として逮捕されたが、彼は移送中に、地元のクラブ経営者であるジャック・ルビーに射殺された。そのルビーも獄中で突然の病で死亡、現場に居合わせた保安官は自殺、事件を追っていたジャーナリストは服毒死、事件の重要な関係者と思われたパイロットも自殺という不可解なことが続いた。

事件後、残された証拠などから、オズワルドの単独犯行説とは考えにくいとの見方が出てきた。そこで当時、ケネディを好ましからざる人物と見る勢力、すなわちCIA、マフィア、軍産複合体などによる暗殺説が取り沙汰された。また、CIAがカストロ大統領の暗殺を進めていると見なしたキューバによる報復説もあった。

なかでも注目されたのは反ケネディ勢力の筆頭CIAによる暗殺説である。CIAはキューバの地元マフィアと親密な関係を築いており、カストロ政権の誕生によって既得利権が失われた。だから、CIAはカストロを打倒するために、さまざまな秘密工作に手を染めた。

ピッグス湾事件で、ケネディとCIAは対立した。ケネディは、この作戦にもともと反対であった。ダーティーな作戦が白日のもとにさらされ、政権の命取りになるのを恐れたのである。そうした懸念が現実のものとなったのであるから、ケネディはCIAを目の敵にした。

一方、CIA側は、ピッグス湾上陸作戦の失敗は、上陸作戦に連携して行なうことになっていた三回の航空攻撃をケネディが渋って一回に減じたことが最大の原因だと考えていた。しかも、ケネディはこの作戦の失敗をCIAに押しつけ、アレン・ダレスCIA長官、チャールズ・カベル副長官を解任し、さらにはCIAの解体まで言及した。当然、CIAはケネディを激しく憎んだ。

そのような状況のなか、ケネディがピッグス湾事件の二年後に暗殺されたのだから、いやがうえにもCIA暗殺説が噂された。

ウォーター・ゲート事件

ケネディ暗殺事件から二〇年後、大統領選挙の序盤戦が繰り広げられていた一九七二年六月一七日、五人のグループがワシントン市内のウォーター・ゲートビル内にある民主党全国委員会本部に忍び込んだところを逮捕された。逮捕されたのはCIAスパイのフランク・スタージス、ニクソン大統領再選委員会のジェームズ・W・マッコード・ジュニア（逮捕時はエドワード・マーチンと名乗る）と亡命キューバ人三人の計五人であった。彼らは、ニクソンのライバルである民主党のマクガバン大統領候補がカストロやホー・チ・ミンから資金をもらっている証拠を握るため、本部に盗聴器を仕掛けようとしたのである。

スタージスは、かつてCIA暗殺集団「オペレーション40」のリーダーをしていた。マッコードも元CIAスパイであった。彼らの投宿していたウォーター・ゲートホテルの部屋から出所不明の大金が見つかった。

捜査が進展していくなかで、この事件に、ホワイトハウスの非常勤顧問を三カ月前に辞職したばかりのハワード・ハントが関与している疑いが濃厚となった。彼もまた、キューバに対する秘密工作に関わった元CIA工作員で、スタージスの上司であった。

最初は単なる家宅侵入事件と思われたものが、キューバ工作関係者、ホワイトハウス顧問との結びつきが明らかになり、ついには複数の政府高官やニクソン大統領本人が関与していることが判明したのである。

特別検査官がホワイトハウスから押収した盗聴テープにより、ニクソンがFBIに捜査の中止を命令するなどの関与が明らかとなった。そして議会による大統領弾劾裁判によって、ニクソンが罷免されることが必至となった。苦悶したニクソンは、一九七四年八月八日、国務長官キッシンジャーに辞任届を提出した。しかし、ニクソンのあと、大統領に就任したジェラルド・フォードは、ニクソンに恩赦を与え、その犯罪は裁かれずに終わった。

一方、スタージスは有罪となり、重罪刑務所に収監された。トカゲの尻尾切りにさせられた彼は服役中、『ニューヨーク・デイリー・ニューズ』に接触し、一人の女性スパイの存在を口にした。

歴史の謎の鍵を握る〝カストロの女性スパイ〟

彼女の名前はマリタ・ロレンツ[※]（一九三九年〜）、カストロの恋人である。そして彼女は、ウォーター・ゲート事件で逮捕されたスタージスによってスカウトされた元CIAスパイなのである。ただし、ロレンツのことはいまだにCIAは公式に認めていない。なお彼女の存在は、アメリカの人気女優ジェニファー・ローレンス主演の映画『マリタ』で有名になった。

ウォーター・ゲート事件の時、ロレンツはFBIの仕事をしていた。スタージスからロレンツの存在を聞いたデイリー・ニューズ社の男性記者が彼女を訪ねた。ロレンツは「マリタ・ロレンツ」という名前の女性は知らないと言って取材を拒否したが、最終的には会って話をすることにした。

記者はスタージスから受け取った写真を持っていた。その中の一枚には、カストロと一緒に写っている一九五九年当時のロレンツの写真があった。記者はスタージスから聞いた話の裏をとりたかったのだ。

記者はスタージスから聞いた話をすべて記事にすると言った。FBIは『ニューヨーク・デイリー・ニューズ』の記事をもみ消そうとしたが、その努力もむなしく、ロレンツの過去が詳細にさらされ、紙面を飾った。

彼女の半生については、布施泰和著『カストロが愛した女スパイ』に詳述されている。同書をもとに彼女のスパイ活動を見ていこう。

一九三九年、マリタ・ロレンツはドイツで、豪華客船船長の父とアメリカ生まれの女優兼ダンサーの母との間に生まれる。母親も第二次世界大戦時にレジスタンス活動に参加し、のちにNSA[※]（国家安全保障局）の要職に就いているから、スパイとしての優れた遺伝子があったのかもしれない。

彼女が初めてカストロに会ったのは一九五九年二月、豪華客船の船上であった。互いに一目惚れし、すぐにカストロの恋人となる。彼女が一九歳の時である。

カストロはロレンツに「五九年三月、フィデルからマリタへ、永遠に」と彫られたダイヤモンドの指輪を贈った。彼女は四月にはカストロの子供をみごもった。しかし、政治活動に明け暮れたカストロは、ほとんど彼女のもとに帰らなかった。さらに女性に人気のあるカストロに嫉妬し、ロレンツは情緒不安定となった。

そのような彼女の心理状態を利用して、当時、カストロ政権下のキューバ空軍警備隊長であったフランク・スタージス（CIA工作員）が近づいたのである。

一九五九年一〇月、ロレンツはカストロとの子供を出産したが、敗血症のためにアメリカで治療を受けることになった。その時、スタージスが巧みにロレンツを洗脳し、CIAスパイとして勧誘することに成功した。

彼女はCIAで各種の殺しのテクニックを学び、一九六〇年、カストロ暗殺の刺客となってキューバに戻った。彼女は合鍵を持っていたのでカストロの部屋に忍び込むことは容易であった。ポツリヌス菌の入ったカプセルを入れたコールドクリームの瓶を部屋に持ち込み、カストロを暗殺しようとした。しかし、結局、彼女はこれを使えなかった。

彼女が暗殺のためにキューバに帰ってきたことを知るやカストロは、ロレンツに銃を渡し、自分を撃つように言ったが、ロレンツは撃つことはできず、二人は抱き合ったという。

ロレンツは生まれた息子に会わせて欲しいと言ったが、カストロは「キューバに残れば三人で暮らせる」と主張するばかりで、その願いはかなわなかった。

ロレンツはこのままキューバに残ればCIAに狙われ、殺害されるかもしれないと考え、アメリカに戻った。そして一九六一年のキューバ侵攻計画（ピッグス湾事件）のために「オペレーション40」の訓練に参加した。この暗殺団は、ほとんどが反カストロ亡命キューバ人で組織され、彼女は唯一の女性であった。

一九六一年四月、ロレンツは訓練中に首を銃撃され負傷した。流れ弾による事故ということだが、彼女がカストロの暗殺に失敗したことを恨む亡命キューバ人による意図した銃撃との見方がある。いずれにせよ、彼女はこの負傷によりキューバ上陸作戦に参加せずにすんだ。もし参加していたら生き残ることは難しかっただろう。

その後、ロレンツはCIAや反カストロ分子のための情報収集を命じられ、ベネズエラ元大統領のマルコス・ペレス・ヒメネス将軍に近づいた。当時、ヒメネスは多額の資金を持ってアメリカに逃亡し、反カストロ活動を支援していた。

ロレンツはまもなく将軍の愛人となり、二人の間に女の子をもうけた。やがてケネディ政権の意向で将軍はベネズエラに強制送還され、子供のための基金も悪徳弁護士に取り上げられた。途方にくれたロレンツは再びCIA傘下の暗殺団に援助を求めた。

こうしたなか、一九六三年一一月のケネディ暗殺事件を迎えた。ロレンツは暗殺事件の真相にあまりにも近づいたとされ、その危険から逃げるように子供を連れてベネズエラの将軍のあとを追った。

その後のロレンツの人生もまことにスリリングである。ベネズエラ政府当局に捕まった挙げ句、ヤノマミ族が住むジャングルの奥深くに子供と二人きりで取り残されたロレンツは、そこで驚異的な生命力で生き残り、ヤノマミ族の男性との恋も経験し、一年後に母親が依頼した捜索隊により救出された。母親はNSAの要職にあり、影響力があった。

その後、彼女はニューヨークに戻り、CIAやFBI職員とのロマンスを繰り返し、波乱とサスペンスに満ちた生活を送った。幾多の修羅場を経験し、それを機知と幸運で乗り越えてきた彼女の人生には脱帽する。

一九七八年五月、ロレンツはようやく重い口を開き、ケネディ暗殺の真相を下院の特別委員会で語った。彼女の証言によれば、彼女はケネディが暗殺される直前、オズワルドを含む暗殺団がダラスに武器を運搬するのに立ち合った。ダラスではオズワルドを殺したジャック・ルビーや、ウォーター・ゲート事件で国中に悪名を馳せた元ＣＩＡ工作員ハワード・ハントがその暗殺団と接触するのを目撃したという。彼女の衝撃的な証言内容が真実であるならば、ケネディ暗殺にはやはりＣＩＡが絡んでいたことになる。

一九九二年の法律は、ケネディ暗殺事件に関してＣＩＡやＦＢＩなどが作成した資料のうち非公開分を二五年以内に公開するよう義務付けた。その期限が二〇一七年一〇月二六日であった。トランプ大統領は、同暗殺事件に関する非公開資料について、公開する考えを明らかにしていたが、非公開を強く求めるＣＩＡおよびＦＢＩの意見具申により、公開は一部にとどまった。

依然として、ケネディ暗殺事件の謎は未解明のままだ。

第25章 ベトナム戦争と米国の敗北

アメリカのベトナム武力介入

キューバ危機が去ると、次なるアメリカの情報機関の関心はベトナム問題に移っていった。

ベトナムでは一九五五年から、ゴ・ディン・ジエムが王政廃止後のベトナム共和国（南ベトナム）の初代大統領に就任し、前年にアメリカから派遣されたＣＩＡ顧問の補佐を受けて、国内統治体制を強化していた。しかし、恐怖政治と汚職によって、南ベトナム国民の政治不信が高まり、それが反政府勢力の拡大につながっていた。

やがてジエム政権は国内的にも国際的にも孤立し

た存在となり、ケネディ大統領は一九六三年九月、公式にジエム政権を批判した。同年一一月一日、アメリカは南ベトナム解放民族戦線（一九六〇年一二月二〇日設立。ベトコンと呼称）[※]によるジエム政権に対するクーデターを承認し、CIAや在南ベトナム米国大使の黙認の下で、同年一一月に反政府クーデターが実行され、ジエムは殺害され政権は崩壊した。アメリカはこのクーデターが、ベトナム民主共和国（北ベトナム）による共産革命であることを認識していなかった。

その三週間後にケネディが暗殺され、ジョンソン副大統領が大統領に昇格した。ジョンソンは当初は穏健な対ベトナム政策を遂行していたが、一九六四年八月、ベトナムのトンキン湾を巡視中の米駆逐艦が北ベトナムの魚雷艇の攻撃を受けたことで政策転換を迫られる。ジョンソンは、この事件の報復という口実で最初の北ベトナムへの爆撃（北爆）に踏み切った。

一九六四年一一月、サイゴン（現ホー・チ・ミン市）郊外のビエンホアの米空軍基地がベトコンに攻撃された。アメリカ統合参謀本部は、北爆を含む強力な対応を提案した。

これに対し、CIA[※]やDIA[※]（国防情報局）などは「北爆の効果は限定的である」とする情報分析の結果を提出したが、政府は受け入れなかった。

一九六五年三月八日からは、アメリカは海兵隊三五〇〇人を南ベトナムのダナンに上陸させ、本格的な地上戦が開始された。同年三月二六日からは、「ローリング・サンダー」作戦という徹底した北爆を開始したのである。

成果の薄い米CIAの秘密工作

もともと第二次世界大戦中からアメリカの戦略諜報局（OSS）は、ホー・チ・ミン（一八九〇〜一九六九年）およびベトナム独立同盟（ベトミン）[※]と手を結び、フランス撤退後のインドシナを支配していた日本軍に対して秘密工作を仕掛けていた。

日本軍が撤退した一九四五年八月、ホー・チ・ミンは革命（ベトナム八月革命）を起こし、翌九月、東南アジア最初の社会主義国、ベトナム民主共和国を樹立した。

一方、ベトミンを支援するOSSに敵意を燃やす、フランスのシャルル・ド・ゴール将軍は一九四五年一〇月、サイゴンに兵を送った。またフランス情報機関の参謀本部第二部はスパイ網の構築に着手した。しかし、四六年一二月、ボー・グエン・ザップ率いるベトミンがハノイの駐留軍司令部などを急襲した際、参謀本部第二部は直前まで警告を発することはできなかった。この結果、第一次インドシナ戦争が勃発したのである。

この戦争は、ディエン・ビエン・フーにおけるフランスの屈辱的な敗北によって、一九五四年七月に終了する。同月のジュネーブ協定調印により、ベトナムは北緯一七度線によって南北に二分され、北はホー・チ・ミン率いるベトナム民主共和国、南はゴ・ディン・ジエム率いるベトナム国（まもなくしてベトナム共和国）となった。

一九五四年八月、アイゼンハワー米大統領は、ベトナムの共産化を食い止めるために、南ベトナムに介入することを決定する。その約二カ月前の六月一日、CIAのエドワーズ・C・ランズディール大佐を団長とする軍事使節団（略称SMM）が秘密工作の任務を帯びてサイゴンに到着した。彼らは工作班を編成し、南北ベトナムにおいて、ベトコンに対する諜報・謀略活動を開始した。

一九五四年一〇月、フランス軍のハノイ撤退が近づくと、CIAの工作班はハノイにおける破壊活動や心理工作を展開した。その後、北ベトナムにスパイを残置し、北ベトナム（ベトナム民主共和国）の動向を調査した。

北ベトナムから南ベトナムへのゲリラ浸透はすでに一九五五年頃から始まっていた。ただし、大規模な浸透作戦が発覚したのは五九年になってからである。北ベトナムは五九年五月の中央委員会第一五回総会で、南ベトナムへの浸透を正式に決定した。それにより、五九年後半から、南ベトナムにおけるテロ活動が活発化した。

　この頃、ベトコン勢力は急速に増大し、毎月六〇〇〜八〇〇人の住民がゲリラに殺害されるという事態を迎えた。ケネディが大統領に就任した一九六一年一月の時点で、ホー・チ・ミンは約一万五〇〇〇人のベトコンを南ベトナムで活動させていた。（『スパイ大事典』）

　一九六一年五月、アメリカは特殊作戦遂行のため、陸軍特殊部隊のグリーンベレー四〇〇人をベトナムに派遣した。六二年、ケネディはCIAに対し、ベトナムおよびラオスで準軍事作戦を行なう権限を与えた。特殊部隊とCIAは、北ベトナムでの諜報活動、ラオス東南部から北ベトナムに至る軍事基地や交通網の破壊、北ベトナムに対する宣伝ビラの配布、奇襲作戦の実施などを行なったが、大きな成果は得られなかった。

　一九六二年二月、アメリカはサイゴンに南ベトナム援助軍司令部を設置し、続々と顧問を派遣した。同年三月、「戦略村計画（サンライズ作戦）」を発動し、一般住民と浸透ゲリラの分断を図ったが、その効果はなかった。

　一九六五年の北爆が開始された頃には、南ベトナムのCIAは大幅に増員され、のちにCIA長官となるウィリアム・コルビー(※)（一九二〇〜九六年）がアメリカ大使特別顧問オフィス（OSA）の長として、約七〇〇〇人のメンバーを率いていた。

読めなかったテト攻勢

　一九六五年四月、米軍の地上戦が本格化して以来、アメリカおよび南ベトナムの要請に応じて、西側諸国が支援した。一方、北ベトナムは中・ソの支援を受けて断固抗戦を表明し、ありとあらゆる諜報活動、秘密工作を展開した。

　一九六七年一〇月一一日、ベトコン(※)はその軍事組織を「南ベトナム人民解放軍」と改称し、一〇月二〇日から二三日まで開催された中央委員会幹部会拡大会議において、乾期（六七年一一月〜六八年五月）に全面攻勢を仕掛けるコミュニケを発表した。

一方、北ベトナムのボー・グエン・ザップが指揮する北ベトナム正規軍の三個師団は一九六八年一月二一日以降、非武装地帯（DMZ）から二五キロメートル南の地点にある要衝ケサン基地に包囲攻撃を開始した。

しかし、一九六八年一月二七日（テト攻勢の四日前）、アメリカのベトナム派遣軍司令官のウエストモーランドは北爆の成果を過信して、事態を楽観視し、派遣軍の勝利は間近と判断した。

一九六八年一月三一日、サイゴン市内の米国大使館、国営放送局、空港などの主要目標は一斉にベトコンの攻撃を受けた。いわゆるテト攻勢の開始である。

この攻撃は牽制ではなく、明らかに大攻勢であった。ウエストモーランド司令官の読みは完全に外れた。

テト攻勢は二月三日までにおおむね鎮圧された。ウエストモーランドはベトナム派遣軍司令官の任を解かれたが、なんと陸軍参謀総長に昇格し、一九七二年に退役するまでその地位についたのである。

テト攻勢以降、アメリカはますます苦境におかれることになるが、ベトナム戦争を泥沼化させた大きな要因の一つに、中国による対越支援があった。

中国によるベトナム戦争への介入

米軍が北爆を開始するとまもなく、中国人民解放軍の有力な部隊が北ベトナム領内に進出し、輸送網の確保と対空戦闘に従事した。これは北ベトナム政府の要請によるもので、兵力としては防空師団六個を中核とした五～六万人であった。また、一九六八年頃から中国は、ラオス国内の共産勢力を支援するために、これまた数万人規模の軍隊を送っている。

このような中国軍の北ベトナム、ラオスの進出・駐留を、アメリカは一九八〇年代の終わりまで知らなかった。（三野正洋『ベトナム戦争』）

ヒューミントの軽視が中国の進出を見過ごし、そのことが北ベトナムに敗北する一つの原因となったのである。

中国がベトナムを支援することは独自の安全保障の観点から必要であった。当時、毛沢東は「米国が北ベトナム国境、朝鮮国境、台湾および沖縄の四カ所から中国に侵入してくる。この場合、ソ連は中ソ共同防衛条約を口実に内蒙、東北（旧満洲）に侵入し、これを占領しようとする。朝鮮もソ連軍に占領され、内蒙、東北、朝鮮を占領したソ連軍は南下し、中国は二分される」との厳しい危機認識を表明した。

このような情勢認識に基づき、中国は香港、マカオ、北朝鮮、日本などの周辺国における情報収集網を整備し、海外を拠点とする米ソ両国に対する情報戦を展開していた。

中央調査部(※)など、中国の情報組織は、これら周辺国に大量の偽米ドルを流通させ、米国経済の混乱を画策した。ベトナム米兵の士気喪失を目的に中国製アヘンを輸出し、売春宿を経営するなど、ハニートラップを駆使した秘密工作を展開したのである。

なぜアメリカはテト攻勢を受けたのか？

アメリカの秘密工作はほとんどが成果を上げることはなかったが、ＣＩＡ、ＤＩＡの情勢評価はおおむね正確であった。前述のように、これら情報組織は「北爆の成果が限定的である」「テト攻勢が起こる可能性がある」などのインテリジェンスを報告していた。

たとえば、一九六五年四月、マコーンＣＩＡ長官（一九六一～六五年まで就任）は、「北爆はせいぜい北ベトナムの態度を硬化させるものであって、北ベトナムに苦痛と不便を強いたとしても、彼らが生きていけないような情勢をもたらすことにはならない」と分析した。

後任のレイボーン長官（一九六五～六六年まで就任）も同意見であることをジョンソン大統領宛の報告の中で強調した。ＤＩＡも同様なインテリジェンスを報告した。さらにはイギリスのウィルソン首相も「北爆の効果は疑わしい」との電報でジョンソン大統領に警告した。しかし、時の米国政府は、こうした米国情報組織のインテリジェンスを無視した。

一九六八年のテト攻勢についても、情報組織から重要なインテリジェンスが送られてきていた。しかし、ウエストモーランド司令官は「攻撃を示すさまざまな兆候は宣伝・欺瞞であり、ケサン基地攻撃のための牽制にすぎない」と判断した。

彼は、ケサン配備のために有力な部隊の北方移動を命じたため、首都サイゴンはまったくの無防備になってしまったのである。

では、なぜこのような事態になってしまったのだろうか?

ジョンソン大統領としては、国民にテト攻勢を知らせ、国民を準備させるという選択肢はあった。しかし、この場合は、アメリカが戦争に勝利しつつあるのに、どうして敵は大規模な攻勢を行なえるのかという矛盾に直面することになる。

一方、敵が攻撃してきても、アメリカは北ベトナムを敗北させる自信があった。だから、敵の攻撃を待って攻撃を撃退するという策が考えられた。これにジョンソン大統領は賭けたが、結果は無残にも大攻勢を受けてしまったのである。

だから、多くの人々は、それが奇襲ではなかったにもかかわらず、この攻撃が奇襲であったと考えるに至ったのである。（『インテリジェンス』）

テト攻勢において、政策サイドは情報組織からの重要な警告を無視した。つまり政策がインテリジェンスに優先したために、作戦の失敗を招いたのである。

韓国による参戦と「ライダイハン」問題

最後に、ベトナム戦争が生んだ新たな歴史戦を紹介しておきたい。

韓国は、アメリカの要請に基づいて約三〇万人以上の韓国軍をベトナムに派兵した。ある情報では、韓国の兵士などは一三、一四歳の少女を含むベトナム女性数千人に対し性的暴行を行ない、その結果、多くの混血児が生まれたという。この「ライダイハン」と呼ばれる混血児は、五千から三万人いるといわれる。

二〇一七年九月一二日、「暴行の犠牲者となった人たちを救おう」と、イギリスの民間団体「ライダイハンのための正義」が設立された。団体の設立を呼びかけたのは、イギリスの市民活動家ピーター・キャロル氏で、「ベトナムで韓国軍兵士の性的暴行に遭った女性たちが過酷な人生を送っていることを多くの人たちに知ってほしい」と訴えた。

労働党の重鎮ジャック・ストロー氏もこの団体設立に参加し、同氏は基調講演の中で、「ベトナムで韓国兵が行なった性的暴行は重大な人権問題だ。被害女性が求めているのは賠償ではなく謝罪。韓国政府は女性たちに謝罪すべきだ。人権重視の英国から被害実態を調査することを国際社会に求めたい」と述べた。（「産経新聞」二〇一七年九月一七日）

これに関して、一部韓国人による謝罪の言葉はあるようである。また、これをもって韓国紙は「日本のように戦時の被害者を否定してはいけない」との論評を載せている。（前掲「産経新聞」）

しかしながら、韓国政府がこの状況を正式に認め、公式に謝罪しているわけではない。他方で韓国政府は、事実を誇張・歪曲した〝従軍慰安婦問題〟をもってわが国に歴史戦を挑んできている。

筆者は、「ライダイハン」事件の告発に見舞われた韓国が、わが国の〝従軍慰安婦問題〟を批判する資格がない、などと言っているのではない。また「ライダイハン」問題をもって、韓国発のわが国に対する歴史戦を牽制せよ、と言っているのでもない。自らの歴史の真実を追究し、それに対して非があるならば真摯に反省し、しかるべく損害に対しては相応の補償をなすべきことは、国家として当然の責務である。

しかしながら、自らにとって都合の悪い歴史は顧みようとしない、被害者の側面だけを誇大に強調して加害者の側面にはだんまりを決め込む、それは韓国であろうと、わが国であろうと、国際社会から信頼されないということである。

自らの歴史に真摯に向き合わない国が、他国の歴史問題を論じる正当性は持たないということだけは指摘しておきたい。

第26章
東西ドイツの情報戦と「ロメオ作戦」

東西ドイツの分裂と情報戦

一九四九年、西ドイツ、東ドイツ（ドイツ民主共和国）が相次いで成立した。東西ドイツはそれぞれソ連、アメリカという大国が控えて世界を二分するという対立の最前線に立たされた。

東西間の国境は封鎖されたが、唯一ベルリンでは東西の往来が自由であり、東ドイツの人々は西ベルリンから西ドイツへ逃れていた。ところが一九六一年の夏、東ドイツによって西ベルリンの周囲を囲むベルリンの壁が設置され、キューバ危機とあいまって東西間に緊張が走った。

しかし、一九七〇年代に入ると西ドイツのブラント首相が大胆な東方外交を打ち出したことで東西ドイツの対立は転機を迎えた。七三年には東西ドイツが同時に国連に加盟し、統一の模索が始まった。

一九八〇年代に入ると、東ドイツの経済破綻が予想以上に早く進んだ。八五年にソ連共産党書記長にゴルバチョフが就任して経済の自由化などの大規模な国家改革政策（ペレストロイカ）を打ち出した。これにより八九年から大規模な東ドイツ国民による西ドイツへの移住が始まった。東ドイツ当局もそれを抑えることができずに一挙に統一の動きが加速した。

一九八九年一一月九日、ついにはベルリンの壁が崩壊し、九〇年一〇月三日にドイツの統一が実現したのである。

このように、緊張と緩和に揺れ動いた東西ドイツであったが、インテリジェンスをめぐる情報戦は常に継続していた。

一九七四年には、ブラント首相の側近秘書であるギュンター・ギヨーム(※)(一九二七〜九五年)が東ドイツ情報機関の潜入スパイであることが発覚した。この事件については後述するが、これによって西ドイツのブラント首相が一九七四年五月に引責辞任した。(二三七頁参照)

一九七九年一月、東ドイツ情報機関HVA(※)の中尉ヴェルナー・シュティラー(※)(一九四七〜二〇〇六年)が西ドイツに亡命した。彼のもたらした情報は東ドイツのスパイ網に大きな打撃を与え、西ドイツで活動しているスパイ五〇人が逮捕されたという。

同年三月には、西ドイツの防諜を担任する連邦憲法擁護庁(BfV)(※)の主任捜査官のハンス・ティートケ(※)(一九三七〜二〇一一年)が東ドイツの情報組織に籠絡されて情報を漏洩し、最後には東ドイツに亡命(一九八五年五月)するという事件も起きた。

一九八〇年代には、東ドイツの「ロメオ作戦」(後述)で、西ドイツの女性秘書が獲得され、重要な秘密情報が漏洩する事件が次々に発生した。

ベルリン・トンネル事件とジョージ・ブレイク

東西冷戦の最前線となったドイツでの激しいスパイ戦争の様相を物語るものとして、まずは「ベルリン・トンネル事件」を紹介しておきたい。

この事件の主役はジョージ・ブレイク(※)(一九二二年〜)である。彼はイギリスの外交官であったが、朝鮮戦争時にソウルで捕虜として拘束された時、KGBから勧誘されてスパイとなった。一九五三年に釈放されてイギリスに帰り、SIS(MI6)情報官になった。KGBは労せずしてイギリス情報機関に「二重スパイ」を埋設することに成功した。そしてブレイクをSIS内で出世させるため、小者のソ連人スパイを逮捕させるなどのサポートをした。

ブレイクは一九五五年から東ベルリンで勤務した。この時期、ベルリンでは英SISと米CIAが共同で盗聴トンネルを掘っていた(「黄金作戦」)。つまり、トンネルを掘ってソ連の外交通信用ケーブルにたどりつき、それを盗聴するという作戦である。

この作戦は、第二次世界大戦中にＳＩＳがウィーンで実施した作戦を模したものであった。ただし、ベルリンの作戦はウィーンよりも大がかりであり、地下六メートルを五〇〇メートル以上も手作業で掘った。

ブレイクは、この「黄金作戦」の秘密を入手してソ連側に通報した。ソ連はスエズ動乱やハンガリー動乱（ともに一九五六年一〇月に発生）が迫る絶妙なタイミングで、このトンネルの存在を公表し、イギリスやアメリカの汚いスパイ活動として西側メディアに大々的に流した。

ブレイクは一九六一年三月に逮捕されるが、裁判で彼は「私に近づき得た情報でソ連に渡さなかったものは一つもない」と言明した。

ブレイク逮捕の復讐劇とばかりに、ＫＧＢはイギリスのエージェント四〇人を逮捕または殺害した。東欧における西側のエージェント網が一瞬で壊滅した。

なおブレイクは一九六六年一〇月、刑務所から脱走してソ連に亡命した。

西ドイツのスパイマスター「ゲーレン」

ここで、東西ドイツのスパイ戦争の主役となる両情報組織の概要を押さえておこう。

西ドイツは大戦後に情報組織を早期に復活することに成功するが、これはラインハルト・ゲーレン(※)将軍の功績である。

ゲーレンは早くからドイツの敗北を予測し、「敗戦後はソ連共産主義の膨張を防ぎ、ドイツの失地領土を回復して再統一することが情報組織の新たな使命になる」と考えていた。第二次世界大戦後、ゲーレンは米軍に投降した。彼は、スイス山中に埋めたソ連に関する膨大な秘密資料の提供と引き換えに、西ドイツ情報機関を再建するための協力をアメリカから得ることに成功した。かくして一九四六年七月、かつての東方外国軍課(※)の職員を中心とするゲーレン機関(※)が創設された。

同機関は一九五六年四月に連邦情報庁（ＢＮＤ）(※)へと発展した。長官にはゲーレンが就任した。ゲーレンは、ソ連や東ドイツから流入するスパイを摘発・排除するために、東ドイツの国家保安省（ＭｆＳ）やソ連ＫＧＢに対しスパイを浸透させていった。

ＢＮＤの対外インテリジェンス機能は優れていた。ゲーレンによれば、ソ連共産党第二〇回党大会におけるフルシチョフ秘密報告の内容（一九五六年二月）、ベルリンの壁の構築（一九六一年八月）、キューバ危機（一九六二年一〇月）、インドネシアの九・三〇事件（一九六五年九月）、第三次中東戦争（一九六七年六月）、チェコ事件（一九六八年八月）について事前に見積もっていた。

なお、ゲーレン機関の創設やＢＮＤへの発展の経緯については、彼自身の回想録『諜報・工作』に詳述されている。

「顔のない男」ヴォルフによる「ロメオ」作戦

一方の連邦情報庁（ＢＮＤ）に対抗する東ドイツの情報組織が国家保安省（ＭｆＳ）[※]、通称「シュタージ」[※]である。この組織は対外情報組織にして秘密警察組織であり、東ドイツが建国されてまもなくの一九五〇年二月に設立された。ＭｆＳは、エーリッヒ・ミールケ[※]（一九〇七〜二〇〇〇年）が、一九五七年から、ベルリンの壁が崩壊する八九年まで長官を務め、彼の下で組織を拡大していった。

一九五八年にシュタージに対外課報部門の「Ａ」総局（ＨＶＡ）[※]が設立され、その長には伝説的なスパイマスター、マルクス・ヴォルフ[※]（一九二三〜二〇〇六年）が就任した。彼は西側から「顔のない男」（彼が写った写真が一切ない）として恐れられた人物である。

ヴォルフは徹底した監視体制を敷き、東ドイツ国民に恐怖を与え、防諜のために西ドイツにスパイを送り込んだ。一九七〇年代の西ドイツのブラント首相政権下ではＫＧＢに協力して、西側科学技術に関する情報を入手した。

なおヴォルフの活躍については、熊谷徹著『顔のない男―東ドイツ最強のスパイの栄光と挫折』に詳述されている。

ヴォルフはゲーレンのＢＮＤへの潜入工作を模索

した。そこにハインツ・フェルフェという絶好のBND将校が現れた。彼は元SS（親衛隊）隊員であったが、故郷のドレスデンを爆撃した米英に対し復讐する機会を求めていた。

フェルフェは仲間の元SS隊員から誘われて、ソ連のスパイになった。KGBとHVAはフェルフェの昇任のため、BNDの中に浸透させている〝摘発用の小物スパイ〟に関する情報も与えた。こうした支援により彼は成績を着々と上げて順調に昇任した。彼はゲーレンの信用を得る一方で、多くの情報をHVAやKGBに流したのである。

一九六一年一〇月末、スパイ活動が発覚してフェルフェは逮捕されるが、この時、彼はBNDの対ソ連防諜局部門に勤務する参事官補になっていた。逮捕の経緯については、六一年にCIAに亡命したHVAのグンター・メンネル大尉が、「ゲーレン機関にも〝パウル〟というスパイがいる」と自白したことから、その男がハインツ・パウル・フェルフェであることが判明した。（『スパイの世界史』）

一方、ゲーレンの回想録『諜報・工作』では、一九六〇年にフェルフェの同僚からの内部通報によって、BNDはフェルフェに対する監視を開始していた。しかし、法律の規制によって証拠が集められず、強制家宅捜索になかなか踏み切れなかったという。ただし、彼の参事官の昇進や保安官（絶対の忠誠が要求されるポスト）就任を拒否するなど、ゲーレンはしかるべく対応をとっていたことを縷々述べている。

この事件はBND史上最も不名誉かつ遺憾な事件とされ、新聞に大きく取り上げられた。正体をばらされた秘密要員の数が九五人にのぼること、BNDはナチスのふきだまりであることなどが書き立てられた。一方、ゲーレンはBNDスタッフに占める元ナチの割合は一パーセントにも満たないと反論した。

一九六三年にフェルフェ裁判が開かれた。そこではゲーレンが元ナチであることがさらされ、新聞論調はアデナウアー首相の任命責任にまで発展した。

フェルフェ裁判はアデナウアー政権に深刻なダメ

ージを与え、彼は数カ月後に辞職し、ルートヴィヒ・エアハルト博士が後任の首相になった。エアハルトはゲーレンを辞めさせたいと思ったが、東ドイツとの関係が危うい時に辞めさせると代わりがいないと言われ、結局、六六年までゲーレンはＢＮＤの長官を務めた。

東ドイツに敗北する西ドイツ

どちらかといえば、東西スパイ戦争では、西ドイツが敗北を重ねた。ここでは、その主要な事件を見てみよう。

（1）ギュンター・ギヨーム事件

西ドイツにとって最大の敗北戦ともいえるのが「ギュンター・ギヨーム事件」である。これは、ブラント首相の側近秘書であるギュンター・ギヨームがＨＶＡ[※]の潜入スパイであることが発覚したという事件である。これによりブラント首相が一九七四年五月に引責辞任した。

一方、この事件はＨＶＡによる「プラント」（植え付け）の成功事例として語られる。これは「あらかじめ訓練した優秀な人材を目標国に入国させ、時間をかけて重要情報を入手できる中枢に近い位置に出世させて、スパイとしての目的を達成する方法」（塚本勝一『現代の諜報戦争』）である。

その成果は五年、一〇年、二〇年後に現れるという長期的な工作である。それゆえに、工作を受けている側は「ゆでガエル」のように、なかなか工作を受けていることを自覚しない。気づいた時にはすでに手遅れということになる。

ＨＶＡ大尉であったギヨームは一九五六年に難民として西ドイツに亡命した。そして社会民主党に入党し、約二〇年を費やして首相秘書になり、首相の意思決定に大いに影響を与えたのである。

（2）東ドイツのスパイに籠絡された女性秘書

東西ドイツが対立する時代においては女性秘書を獲得する競争が試みられた。「女性秘書はスパイと思え」は暴言で、世の多くの女性にまことに失礼である。ただし、有能な女性秘書がスパイのターゲットとされてきたことは拭いようがない歴上的事実である。

当時のドイツでは日本よりも女性の社会進出が進んでおり、恋人のいないキャリアウーマンが少なくなかった。とくに秘書という仕事はストレスが多く、一方で、上司の地位が上がるほど、重要な秘密情報に接触する機会は多い。

ソ連KGBは西側政府機関で働く、比較的有能であるが、きわめて孤独な生活を送っている独身の中年女性秘書にターゲットをしぼって大きな成果をあげたという。東ドイツのHVAもKGB同様にこれに目を付けた。

HVAは、イケメン男子によって女性秘書を籠絡する「ロメオ作戦」を敢行した。一九四九年からの三八年間、西ドイツの捜査当局が摘発した秘書スパイは五八人にのぼった。(『顔のない男』)

「ロメオ作戦」の主要事例を紹介しよう。東ドイツのHVAに属するフランツ・ベッカーと名乗るスパイは、マルグレット・ヘーケ[※](一九三五年〜)という西ドイツ大統領府の女性秘書に目を付けた。ベッカーは一九六九年に非合法に西ドイツに潜入し、ケルンの大学生というカバーで彼女に接近した。

ヘーケは四〇歳になろうとしていた孤独な独身女性であった。たちまち彼の虜になった彼女は、ベッカーの指示に従って西ドイツの外交、安全保障、防衛を担当する大統領府第二局の秘密情報を盗み出しては渡していた。

ヘーケが手渡した最重要な情報は、一九八三年春に行なわれたNATO軍事演習「ウィンテックス」に関するものであった。彼女は西ドイツ首脳の戦時退避壕の内部に立ち入り、政府中枢の模擬訓練を観察し、戦時における西ドイツの戦略・作戦計画などの資料をベーカーに渡した。

ヘーケは一九八五年夏に逮捕されたが、ベッカーは危険を察知して逮捕前に東ドイツに帰国した。

このほか、前掲の『顔のない男』では、BNDの女性高官のガブリエレ・ガストがＨＶＡの「ロメオ作戦」の標的になった事例が紹介されている。

（３）夫をスパイ活動に巻き込んだ女性秘書

西ドイツ国防省の女性秘書レナーテ・ルツェ(※)（一九三五年〜？）は東ドイツのブランデンブルクに生まれ、一七歳の時に西ドイツに移住した。出版社に勤務したのち、一九六五年から国会内のレストラン事務員として働き、六七年から国防省の秘書となった。

秘書として優秀であった彼女は国防次官秘書に昇進し、この頃からスパイ活動を開始するようになり、一九七二年、ラーブス総務局長の秘書となった。ラーブスが国防省社会局長に転出したのちも、同氏の秘書として仕えた。そして、彼女はラーブス局長の金庫の合鍵を複製し、ＮＡＴＯや西ドイツ国防軍の戦略計画などの重要機密を窃取しては、東ドイツ情報機関に送っていた。

一九七三年、ルツェは西ドイツ国防軍の兵役を終わったロタール・エルビンと結婚した。彼はルツェの口利きで国防省に勤務するようになり、英語が達者であったことからＮＡＴＯ関係の連絡事務を任せられた。こうして夫婦でスパイ活動を開始することになった。

二人は海軍参謀本部勤務のユルゲン・ウィーゲルを仲間に入れ、三人のグループを結成し、スパイ活動を本格的に展開した。

一九七六年六月、ほかの東ドイツのスパイが摘発されたことから、芋づる式にルツェが逮捕されたが、相当数の重要機密がすでに東ドイツに送られていた。彼女の逮捕も結局は〝後の祭り〟だったのである。

ヴォルフは真の勝者だったのか？

前出の「ギヨーム事件」は西ドイツにとっての最大の敗北であったといわれる。しかし、この事件は実は東ドイツにとっても敗北であった。

東ドイツのＨＶＡ長官のマルクス・ヴォルフ(※)は、ギヨームを西ドイツの政治中枢に植え付け（プラント[※])、二〇年の歳月をかけて、西ドイツのブラント首相の側近にした。だから、西ドイツおよびNATOが東側陣営に戦争を仕掛ける数々の兆候を東ドイツは簡単に探知することができた。それは大成功である。

当時、ブラント首相は「東方政策」を外交の柱として、東ドイツやソ連などと緊張緩和を進めるべきだと主張していた。そこで、ヴォルフはギヨームに対し、「ブラント首相の東方政策の真の狙いがどこにあるのか?」という情報要求を与えた。ギヨームがもたらした情報によって、ヴォルフはブラントの緊張緩和の姿勢が東ドイツを内部から崩すための陰謀ではなく、真摯なものであることを確信した。

(『顔のない男』)

東ドイツにとっての最大の国益は、ブラント首相による東方政策を継続させることであった。しかしながら、ギヨームのスパイ活動は発覚し、彼は逮捕された。結局、責任を追及されたブラント首相が引責辞任(一九七四年五月)した。

ヴォルフは、ギヨーム作戦について、「サッカーで自分のチームのゴールにシュートしてしまう自殺点」、つまりHVAにとっての最大の敗北だったと言う。(『顔のない男』)

ヴォルフによるギヨームの「植え付け」は戦術的に大成功したが、戦略的に大失敗した。ただし、ブラント首相が真摯な東方政策を行なっているということも、「植え付け」がなければ判明しなかった。

スパイが対象に近ければ、重要な情報を入手できるし、政策などにも影響を及ぼすこともできる。しかし、近すぎれば発覚の可能性は増大し、この事件のように結果的に国益を損なうこともある。スパイの「植え付け」は、常に成功と失敗が隣り合わせになっている。

スパイ戦争の真の勝者になるには、政治、戦略といった高次元の目的に対して、戦術や戦法の目標を適合させるという、たゆまぬ努力が必要だということであろう。

第27章
第四次中東戦争とインテリジェンスの失敗

「神の怒り作戦」発動

一九七二年九月五日早朝、パレスチナ武装組織「黒い九月」のメンバー八人が、ミュンヘン・オリンピック選手村のイスラエル選手宿舎に乱入し、イスラエル人選手とコーチを射殺し、さらに九人の選手を人質として拘束した。結果的にイスラエル選手ら九人が死亡した。

当時の女性国家指導者のゴルダ・メイヤー（一八九八～一九七八年）首相は、「黒い九月」の活動にどう対応するかを決める「極秘委員会」を設置した。この委員会ではメイヤーはダヤン国防相とともに共同議長を務めた。メイヤーは徹底抗戦を決意し、モサド(※)にメンバー全員の暗殺を命じた。そこでモサドは「神の怒り作戦」を発動した。

この作戦はスティーブン・スピルバーグ監督によって映画化されたことで有名になった。その作戦の概要は以下のとおりである。

一九七二年一〇月、モサドはアラファトPLO議長の従兄であるワエル・ズワイテルをローマで殺害し、大々的な復讐劇の開始を世界に発した。一九七九年一月、ついに実行犯のアリ・ハッサン・サラメの暗殺に成功した。

プレイボーイのサラメに対して、イギリス人女性のエリカ・チャンバースを使ってハニートラップを仕掛け、チャンバースの手引きで、サラメの車が通る道に爆弾を仕掛けて爆殺した。映画さながらに事前に暗殺予告文を送付し、サラメに献花を捧げたという。（S・スティーブン『イスラエル秘密情報機関』）

この暗殺が成功した最大の要因は、世界中に展開するユダヤ人ネットワークにある。そして国家が一丸となってモサドの秘密工作を支援し、海外ユダヤ人の「ユダヤの敵は徹底的に復讐する。二度と刃向わないように恐怖を知らしめる」という強い結束心があったからである。

「鉄の女」とはイギリスの女性首相サッチャーの代名詞であるが、彼女の専売特許ではない。しばしば女性の政府の長につける愛称であって、「強い意志を持つ女性」を表現するものである。メイヤーもまた「鉄の女」と呼ばれた。

メイヤーは、「神の怒り作戦」を成功に導いた歴史的な指導者として盤石な立場を築いたかに思われたが、人の運命はわからない。一年後の第四次中東戦争（一九七三年）の責任を問われ、辞任に追い込まれるのである。

第四次中東戦争における奇襲

さて本章では、メイヤーが失脚する原因となった第四次中東戦争に焦点を当てて「なぜイスラエルは奇襲を受けたのか？」を考えてみたい。

中東戦争はエジプトを盟主とするアラブとイスラエルの戦いであり、第一次から第四次に区分される。このうち、インテリジェンスの視点から第三次中東戦争（一九六七年）は成功、第四次中東戦争（ヨムキプール戦争、一九七三年）は失敗の事例として取り扱われることが多い。

第三次中東戦争は「六日戦争」と呼称され、イスラエルが電撃作戦を展開してわずか六日間で勝負をつけた戦いである。この戦争では、ＩＤＩ（国防軍情報課：アマンと呼ばれる）[※]とモサドが連携して有機的な情報収集活動を行なったことがイスラエルの大勝利につながった。

アマンは地上偵察、空中・電子偵察などにより、開戦前にエジプト軍の展開および攻撃計画を詳細に探知した。アラブ側の警戒がゆるむ時間帯、警戒が薄い地域を分析し、開戦前のアラブ空軍基地に対する攻撃を成功に導き、軍の陽動作戦と偽電によってエジプトの誤判断を誘った。ナセル大統領とフセイン・ヨルダン国王の通話の傍受にも成功した。そして、エジプト側がヨルダンを参戦させることを画策していることを察知して、ヨルダンの厭戦気運を盛り上げる宣伝工作を展開した。

一方のモサドは、優れたヒューミント活動を展開した。ウォルフガング・ロッツ[※]（一九二一〜九三年）やエリアフ・コーエン[※]（一九二四〜六五年）が卓越したスパイとして活躍した。ヒューミント活動の最大の快挙は、開戦前の二〜三週間前（一九六六年八月）にイラクのミグ21戦闘機パイロットを買収し、ソ連製最新鋭のミグ21戦闘機ごとイスラエルに亡命させたことである。アラブの実戦配備についていた同機の入手とパイロットの亡命で、イスラエルはエジプト側の戦闘機の特性・諸元、空中戦における戦術・戦法を事前に把握することができた。

なんといっても、第三次中東戦争における情報戦を勝利に導いたのは、アマンとモサドのチームプレーであった。実は、第三次中東戦争以前はモサドとアマンとの対立が絶えなかった。しかし一九六三年に独断専行型のモサド長官イッサー・ハレル[※]（一九一二〜二〇〇三年）が失脚し、後任のモサド長官にアマン長官のメイヤー・アミット[※]（一九二一〜二〇〇九年）が横滑りした。このことで対立が解消され、両情報組織のチームプレーが生まれたのであった。

では、第四次中東戦争におけるイスラエルの情報収集態勢はどうだったのだろうか？

第三次中東戦争以後、イスラエルは監視・警報態勢を大幅に強化し、友好国との情報協力により、アラブ側を支援するソ連に対する傍受網を整備した。新型のＵＡＶ（無人偵察機）を導入し、イミント[※]分野でも監視機能を強化した。

ヒューミント活動においても、ナセルの娘婿で、新エジプト大統領サダトの側近であるアシュラフ・マルワン[※]（一九四四〜二〇〇七年）を、一九六九年に協力者として獲得することに成功した。マルワンからは、エジプト陸軍の戦争計画や戦闘序列、エジプト政府の会議議事録、エジプトとソ連の交渉内容など高度の国家機密を入手した。

このようにイスラエルの情報収集態勢は、第三次中東戦争当時よりも格段に強化されていたのである。しかし、第四次中東戦争では、アマンは複数の有力な開戦兆候があったにもかかわらず、開戦一〇時間前になってマルワンが「エジプトが侵攻を開始した」と通報するまで、警告を国防軍に報告できなかった。情勢評価を誤り、エジプトの奇襲を受けて、あわや国家壊滅の危機に瀕することになったのである。

なぜアマンは評価を誤ったのか?

第四次中東戦争でのアマンの情勢評価の誤りを検証するうえで忘れてならないことは、第三次中東戦争でも戦争の最終局面まで、アマンはエジプト側の意図が読めていなかったという点である。つまり、一九六七年四月七日(開戦約二カ月前)、イスラエルがシリア空軍のミグ21戦闘機六機を撃墜した段階で、ナセルはイスラエルに対する侵攻を決断していた。なぜならば、アラブの盟主であるエジプトにとって、イスラエルによる対シリア攻撃は自国に対する攻撃と同じことだったからだ。

しかしイスラエルは、「エジプトは二正面作戦を回避する」(当時エジプト軍の三分の一がイエメン内戦に投入)と誤判断した。つまり、情報分析が、エジプトが二正面作戦を回避するであろうとの軍事的視点のみに傾斜し、エジプトの政治的考慮、すなわちアラブの大義に対する理解が不十分であったのである。

にもかかわらず、第三次中東戦争が奇襲を受けず、第四次中東戦争が奇襲を受けたのはなぜか?

その理由の一つは「意図見積り」に対する傾斜が挙げられる。

脅威の見積りは相手側の意図(何をしようとしているのか)と能力(何ができるのか)から構成される。第三次中東戦争では、最終局面までエジプトの侵攻意図を解明できなかったが、前線における敵の配置・戦闘準備などに関する情報から、当該地域内で「何ができるか?」の「能力見積り」は十分に行なわれていた。そのため「エジプト軍の侵攻あり」と判断して以降、イスラエル情報機関は国防軍の作戦・戦闘を支援する有用なインテリジェンスを提供し、軍事的大勝利に貢献できたのである。

一方、第四次中東戦争では「意図見積り」に傾斜し、「能力見積り」を軽視し、「エジプトは侵攻する能力はあるが、侵攻する意図はない」と評価した。そして、エジプトによる「スエズ運河沿いの防空網内での限定的作戦」の可能性を排除したのである。

第二の理由はバイアス（偏向）がかかった思考による「意図見積り」の失敗である。アマンは、イスラエルは航空優勢を確保しない限り地上攻撃はしない。だから、エジプトもソ連から攻撃機とスカッドミサイルを獲得するまでは攻撃しない、と判断した。これは「ミラー・イメージング」による解釈という。自分の考えを鏡（ミラー）に反射するように投射させて、相手も自分と同じように考えると思い込むことである。つまり、アマンは「ミラー・イメージング」というバイアス思考から、「スエズ運河沿いの防空網内での限定的作戦」の可能性を排除してしまったのである。

ところで、第三次と第四次では、アマン指導部の要員はほとんど交代していないにもかかわらず、どうして、第四次中東戦争では「意図見積り」に傾斜していったのだろうか？

アマン「作成・分析課」の元責任者のアモス・ギルボア准将は述懐している。

「おそらく一九六七年の時は、敵にネタニヤまで二〇キロの地点まで攻め込まれ、敵は何をしようとしているのか、などと悠長なことを言っている場合ではなかったからであろう。一九七三年の戦争では、プライドと驕りが影響したようである。敵ははるか遠くに位置していたし、われわれは完全に彼らを侮っていた。そんな相手の戦闘能力など気にする必要はなかったのである」（A・ギルボア他編『イスラエル情報戦史』）

つまり、第三次中東戦争での大勝利による「プライドと驕り」によって「エジプトはイスラエルの実力を思い知ったはずだ」との集団思考が支配し、それが「エジプトには攻撃能力はない」との過小評価へと連鎖し、重要な開戦兆候を次々と否定していったと考えられる。

さらに失敗の根源を突き詰めれば情報組織の問題にたどり着く。

一九七三年五月、モサドはフセイン・ヨルダン国王による「エジプトは五月中旬に開戦する」との情報を報告した。だが結果として、この時点でのエジプトの攻撃はなかった。表面上はアマンの「攻撃はない」という情勢評価が当たったことになる。しかし、実際はシリアの戦闘準備が未完であったから、エジプトは攻撃を中断したにすぎなかったことが戦後の検証で判明している。

情勢評価が表面上は当たったことでアマン長官のエリ・ゼイラ将軍(※)（一九二八年〜）の権威がますます高まった。国防相も参謀総長もアマン長官の判断には容喙（ようかい）できなくなった。そしてモサドを軽視したアマンの独断が横行するようになった。すなわち、ゼイラ将軍による「エジプトに開戦意志なし」との先入観に近い誤判断が周りを支配し、誰も反論できなくなっていたのである。

第四次中東戦争で奇襲を受けた責任をとるかたちで、ゼイラ将軍以下の四人の情報指揮官が解任された。

ゼイラ将軍は、かりにアマン長官の任命を受けていなかったならば、参謀総長になることを誰しもが疑わなかったほど優秀であった。イスラエルは大きな代償を払って「情報指揮官は聡明なだけでは不十分である」ことを学んだのである。

インテリジェンスにおける教訓

「意図見積り」へ傾斜したためにインテリジェンスが失敗することは多々ある。なぜならば意図は不可視的であり、しかも国際情勢の急変などによって容易に変わるからである。

アメリカは朝鮮戦争において「中国は国内経済優

先の折だから中国軍の介入はない」と判断した。ベトナム戦争においても自らの北爆の効果を過大視して、「北ベトナムが立ち上がる気力は失せた」と判断した。いずれも能力よりも意図を重視して敵の行動を見積り、奇襲を受けたのである。

一方「能力見積り」のみに立脚すればどうなるだろうか？

たとえば、北朝鮮と中国はわが国に対してミサイル攻撃ができる。さらに中国は南西諸島に、ロシアは北海道北部に奇襲侵攻することができる。これら、能力的に可能な行動のすべてに対して防衛態勢をとろうとすれば国家財政はたちまち破綻する。現実的に不可能なことでもある。

したがって「能力見積り」に「意図見積り」を斟酌して、相手国の行動などを予測する必要がある。まず相手側の可能な行動についての蓋然性（起こる可能性）を評価して、蓋然性の高い可能行動に対し重点的に備える。その一方で奇襲防止という観点から、わが国に最も重大な影響を及ぼす可能行動をいくつか想定し、その対策を別途に講じておくことが重要となってくる。

もう一つ強調しておきたいことは、「勝って兜の緒を締めよ」ということである。わが国には、日露戦争の大勝利によって浮かれ、そこに存在したであろうインテリジェンス上の問題点を無視し、それが太平洋戦争の失敗につながったという前史がある。

このことは、個々の情報分析の問題としてもとらえられる。どんなに思考過程が正しく、深い分析をしても、情勢評価を誤ることがある。ただし問題はむしろ逆の場合である。第四次中東戦争におけるアマンの分析のように表面上の結論だけが当たることはよくある。このような場合こそ、もう一度、「なぜ的中したのか？　偶然ではなかったのか？　分析を誤るおそれはなかったか？」など、客観的かつ冷静的にフィードバックする必要がある。

プロ野球監督の野村克也氏の名言「勝ちに不思議の勝ちあり、負けに不思議の負けなし」（もともとは江戸時代後期の平戸藩主松浦静山の言葉）を肝に銘じる必要があるということである。

メイヤー首相の責任?

ふたたびゴルダ・メイヤーの話に戻そう。第四次中東戦争の開始当日の夕方、メイヤー首相はテレビを通じて国民に演説した。

「ずっと以前から、わが国の情報組織は、エジプトとシリアの軍隊が連携してイスラエル攻撃態勢に入っているのを、察知しておりました……。わが軍も、計画に従い、目前に迫った脅威に対抗することになりました」(『イスラエル秘密情報機関』)

しかし、この演説の最中にイスラエル軍の兵士は国家が存続できるかどうかの瀬戸際の戦いをしていた。奇跡的に勝利したあとで、イスラエル国民は、この戦争が敗北と紙一重だったことを知ることになる。

つまり、メイヤー首相は国民に嘘をついていた。敗北するかもしれない瀬戸際に国民の士気が失われるような演説をするわけにはいかない。だから、彼女は国家生き残りのために〝必要な嘘〟をついたのである。そして、最終的には第四次中東戦争においてもイスラエルは勝利した。

しかし、メイヤー首相に対し、イスラエル国民は容赦しなかった。長年ユダヤ人の不屈の意志と勇気の象徴のように見られていたメイヤーだったが、彼女はメディアをはじめ国民から激しく非難された。わずか人口二五〇万の国には大損失である三千に近い将校、兵士の戦死という悲劇を招いた責任を問われたのである。

ハレル同様、ゴルダ・メイヤーも世界を白と黒、正義と悪という二つに分け、その間にわずかだけ中間が存在すると見なす傾向があった。(『イスラエル秘密情報機関』)

悪は徹底的に叩く、それがメイヤーの信念である。一九七二年の「神の怒り作戦」は、彼女の持ち前の強い信念と強力な指導力によって行なわれた。メイヤーはいったん国家が危機になるとそれを克服する卓越した能力を有していた。

しかし、インテリジェンスによって、事前に「黒い九月」によるテロを警告できれば、この「神の怒り作戦」はまったく不要なものであった。そして、第四次中東戦争における奇襲である。はたしてメイヤーは国家指導者として、インテリジェンスの重要性をどのように理解し、情報組織を指導していたのだろうか？　メイヤーから情報組織に対し情報要求がしっかり出されていたのだろうか？

当時のさまざまな文献において、メイヤーとインテリジェンスとの関わりを説明する資料を探すことは困難である。ただし、歴史的な奇襲とされるバルバロッサ作戦、真珠湾攻撃、そして次章のフォークランド戦争では、いずれも国家指導者のインテリジェンス軽視という面が見られる。メイヤーもまたインテリジェンスの重要性に無頓着な直截的な指導者であったのかもしれない。

国家指導者には強い信念が求められる。しかし、それと同じくらい国家を危機の淵に向かわせない、先見力や柔軟な判断力も必要だ。それを支えるのがインテリジェンスなのである。

すなわち、国家指導者がインテリジェンスの重要性と、その不備の危険性を深刻に認識しない限り、危機は避けられないし、未曾有の惨事を招かざるを得ないということである。

第28章
フォークランド戦争と「鉄の女」

フォークランド戦争勃発

一九八二年、大西洋のイギリス領フォークランド諸島（アルゼンチン名：マルビナス諸島）の領有をめぐり、イギリスとアルゼンチンが戦火を交えた。世に有名なフォークランド戦争（紛争）の勃発である。

一九八二年三月下旬、フォークランド諸島の約千キロ東にある英領サウス・ジョージア島に、くず鉄回収業者が上陸し、アルゼンチン国旗を掲揚したことから両国関係は一挙に緊迫化した。

サッチャー英首相は、くず鉄回収業者の強制退去を命じるとともに、三月二八日、ヘイグ米国務長官にアルゼンチンに圧力をかけるよう依頼。さらにフォークランド諸島へ原子力潜水艦の派遣を決定した。

三月三一日、「アルゼンチンが正規軍を動かし始めた」との報を受け、サッチャーは四月一日、レーガン米大統領に事態収拾の仲介を要請するとともに、閣議を召集し、機動部隊の編成を命じた。

四月二日、約四千人のアルゼンチン陸軍がフォークランド諸島に上陸、警備にあたっていたイギリス兵がほぼ無抵抗のうちにイギリス総督府を占領した。

四月二五日、サッチャーは海軍の三分の二にあたる艦船を一万三千キロ離れたフォークランドに向けて南下させた。

当初は一進一退の攻防であったが、イギリスは原潜による魚雷発射、空母からのS／VTOL機による爆撃によってアルゼンチン巡洋艦を撃破し、次第に戦いの主導権を握る。一方、アルゼンチン軍はエグゾセ・ミサイルと戦闘機による対艦攻撃によって巻き返しを図るが、戦況は次第に不利になっていった。

そして、士気と練度で上回る、実戦経験豊富な英海兵隊がフォークランドに上陸し、二カ月あまりの激戦の末にアルゼンチン軍を駆逐した。この戦争で両軍あわせて死傷者三千人以上の犠牲者が出た。

両国にとってフォークランド戦争とは？

一九八一年一二月に新大統領に就任したガルチェリ（陸軍司令官を兼務）にとって、マルビナス（フォークランド）奪回は政権固めの近道であった。経済混乱にあえぐ国民の不満、民衆の騒擾（そうじょう）が起こりそうな情勢、軍内部にくすぶり続ける不満、これらを解消するためには目に見える成果が必要であったのである。

一九八二年四月二日、イギリスに長年占領され続けてきたマルビナスを奪回したとのニュースが伝えられると、アルゼンチン国民は熱狂し、軍事政権下の重苦しい雰囲気と経済苦境は一夜にして忘れ去られた。しかし、結局はこの戦争に敗れ、ガルチェリはその責任を問われ、陸軍司令官と大統領を辞任し、懲役一二年に処せられた。

一方、社会保障の削減などで人気が落ちていたサッチャーは、この戦争での勝利によって政権支持率を回復し、その後、首相として三選を果たすのである。

ただし、サッチャー人気回復の陰では、アルゼンチン軍の奇襲を許して尊い命が失われたとして、イギリス政府は議会から激しく追及され、キャリントン外相とその道連れで二人の外務次官が引責辞任したのであった。

「鉄の女」サッチャー

フォークランド奪回を決断したサッチャーに対し、イギリス議会では「あんな小さな島を守るために大金を使うのか」「戦争より話し合いを」という否定的な意見が主流であった。

国連やアメリカなどは平和的解決の斡旋(あっせん)を申し出た。しかし、サッチャーは「侵略者が得をすることがあってはならない」と言って一切の譲歩を拒んだ。この際、サッチャーが弱腰の内閣に向けて「この内閣に男は一人(サッチャーのこと)しかいないのですか?」と言ったといわれている。発言の事実は確認できないが、「鉄の女」サッチャーを物語るエピソードである。

サッチャーは一九二五年、小さな田舎町で食料雑貨店を営む一家に生まれた。父親は地方の名士であり、市長を務めた経験がある。オクスフォード大学を卒業し、父親の影響を受けて政治の世界に強い関心を抱き、一九五〇年に二四歳で保守党から下院議員選挙に立候補するが落選。その後、結婚と出産を経て、夫の強力なサポートを得て五九年に下院議員初当選を果たす。なお、彼女の夫は「鉄の女」サッチャーを演出するために〝ダメ亭主〟を世間に演じ続けた。

一九七〇年に教育科学相に就任、七五年二月に保守党党首に就任、七九年の総選挙で保守党が労働党に勝利するとイギリス史上初の女性首相となった。

一九八〇年のモスクワ・オリンピックでは前年のソ連のアフガニスタン侵攻に抗議してボイコットを呼びかけ、八二年のフォークランド戦争では強硬措置をとり、世界の注目を集めた。

一方の内政面では、行きすぎた福祉国家政策によって財政難が続くなか、「小さな政府」や「民営化」などをキーワードとした「サッチャリズム」を強硬に推し進めた。しかし、この政策により貧富の格差がますます拡大し、失業率が上がった。国民の不満増大と支持率低下のなか、一九九〇年一一月に彼女は首相を退いた。

噴出した国内批判

フォークランド戦争はイギリスではのちに「起きなくてもよかった戦争」と呼ばれることになる。つまり、政府が情勢判断のミスで抑止対応をとらなかったことにより、無駄な損害を出した、という批判である。

これに対し、サッチャーは回顧録で「戦争は本当に突然起こった。後講釈でわかったようなことをいう人は多いが、侵略を数時間以上前に予測したものは一人もいなかった」と述べている。（M・サッチャー『サッチャー回顧録』）

英外務省の見解も、「三月二九日まではアルゼンチンの軍事政権側に侵攻の意図はなかった。したがって侵攻情報も入手できるはずはなかった」というものである。しかし、これでは三一日に行動を開始するアルゼンチン軍はわずか四八時間以内で侵攻準備を整えたことになる。そんなことは物理的に不可能である。

だからイギリス議会は「情報分析や外交交渉がどうなっていたのか?」「一九七七年にフォークランドで問題が起きたとき、当時の労働党政権は機動部隊を派遣することを決定して難を回避した。どうして今回はもっと早く行動に移れなかったのか?」と、政府の対応を厳しく追及した。

これに対してサッチャーは、一九八二年七月六日、調査委員会を設置し、アルゼンチン侵攻に至るまでの英国政府の判断と政策が妥当であったかどうかを検討させた。調査委員会は八三年一月の報告書の中で、「四月二日のアルゼンチンの侵攻を予見することは不可能であった。かりに英政府が別の措置をとっていたとしてもアルゼンチンの侵攻を防止することができたかは定かではない。現政府に批判あるいは非難を下すのは正しくない」と結論づけた。サッチャーは、この報告書によって政治責任を見事にのがれることができた。

しかし実態は異なる。事前にアルゼンチンの英国大使館からは再三にわたる重大な警告があった。にもかかわらず、アルゼンチンが極端な行動はとらないとの楽観論に縛られていた。そしてアルゼンチンに対しては、「もし侵攻するならば、こちらも武力を使うぞ」と一度たりとも言明していない。これらのことが「起きなくてもよかった戦争」を招いたのである。

なぜイギリスは奇襲を許したのか?

インテリジェンスの視点からは以下の問題点が挙げられる。

第一に、アルゼンチンの政権が一枚岩ではないことを見落とし、その政治的意図を見誤った。強硬派の軍人(ガルチェリ大統領とホルヘ・アナヤ海相)と穏健派のコスタメンデス外相とでは対外方針が異なっていた。外相はあくまでも外交交渉によるマルビナスの奪回を目指しており、外相自身が、軍事力による強硬解決に走るガルチェリらの思惑に気づかなかった。

英国外務省はアルゼンチン外務省の意図は正しく見積っていたが、見積るべき対象であるガルチェリらの意図を見誤った。政策決定中枢の意図を判断するためには、信頼できるヒューミント網が必要であったが、このパイプを持っていなかったのである。

第二に〝オオカミ少年〟症候群である。アンソニー・ウィリアムズ英国大使が一九八〇年に着任して以来、英国大使館はずっと警告情報を送っていた。しかし、アルゼンチンによる侵攻は実際に起きなかったため、「出先の大使館は〝オオカミ少年〟のようだ」という評判が定着し、イギリスは警告を懐疑的に見ていた。

これは「兆候と警告(I&W)」という問題である。警告する側は兆候を見落として警告を怠れば批判にさらされる。だから警告する側は〝オオカミ少年〟のように、なんでもかんでも警告することになるが、カスタマー(意思決定者)は警告が頻繁(ひんぱん)になるとそれを無視する。

だが、カスタマーは警告にもとづくあらゆるシナリオを想定して常に最新の対応を考えておかねばならない。一方の警告する側は、重大な兆候であると判断する指標を明確にして、より具体的な警告を発することが重要となる。

第三に合同情報委員会(JIC)[※]が機能しなかった。JICは三月三一日の段階になっても、「アルゼンチン政府はわれわれの反応を探っているものの、サウス・ジョージアへの上陸は意図しておらず、行動をエスカレートするにしても全面的な侵攻まではいかないだろう（以下略）」と首相に報告していた（『サッチャー回顧録』）。ましてやフォークランド諸島への侵攻は想定外というお粗末さであった。

ＪＩＣは各所の情報をとりまとめて国家インテリジェンスを生成する役目を持っている。英国内閣府の一部局で、インテリジェンスはその最高幹部に直接報告され、次いで首相に伝えられる。ＪＩＣは情報を一元的に評価し、外務省とは別個に違った角度から情勢評価を下すことに意義がある。

しかし当時のＪＩＣの組織、機能には以下の問題があった。

●英国外務省は在アルゼンチン大使館からの情報を重視しておらず、ＪＩＣは入手するほとんどの情報を外務省に頼り切っていた。つまりＪＩＣに在アルゼンチン大使館からの重要な情報が集約されなかった。
●処理しきれないほどの大量の情報があって、ＪＩＣには南米から送られてくる生情報を処理する体制ができていなかった。
●首相があまりにも忙しすぎて情勢報告に十分かまっていられなかったことがＪＩＣの機能発揮を阻害した。
●ＪＩＣ議長の国家的ランクが低かったために、インテリジェンスの集約が不十分という側面もあった。
（中西輝政編著『インテリジェンスの20世紀』）

インテリジェンスの一元化や組織の統合化は効率的に見える。わが国の情報体制の欠点の一つとして、情報をまとめる、すなわち各情報組織からの情報を集約・統合する機能が弱いことが挙げられる。

この改善は是非とも必要ではあるが、統合化は評価のチェックが甘くなり、思考の幅が狭くなるという欠点もあることを認識しなければならない。

サッチャーの責任とは？

サッチャーは外交経験のまったくない首相であり、外交センスもなかったという。一九七九年にサッチャーが首相になった時、彼女は情報部についてほとんど知らなかった。サッチャーにそれをレクチャーしたＳＩＳのブライアン・クロージアは、「彼女は外交、秘密情報部などについての知識はゼロに近かった」と言っている。（『スパイの世界史』）

だとすれば、サッチャーはインテリジェンスおよび情報組織を軽視し、独断的な政策判断に固執したのではないか？　前述のイスラエルの女性首相ゴルダ・メイヤーと同じく直截的な指導者であったのだろうか？

女性国家指導者は、イギリスのウィストン・チャーチルのような〝寝業師〟の立ち回りには向かないのかもしれない。この点は、今後の検証課題だともいえる。

いずれにせよ、インテリジェンスの軽視が情勢判断ミスと奇襲を生み、失なわなくてもよい命が奪われたとすれば、いくら強烈なリーダーシップを発揮し戦争に勝利したとしても、〝責任の帳消し〟とはならない。

ただし、サッチャーはフォークランド戦争の失敗から学んで、それ以降はインテリジェンスを重視したという（『世界のインテリジェンス』）。失敗を教訓にして、誤りを正すことは政治指導者に求められる最低限の責任である。サッチャーの罪一等（つみいっとう）を減じたい。

尖閣諸島の備えは万全か？

ところでフォークランド戦争当時、イギリスが置かれた戦略環境をもう一度整理しておこう。

●国内事情を背景にマルビナスの奪回を強硬に推し進めるアルゼンチンに対し、イギリスは〝オオカミ少年〟症候群が蔓延して楽観的であり続けた。

●意思決定が一枚岩ではなく強硬論に走るアルゼンチン軍部に対し、イギリスは軍事政権の意図を解明するためのパイプを持たなかった。

●冷戦末期においてソ連に対する情報関心が高まるなか、イギリスは第三世界のことに目がいかなかった。

これらは、現在の北朝鮮のミサイル情勢が緊迫化しているなかでの尖閣諸島めぐる日中対立の構図とよく似ている。アルゼンチンおよび第三世界を中国に、イギリスを日本に、ソ連を北朝鮮に代えて読んでみよう。ここには現実の起こりえる〝陥穽〟に関する重大な警告が潜んでいるような気がする。

すなわち、インテリジェンスを軽視して「起きなくてもよかった戦争」を起こしてはならないのである。

そして、かりに中国による尖閣諸島上陸が生起した場合、わが国政権もサッチャーのような強烈なリーダーシップを発揮して島嶼奪回作戦を敢行しなければならないのだ。それを支えるのは国民の揺るぎない愛国心であるということも付言しておく。

第29章 北朝鮮の対南工作と女性スパイ

北朝鮮のスパイ活動

一九八〇年代以降の韓国は急激な経済成長を続け、八八年のソウルオリンピック開催を目指して全世界に積極的な外交を展開した。一方の北朝鮮は経済苦境から脱出できず、両者の世界的地位には決定的な格差がついた。このため、北朝鮮情報組織の活動は、自らの政権存続の危機が韓国発で発生することに最大の注意を払うことになる。

一九八三年一〇月、人民武力部隷下の総参謀部偵察局が、全斗煥(チョンドファン)韓国大統領一行のビルマ(現ミャンマー)訪問時に爆殺を企てた(ラングーン事件)。

これは、八二年八月の韓国閣僚によるアフリカ諸国歴訪に対する北朝鮮の苛立ちに端を発し、韓国が北朝鮮の友好国であるビルマへ訪問するならば北朝鮮の外交的孤立は避けられないとの危機感から決行したとみられている。

一九七八年一一月にはソウルオリンピックの妨害を狙い、女性工作員金賢姫(キムヒョンヒ)(※)らによる大韓航空機爆破事件が生起した。なお、北朝鮮側はこの事件を韓国による自作自演だと一貫して否定している。北朝鮮の『労働新聞』は、連日のごとく「南朝鮮の国家安全企画部が、ありもしない金賢姫という女性を仕立て上げ、大韓航空機爆破犯を捏造している」と報道した。

日本に対しては、在日米軍の状況把握、潜在的防衛力の把握、対南(韓国)工作のためのスパイ網の埋設などを目的にスパイ活動を展開した。

対南工作の一環として一九七〇年代以降、日本人拉致事件が発生した。これは、強固な韓国の防諜網を突破するためには日本人あるいは在日韓国人になりすますのが得策として、日本人国籍の取得や日本語教師を獲得するなどを狙ったものであった。

南北朝鮮の分断と北朝鮮情報組織

北朝鮮のスパイ活動を考察するうえで、南北分裂の歴史と北朝鮮情報組織の発足・発展の経緯を押さえておくことは重要である。ここで少し回顧してみよう。

北朝鮮の誕生は一九四五年のヤルタ会談に端を発する。つまり、アメリカの誤った見積り(日本の降伏にはソ連の参戦が必要)と、これを幸いに朝鮮半島を支配下に置こうとしたソ連の野心が北朝鮮を誕生させたのである。

一九四五年八月九日、ソ連は日ソ中立条約を一方的に破棄して北朝鮮の諸都市を爆撃し、重要都市を次々と占領した。日本の降伏後、たちまち北朝鮮一帯を制圧した。一方、朝鮮進出で後れをとったアメリカは、三八度線をもって米ソによる日本軍の武装解除の境界線とすることを提案し、ソ連がこれを了承した。ここに南北朝鮮の分割の歴史が開始された。

一九五〇年六月二五日、北朝鮮軍による三八度線全線にわたる攻撃により、朝鮮戦争の火蓋が切られた。結局、この戦争は三八度線で戦線が膠着し、それが軍事休戦ラインとなって今日に至っている。

第二次世界大後、ソ連および中共による指導を受けて北朝鮮では国内体制確立のための秘密政治警察の整備が中心に進められた。

建国（一九四八年九月九日）直後の北朝鮮は、国内の経済・政治体制を安定させ、朝鮮労働党を防衛するために、朝鮮労働党隷下の内務省が中心となり、国内反対派を粛清していった。

二代目の金正日（キムジョンイル）への世襲が確定した一九七三年九月頃以降、対南工作の強化や情報組織の新設・拡張が行なわれた。

金正日は、朝鮮労働党の傘下に作戦部(※)、対外連絡部(※)、三五号室(※)および統一戦線部(※)という四つの情報組織を整備・拡張し、南北朝鮮の統一を目指して対南工作を強化した。

世に注目された大韓航空機爆破事件

北朝鮮が企てたとされる最大級のテロが、一九八七年の大韓航空機爆破事件である。事件の概要は以下のとおりである。

同年一一月二九日、バグダッド発ソウル行きの大韓航空機858便がビルマ沖で爆発、失踪した。一二月一日、事前に同便を降りていた怪しい男女二人がバーレーンで逮捕された。二人は旅券から「蜂谷真一」と「蜂谷真由美」であると名乗った。

しかし、この日本人名義の旅券は偽造であり、まもなく二人が北朝鮮スパイの金勝一（キムスンイル）（当時五九歳）、金賢姫（当時二五歳）であることが判明した。

金勝一はタバコを吸うふりをして青酸化合物により服毒自殺したが、金賢姫は一命を取りとめ、三日後に意識を取り戻した。彼女の身柄は一二月一五日に韓国へ引き渡され、国家安全企画部(※)で尋問が行なわれた。彼女は当初日本人になりすまし、ついで黒龍江省出身の中国人であると供述して容疑を否認し続けた。

　しかし、取調官による巧妙な事情聴取と、捜査員がソウルの繁華街へ連れ出し、韓国の繁栄ぶりを見せたのが功を奏し、彼女はついに北朝鮮スパイであることを認め、爆破テロの犯行を自供した。

　金賢姫の供述によれば、爆発物は時限装置付きのプラスチック爆弾が入った携帯ラジオと液体爆弾が入った酒ビンであった。二人は金正日の命令によって、韓国によるソウルオリンピックの単独開催を妨害するために爆破テロを企てた。つまり、国際社会における「韓国の信頼低下」を引き起こし、北朝鮮の同盟国であった東側社会主義諸国にオリンピックをボイコットさせる動機の一つにさせようと狙った。

　しかし、事件後に世界各国により北朝鮮への非難が巻き起こり、「韓国の信頼低下」という現象は起こらず、一九八八年には無事ソウルオリンピックが開催された。このオリンピックに参加しなかったのは北朝鮮くらいで、彼らの目論見は完全に失敗したのである。

実行犯の美人スパイ、金賢姫

金賢姫は若さと美貌から〝美人スパイ〟として世の注目を集めた。彼女の父親は外交官であり、比較的に恵まれた幼少期を過ごしている。平壌外国語大学日本語科に在籍中に北朝鮮スパイ（工作員）としてスカウトされた。「李恩恵（リウネ）」と呼ばれる日本人拉致被害者の女性、田口八重子から日本語や日本文化の教育を受けたという。

　金賢姫は死刑判決を下された。しかし、政治的配慮から特赦となり、その後、一九九七年に韓国の国家安全企画部（現国家情報院(※)）部員と結婚し、子供も授かった。九九年には自伝『いま、女として――金賢姫全告白』が発行され、ベストセラーになった。この中で彼女は「韓国は乞食と娼婦があふれていると教育されてきたが、実際の韓国の豊かさや自由を見て北朝鮮当局に騙されていたことを悟り転向した」と綴っている。

爆破テロで彼女は、日本人名義の旅券を使用し、日本人になりすまそうとした。しかし、彼女の日本語のレベルではすぐに見破られてしまう。少々の日本人教育を受けても、北朝鮮で生まれ育った者が、完璧な日本人を装うことはできないのである。

金賢姫は自殺に失敗した。死ぬのが惜しくなったのかもしれない。このこと一つをとっても、彼女は完全なプロとはいえない。プロの教育が不十分なまま、日本語が少々できる（平壌外国語学校日本語学科）ということでスパイに抜擢し、訓練中であったにもかかわらず、焦って彼女を大謀略に投入してしまったと推測される。

では本当の身分偽装（カバー）(※)とはどういうものか、プロの女性スパイとはどんなものかは、次に紹介する北朝鮮最高位の女性スパイが如実に示唆してくれる。

北朝鮮最高位の女性スパイ、李善実

一九九二年一〇月六日、韓国の国家安全企画部（前身はＫＣＩＡ(※)）は「容疑者七二人を検挙、そのうち六二人を国家安全法違反容疑で逮捕し、三〇〇人を全国指名手配した」と発表した。これは、韓国における史上最大規模のスパイ事件の発覚だとされている。

この事件の発覚は、進みかけていた南北対話に深い亀裂を残すことになるが、この事件を背後で操っていたのが李善実（リソンシル）(※)（一九一六～二〇〇〇年）である。ただし、この名前は北朝鮮へ渡ったのちに使い始めた名前で、本名は李花仙（リファソン）という。

済州島南部の村に生まれた彼女は、のちに北朝鮮最高位の女性スパイとされ、北朝鮮の人気テレビドラマ『名なしの英雄』のモデルになった。

彼女の経歴は実に華々しい。一九八二年二月、最高人民会議第七期代議員に当選（以来一〇期まで継続して選出）した。九二年九月の「北朝鮮政権樹立四四周年記念行事」の時、北朝鮮「労働新聞」は彼女の名前を政治局候補委員、序列二二番目に掲載した。一九九四年七月の金日成（キムイルソン）の葬儀には国家葬儀委員会委員に選出された。

日本に渡って在日韓国人に偽装して韓国に合法的に潜入するという手法を確立したのが彼女だとされる。ではその手口を全富億（チョンブウク）著『北朝鮮の女スパイ』を基に再現してみよう。

一九五〇年の朝鮮戦争の勃発直前、李善実は北朝鮮労働党から派遣されたスパイと同棲していたが、このスパイが韓国治安当局に現行犯逮捕（のちに処刑）されたことで彼女も指名手配された。この時、「この恨みはきっと晴らす」と言い残して、北朝鮮に脱出した。

朝鮮戦争後、李善実はソウルでスパイ活動を開始した。この時は短期間でソウルから平壌に帰った。そして北朝鮮労働党直属の「金剛学院」で集中的に共産主義の思想教育を受けた。のちに「六九五政治学院」に入学し、スパイとしての実践的訓練を受けた。その後、韓国内に潜入してスパイ活動を開始するが、この頃にはすでに四〇代後半になっていた。

その後、李善実は韓国に非合法に二度潜入した。一度目は一九六六年八月に特殊工作船で韓国西海岸にある江華島にひそかに上陸した。ソウルや釜山（プサン）付近に五年間にわたって潜伏したのち、七一年に北朝鮮に帰還した。二度目は七三年四月に同じルートで上陸し、再びソウルと釜山に潜み、同年九月に帰還した。

この二度の韓国潜入において、北朝鮮労働党連絡部（のちの社会文化部）は彼女のスパイとしての力量を高く評価した。こうした実績を経て、大がかりな秘密工作のための韓国への長期潜入の準備が開始されることになったのである。

李善実は在日韓国人になりすまし、「合法的な身分」で韓国に入国することを計画する。そこで身代わりとなる女性を求めて、李善実は、在日朝鮮人として日本に住んだことがあり、のちに北朝鮮に帰国し、しかも自分と同じ年格好で出身地が近い女性を探した。

そのターゲットが日本から帰国した申順女（シンスンニョ）（当時七四歳）であった。李善実は申順女に言葉巧みに近づいて、彼女から、韓国全州市に実姉の申良根（シンヤングン）がおり、神戸には腹違いの弟の申性福（シンソンボク）がいることを聞き出した。こうして「申順女」になりすまし、一九七四年一月、北朝鮮のスパイ工作船で日本に密入国し、まず神戸にいる申性福を訪ね、自分が腹違いの姉の申順女であると思わせることに成功した。

次に、李善実は東京入国管理局に、一九六四年に韓国から日本に密入国してきた「申順女」として「特別在留許可」を申請する。不法入国者は強制退去されるのが原則であるが、やむを得ない事情がある場合のみ「特別在留許可」が与えられる。彼女はその制度を利用したのである。

ところが、東京入管が彼女の供述を調査していく過程で、ホンモノの申順女は一九六〇年四月二五日に日本から北朝鮮に渡り、永住帰国している事実が判明した。しかし、李善実は「自分が本当の『申順女』で、北朝鮮に渡ったのはニセ者だ」と主張し、東京入管を騙し通すことに成功した。

「特別在留許可」を得た李善実は一九七四年一一月、「在日韓国人住民（在外国民）登録」を申請した。この登録書があれば旅券が申請できる。旅券があれば韓国への出入りが自由にできるというわけである。しかし、彼女はすぐには旅券を申請せずに、「腹違いの弟」やその家族となじみ、機が熟するのを待った。

一九七八年五月、李善実はようやくスパイ「申順女」としての行動を開始する。まず申性福を誘って、韓国に住む「実姉」の申良根に会いにいこう、と誘う。そして韓国民団事務所に「母国訪問団」での訪問を申請した。集団訪問とすることで、偽装が見破られ、逮捕される危険性を低減しようとしたのである。

訪問団の定例の見学コースを回った後、それぞれが肉親や親戚に会う時間を利用して、彼女は申良根を訪ねた。李善実は迫真の演技で〝涙の再会〟を装った。

申良根の長男（六六歳）には腕時計とカメラをプレゼントとして、歓心を買うことも忘れなかった。何日か「実姉」の家に滞在して市内観光した。

韓国訪問から帰国して半年後、李は再び「申順女」名義の旅券で韓国に個人的に渡り、多くの土産物を持参して申良根の家に直行した。

ところが、その後しばらく李善実の足どりが日韓両国からぱったりと消えた。実は一九七九年四月から七月まで、彼女はひそかにスパイ工作船で日本海を渡って北朝鮮に帰国し、次なる秘密工作の計画を練っていたのである。

一九七九年九月、李善実は再び韓国を訪問（三度目の合法的潜入）した。この時には韓国での長期潜伏に備えてアジトとなる家を探した。「姉一族」の歓心を買うため、最初、その家は申良根の次男名義にした。

一九八〇年三月末、李善実は韓国を訪れた（四度目の合法的潜入）。のちに韓国を揺るがした空前のスパイ事件を引き起こした韓国内での長期潜伏は、この時から始まった。彼女はまず「申順女」名義の住民登録をした。このとき彼女は六三歳になっていた。住民登録を終えると、以前に購入しておいた家を自分名義に書き換え、少しずつ「姉一族」とは距離をおいた。

一九八一年一一月、韓国において本格的なスパイ活動を開始する。彼女はソウル市の教会に行き、「老後が寂しくなるので、誰かいい人がいたら養女にしたい」と申し出る。こうして保険会社の外務員をしていた金玉基（キムオクキ）（当時五三歳）を紹介され、彼女を養女として迎えて生活をともにする。女性の一人暮らしが目につきやすいことを案じたカモフラージュである。

一方で李善実は不動産の購入、転売、高利貸しを行なって活動資金を調達した。日本へも頻繁に往来した。一九八二年八月から九〇年三月にかけて計四度、通算八カ月間も日本に滞在した。

この四度の日本往来は、北朝鮮から隠密に送られてきた北朝鮮スパイとの接線（ジョプソン）（北朝鮮スパイ用語）

であった。韓国内での活動状況の報告や今後の活動方針などを協議していたという。韓国内でのスパイ同士の接触は危険が大きいため、日本での接線が活用されたのである。

李善実は、韓国内を混乱させる破壊活動を展開するため、現地の韓国人スパイの抱き込みを開始した。その核となる人物が、サボク炭坑騒擾事件（一九八〇年四月）の主導者であった黄仁五（ファンインオ）（当時三七歳）である。彼の母親の全在順（チョンジエスン）は「民家協」という左翼団体に関係しており、二人の弟もソウル大学在学中に過激な活動により逮捕歴があった。

李善実は北朝鮮からの無線連絡で、黄仁五の活動歴や家族関係を詳細に把握した。まず「民家協」の幹部に近づき、この関連団体に寄付をして信頼関係を築いた。次に「民家協」の会員に接触し、「この中に息子二人が刑務所に放り込まれた母親がいるかと聞いたが、本当か？」と尋ねた。そして、ある会員から黄仁五の母親である全在順を紹介される。李善実はやがて全在順を通して黄仁五に接触した。

黄仁五は学業優秀であったが、貧しい家庭ゆえに大学に進学できず、自らは働きながら弟たちをソウル大学に進ませていた。そうしたなかで社会に矛盾を感じ、社会主義に傾倒していった。刑に服した前歴もあって経済的にも苦しかった。このような黄仁五の境遇を李善実は決して見逃さなかった。

やがて北朝鮮による黄仁五に対するスパイ教育が開始される。彼は無線機の操作方法、北朝鮮から送られる指令文の解読要領、隠書用試薬の製造方法など、さまざまなスパイ技術を身につけた。

一九九〇年一〇月、黄仁五は初めて北朝鮮に密航し、七日間のスパイ教育を受けたのち、正式に朝鮮労働党に入党した。この時、李善美もいっしょに密航し、北朝鮮に帰還した。以後、韓国内での彼女の活動は確認されていない。

黄仁五は潤沢な活動資金を与えられ、北朝鮮労働党の指示に従ってスパイ網の埋設に努めた。そして、前述の一九九二年の史上最大規模のスパイ事件を起こす。彼はこの事件で主犯格とされて終身刑を下された。

李善美は一九八〇年から約一〇年間、在日韓国人として韓国に潜入して一般市民になりすましてスパイ活動を続けていた。周囲からは「李ハルモニ（李おばあちゃん）」と呼ばれ、親しまれていた。〝スパイらしからぬスパイ〟がここにもいたのである。

それにしても、李善実の慎重かつ周到な準備工作、偽装の完璧さ、それでいて大胆な活動にはおそれいる。さすが北朝鮮最高位の女性スパイだけのことはある。

北朝鮮のマタ・ハリ「元正花」

冷戦の終了とともに共産主義イデオロギーは終焉を迎え、東西ドイツは統一された。しかし朝鮮半島には冷戦の終結は訪れず、統一に向けた時計の針はいっこうに進んでいない。だから現在も、北朝鮮によるスパイ活動と対南工作は停滞していないと考えるべきだ。

二〇〇八年七月一五日、北朝鮮の女性スパイ元正花（ウォンジョンファ）（一九七四年〜）が日本から韓国に帰還した直後、韓国の検察によってスパイ容疑で逮捕された。

元正花によれば、二〇〇〇年三月の朝鮮労働党中央委員会で金正日は脱北者の中に工作員を潜入させる対南工作を開始するよう指令した。これにより彼女は中国へ潜入したという。

彼女は現地で妊娠し、中国人妻を得ようと中国を訪れていた韓国人会社員と婚約した。彼女は子供を中絶しようとするが、「妊婦は疑われにくい」として北朝鮮保衛部は中絶を認めようとしなかった。

二〇〇一年一〇月頃に韓国人会社員と正式に結婚して韓国へ入国。入国直後に脱北者として韓国政府に出頭。そして会社員とはすぐに離婚して女児を出産した。その後、彼女はスパイ活動を本格的に開始するようになる。まず結婚相談所に登録して、韓国の軍人を紹介してもらうよう希望した。こうして韓国軍部に浸透し、すぐに肉体関係でネットワークを構築する。そしてスパイ活動により盗んだ情報を北朝鮮保衛部に流した。

彼女は韓国に亡命していた黄長燁(ファンジャンヨプ)(元朝鮮労働党書記)の所在把握と、韓国人スパイの暗殺命令も受けていたという。韓国当局によれば、彼女はセックスを用いて韓国軍の将校から機密情報を引き出したり、別の将校を殺害しようと企てた。

元正花の逮捕後、韓国メディアはすぐに彼女を「北朝鮮のマタ・ハリ」と名づけた。出所後に彼女は「マタ・ハリのイメージは韓国当局とメディアによって誇張されたもの。スパイ目的でセックスを使ったのは一度だけだ」などと語った。また若い将校と恋に落ちたことも告白した。

彼女は日本にも三度にわたり密入国していた。彼女の供述から、朝鮮総連への接触や、日本の永住権を得るために男性三人との見合いも行なったという。これらの密入国をわが国の官憲が押さえていたかどうかは定かではない。

我々の周辺においては、いまもスパイによる水面下の活動が脈々と継続されているということだけは歴然としている。

第30章 中国の民衆化運動と情報組織の戦い

天安門事件の発生

世界の冷戦構造に綻(ほころ)びが生じ始めた頃、中国では民主化運動の波が急速に押し寄せていた。一九八九年四月、改革の旗手であった胡耀邦元党総書記の死亡をきっかけに、学生を中心とする一般市民の集団が天安門広場に集まってきた。それはまもなく学生指導者によるハンストの決行により大規模な民主化デモへと発展したのである。

一九八九年の中国は改革開放が波に乗り、自由な気風が流れていた。ゴルバチョフ・ソ連書記長の訪中（五月）で西側メディアが大挙して押しかけ、さらに民主化の機運が盛り上がっていた。そこで学生たちは、民主化の声を世界に向けて高らかに発信し、一気呵成に民主化運動を煽ろうとしたのである。

民主化運動が高まる予兆は確かにあった。当時の中国政府は「西側資本主義勢力は社会主義国家が改革開放を実行するのを利用し、社会主義国家内部の反対勢力と結託し、政治・経済・文化の各領域で浸透し、人権や民主の旗を掲げて〝硝煙のない第三次世界大戦〟を戦っている」との対外認識を持っていた。

天安門事件は、こうした中国の危機感がまさに現実のものとなったのである。

一九八九年六月四日、李鵬らの保守派指導者は、占拠する学生に対して天安門を開放するよう説得にあたった。しかし、学生たちはこれに応じない。ついに業を煮やした鄧小平最高指導者は武力での弾圧を指示した。

中国人民解放軍が鎮圧任務に出動した。虐殺による夥しい粛清の血が流されたようだ。しかし、中国共産党当局は広範囲にわたって抗議者とその支持者を逮捕し、外国の報道機関を締め出し、自国の報道機関に対しては事件の報道を厳格に統制した。このことが、今日も天安門事件の虐殺をあいまいにしているのである。

この空前絶後の危機に対し、中国情報組織はどのように対応したのだろうか？　それを見ていくうえで、改革開放後から天安門事件前後までの中国情報組織の活動に少し触れておこう。

改革開放以降の中国の情報活動

中国は建国以来、海外に対する共産主義革命の輸出に手を染めてきた。しかし、改革開放政策が本格化した一九八〇年代から、こうしたあからさまな革命輸出はなりを潜めた。

一九八三年六月、中国情報組織の大改編が行なわれ、中国共産党中央調査部に代わって国家安全部(※)が創設された。この設立には、改革開放政策を推進するうえでの前提となる国家安定を維持する、すなわち「平和的転覆（和平演変）」を国の内外から防止するという大きな狙いがあった。

国家安全部の最初の重大任務は香港返還であった。一九八〇年代前半から改革開放政策が本格的に軌道に乗ると、香港と中国大陸との交流は急速に拡大した。これにより香港返還問題が高まり、一九八四年一二月に「中英合意文書」が発表され、香港の返還が決定された。

これを受けて国家安全部は、香港・マカオの企業、政府組織などにスパイを派遣し、香港返還に向けた親中派の形成や、香港発の民主化運動の国内波及を防止するための民主化組織の監視などを強化した。香港返還に向けて中国国内の安定はなおいっそう重要な課題となっていたのである。

一九八九年の天安門事件は、「平和的転覆」に対する阻止が中国情報組織に与えられた最重要任務であることを改めて認識させた。香港、台湾、さらには米国などにおける民主化組織に対する監視はさらに組織化されていった。

この一方で、中国は改革開放における経済活動を強化するための経済・技術情報の取得を重視した。一九七九年の中越戦争に事実上敗北して以降、中国は軍の近代化を本格的に開始した。そのため、通常の手段では入手できないハイテク軍事技術の獲得がとくに重要な課題となった。

中国は一九七〇年代の米中関係の改善を背景に、アメリカからハイテク軍事技術の提供を受ける一方、アメリカの国立研究機関などに対してスパイを浸透させ、最高度の軍事機密の獲得に努めた。

一九八八年九月二九日、中国は中性子爆弾の開発を成功させるが、この爆弾を製造するのに必要な技術は中国で開発されたのではなく、カリフォルニア州のローレンス・リバモア国立研究所から窃取したという。同研究所は中性子技術の研究において、一九八〇年代中期に中国から大量の研究者を受け入れたことが明らかになっている。

ところが、天安門事件によって、欧米は中国に対するハイテク軍事技術の禁輪を決めた。このため、中国が採り得る対抗策は必然的に非合法手段に依存するほかなくなった。一九九二年九月、全国の省・軍の幹部に対し、『中共中央七号文献』が発出され、非合法手段によるハイテク軍事技術の取得を行なうよう徹底されたという。

このスパイ活動の中心となったのが中国人民解放軍の総参謀部第二部(※)である。総参謀部はありとあらゆる手段により軍事技術の獲得を目指した。なお今日では、サイバー空間を利用したハッキング技術によってハイテク軍事機密の窃取が試みられているようだ。

民主化の女神「柴玲」

話を天安門事件に戻そう。この事件における民主化運動の学生指導者には、漢民族出身の大学生である王丹(おうたん)や柴玲(さいれい)（一九六六年〜）、ウイグル族出身のウーアルカイシなどがいた。

とくに有名なのが女性指導者の柴玲である。彼女は一九六六年、中国山東省で生まれた。両親はともに中国人民解放軍の軍医で共産党員である。八八年に革命同志である北京大学の大学院生の封従徳(ほうじゅうとく)と結婚し、天安門事件の時には、北京師範大学の大学院で児童心理学を学んでいた。

柴玲は「天安門広場総指揮」の肩書きで、ハンストを指揮し、民主化運動の象徴的人物となり、「民主の女神」と称えられた。だが中国政府によって「反革命罪」に問われ、軍の弾圧を受けた彼女は潜伏、逃走した。

一九八九年六月一〇日、香港の放送局は柴玲が潜伏先でひそかに録音したテープを全世界に流した。彼女はその中で涙ながらにこう訴えた。

「暗黒の時こそ黎明は近づいている。……この時こそ、本当の人民の民主的な共和国が誕生しようとしている時なのです。……良心ある公民よ、中国人よ、目覚めよ！……ファシストを打倒せよ！人民必勝！共和国万歳！」（譚璐美『柴玲の見た夢』）

これが世界中の人々の共感を呼び、彼女は一躍

〝時代の寵児〟となった。

柴玲は約一〇カ月にわたって潜伏し、追跡を逃れるために二重まぶたに整形手術を施して、フランスに亡命。その後、封従徳と離婚し、アメリカに渡った。世界的に有名な彼女は、ほかの亡命者とは違って特別待遇を受けた。名門プリンストン大学で学ぶ機会を得て、ここで修士号もとった。一九九〇年にはノーベル平和賞にもノミネートされた。

一方、しばらくして彼女の言動や生き方に対し、多くの疑問符が投げかけられた。一九九五年四月二二日、台湾の新聞『聯合報』にセンセーショナルな記事が掲載されると中国人社会は騒然となった。次いで四日後、『ニューヨーク・タイムズ』紙に同様の記事が載ると、騒動は収拾のつかない大事件に広がった。

記事には、アメリカ人女性監督のカーマ・ヒントンが制作した映画『天安門』の一部抜粋が紹介され、柴玲が天安門事件当時、「流血を期待している が、私は逃げる」とインタビューに答えていたことが、大きく取り上げられていた。

「中国人社会は、『利己主義の学生リーダー柴玲』を標的にして、大々的な批判キャンペーンを巻き起こした。それと同時に、民主化運動に携わった学生たちのモラルの低さを指摘する声があがり、さらには、過激派の柴玲さえいなかったら、天安門事件は起きなかったのではないかという声まで聞かれるようになった」（譚璐美『「天安門」十年の夢』）

柴玲は、悲劇のヒロインから奈落の底に突き落とされた。彼女は同映画からこの場面を削除するよう告訴した。その一方で、天安門事件を忘れて、アメリカ社会に順応することに懸命になった。

一九九八年、柴玲は作家・譚璐美の電話取材で次のように答えている。

「天安門事件はもう九年前のことで、私にとっては遠い過去のことよ。今さらなにも話したくないわ。今の私はアメリカにすっかり順応した。ハーバード大学のＭＢＡも取得したし、今後どんな事業をするかで頭が一杯なの（以下略）」（前掲『「天安門」十年の夢』）

　柴玲は一九九八年、再婚したアメリカ人の夫とともにＩＴ企業を創業した。二〇〇九年にはキリスト教福音派に改宗する。一二年の六月四日に、『私は彼らを赦す』と題した文書を中国語と英語で発表し、「私は鄧小平と李鵬を許す。私は兵士たちが一九八九年に天安門広場に進撃したことを許す」などと述べた。これは、かつてのほかの同志たちや事件遺族の猛反発を招いた。

　二〇一三年、彼女が映画『天安門』の制作会社に対して起こした訴訟は敗訴した。彼女の利己主義的行動が世間に証明されたのである。かつての同志は柴玲について「彼女は政治知らずのただの人形。僕たちの言うとおりに演説しただけ」と語る。

　おそらく柴玲はたいした政治信条もなく、有名願望や気まぐれ感情から、民主化運動に参加したのではないだろうか。しかし、紅一点のリーダーだったことで、仲間たちに担ぎ上げられ、本人の資質以上の役割を担わされてしまったのだろう。

　柴玲はアメリカ社会に順応するために努力した。今はＩＴ企業で成功し、ボストンで中国国内の女性や子供の人権擁護を訴えるＮＧＯ「女童之声」を主宰している。その自助努力は称えられるべきかもしれない。しかし、彼女を知る多くの人や天安門事件の遺族が、彼女に対して貼った〝偽善者〟のレッテルをはがすことはないだろう。罪のない民衆や学生たちを煽るだけ煽って逃亡した柴玲の罪は軽くない。

　天安門事件後、一部の指導者は、亡命先の海外において民主化組織を結成し、海外から中国国内の民主化運動に加担する動きを示した。こうした動きに対し、国家安全部はいち早く対応した。つまり、亡命する民主化指導者の中にスパイを混入させ、出国させるという対策をとった。スパイは海外における民主化組織の中にエージェント網を構成し、民主化組織の動向を厳重に監視した。

　一九九〇年、中国政府は「中国海外交流協会」という民間組織を設立し、海外の華僑に対する秘密工作を開始した。海外華僑の莫大な資金を中国本土へ投資させるほか、華僑ネットワークを使って海外の民主化運動を抑制する狙いがあった。（『中国が仕掛けるインテリジェンス戦争』）

国家安全部と柴玲との関係は明らかではない。ただし、国家安全部は当時の最も有名な亡命者である柴玲の行動をしっかりと監視していたことだろう。

今日、『ニューヨーク・タイムズ』紙を使って、中国がわが国に対する歴史批判を繰り返している節が見受けられる。ひょっとして、映画『天安門』の制作、台湾『聯合報』や『ニューヨーク・タイムズ』の柴玲批判報道などにも、国家安全部が関与していたのではなかろうか？との疑念もわく。

さらには、前述の鄧小平や李鵬に対する発言は、国家安全部との〝手打ち〟ではなかろうか？　中国との良好な関係を築くことがアメリカ社会に順応する最も良い方法だ。徹底した監視により、都合の悪い中国人を秘密裏に排除することと同じくらいに、利用価値が高く、中国に恭順する人物を支援することも、国家安全部の重要な任務といえるだろう。

アジアの歌姫「テレサ・テン」

天安門事件において柴玲に負けず劣らず注目された女性がいる。その女性とは「アジアの歌姫」と呼ばれたテレサ・テンである。

彼女は一九五三年に台湾で生まれた。一〇歳の時に台湾の歌唱コンテストで優勝し、一四歳でプロデビュー。その後、音楽活動の場をアジアに拡大した。日本でも一九七〇年代半ばから九〇年代初頭にかけて、「つぐない」「愛人」「時の流れに身をまかせ」などの大ヒット作を飛ばし、紅白歌合戦にも三回出場した。同世代の日本人で彼女を知らない者はほとんどいないだろう。

その後、日本のテレビ界で彼女の姿を見なくなったと思ったら、一九九五年五月八日、タイ北部のチェンマイで彼女は急死していた。この死亡が引き金となり、彼女の〝スパイ説〟や〝暗殺説〟が飛び交った。彼女は重度の喘息（ぜんそく）をわずらっており、スプレー式の喘息薬の過度な摂取による心臓発作によって死亡したとの説が強い。ただし、異郷の地での突然死は謎めいている。

彼女の死亡後、「テレサ・テン＝スパイ説」は消えるどころか、勢いを増した。まず台湾誌『独家報道』（一九九五年六月一八～二四日号）が、「テレサ・テンが台湾のスパイであった」と報じた。この報道は、台湾の軍事情報局(※)の高官だった谷正文のインタビュー記事をもとに構成されていた。

谷は「私の理解では、テレサ・テンが軍側の人間であるというのに間違いはない。もしも記憶が間違っていなければ、国家安全局(※)第三処の管理に帰しているはずである」などと語った。

この記事をきっかけに日本でも『毎日新聞』（一九九五年六月二四日付）が、「テレサ・テンさん　スパイだった?」「台湾国家安全局の引退中将が暴露」という記事を掲載し、『週刊現代』や『週刊宝石』もこれに続いた。

これに対し、作家の有田芳生氏は一九九五年七月に谷正文を直接取材し、彼の発言を根拠に、テレサ・テンのスパイ説を否定している。

有田芳生著『私の家は山の向こう―テレサ・テン十年目の真実』によれば、谷はテレサに会ったこともないし、テレサがスパイだったという証拠はないということのようだ。どうやら前出の週刊誌などのテレサ関連記事は商売主義が濃厚で、テレサが国家安全局の局員であるという説はでっちあげだったようだ。

ただし、テレサの誤った風説を払拭し、彼女の名誉を回復することは重要であるが、彼女がスパイだったかどうかを論議することは無意味であろう。

そもそも、スパイ活動は協力者を幅広く活用して行なわれるのが常道であり、何をもって「スパイだ、スパイではない」と判断するのかは明確ではない。一般協力者とスパイとの境界線を明確に引くことも不可能である。

軍の慰問にたびたび訪れていたテレサが、政治的に利用されていたことはまず間違いない。大陸に近い金門島にも訪れ、そこから「自由と民主」を喧伝するテレサの歌声がスピーカーによって大陸に流された。

自由に世界を飛び回って各国の有力者に会う機会を有するテレサを台湾政府や台湾軍が見過ごすはずはない。政府などのメッセージを各国の有力者に伝達する、いろいろな見聞情報を収集して政府・軍部に伝えるなどはテレサの付随的な活動であった可能性は高い。その引き替えに、彼女が出入国に関する便宜を政府や軍から受けていたという説にも十分な説得力がある。

テレサは中華圏における〝民主化のシンボル〟であって、中国にとっては要注意人物であった。彼女は、中国の若者たちのために、天安門広場で百万人コンサートを予定していた。このことも、中国当局の警戒感を煽った。

天安門事件の一週間前、香港では天安門に集まった学生たちを支援する集会が行なわれ、テレサはこれに参加した。香港に駐在する国家安全部[※]にとって、彼女が重要監視対象であったことはまず間違いない。

台湾やほかの中華圏にとってテレサは「自由の女神」であるが、中国共産党から見れば、テレサはれっきとしたスパイだったといえよう。

彼女の人生は望むと望まないにかかわらず、台湾側による民主化のための心理的誘導工作と、中国側の「和平演変」阻止を目的としたスパイ戦争の真っただ中にあり続けたのである。

今日も続く中国の積極工作

中国のスパイ活動は伝統的にヒューミント[※]（人的インテリジェンス）を重視する。その活動は「質より量」といわれている。ハイレベルの秘密情報を収集するよりも、留学生や研究員などを活用した幅広い知識（伝聞情報）の獲得を重視している。そのためスパイ活動との判定が難しく、当該国による摘発が困難となる。

秘密情報の収集以上に重視しているのが、各国の政権内部に浸透し、対象者に接触して対象者を意図どおりに操る「積極工作」（「影響化工作」「秘密工作」ともいう）である。

この積極工作において、対象者に接近する手法としてハニートラップ[※]がしばしば用いられる。二〇〇三年に起きた驚愕的ハニートラップ事件の「パーラーメイド」事件も、実は諜報活動よりも積極工作に重きが置かれていた。

この事件が発覚したのち、その詳細を描いた『中国スパイ秘録―米中情報戦の真実』の著者デイヴィッド・ワイズは、古森義久産経新聞記者との対談で次のように語っている。

「この事件では中国当局はリョン（レオン）に巨額の資金を与え、アメリカ共和党内部への浸透をも命じていました。秘密政治工作です。女性を使うことは中国が使うよくある手口です。日本でも首相になった橋本龍太郎氏に中国側の女性工作員が接触し、親密になったといわれたケースがありましたね」

（『ＳＡＰＩＯ』二〇一二年四月二五日号）

カトリーヌ・レオン[※]は一九八二年頃からＦＢＩのエージェントとなり、その後まもなく国家安全部の二重スパイとなった。両組織から多額の報酬を得る一方で、彼女は中国系アメリカ人コミュニティに食い込むために多額の献金をして、信頼を勝ち取っていた。

レオンが広くコミュニティの顔役として知られるようになったのは、一九九七年一一月の江沢民国家主席の初訪米時である。江沢民がロサンゼルスの中国系アメリカ人コミュニティの年次晩餐会に主賓として招待された。その時、レオンは通訳と司会進行役を務めたことで注目された。中国の最高指導者を招いた会合の司会進行役になるのだから、当然、中国側の承諾が必要である。彼女を操っていた国家安全部が背後で仲介したのであろう。

その後、レオンはロサンゼルスの中国系アメリカ人社会でますます名声を博するようになった。名声が確立されれば、共和党内部への浸透はいっそう容易になる。かくして、中国はレオンを通じて共和党の政策決定に影響力を及ぼす基盤を確立した。

冷戦は終わったが、わが国周辺には例外として共産主義の独裁体制がいまだに残っている。そこには、まったく価値観を異にする共産主義国家が、わが国に対して積極工作、心理戦、歴史戦、情報戦を仕掛けている厳しい現状がある。

東アジアの冷戦は終焉していない。我々はこのことをしっかりと肝に銘じ、情報戦に二度と敗北しない決意を表明しようではないか。

終章
日本の女性諜報員

世界のインリジェンスの歴史の中で、数々の女性スパイを登場させてきたが、日本には有名な女性スパイはいないのだろうか?

少々、わが国の先史、旧軍時代の情報活動と女性スパイについて追記することとしよう。

なお、日本ではスパイという用語にアレルギーがあり、忌避される方もいるので、以下、諜報員に置き換える。

日本史に登場する女性諜報員

実は、わが国には神話の時代から、女性諜報員にまつわる話がある。
須佐之男命(スサノオ)の娘である須世理姫(スセリビメ)は大国主命(オオクニヌシ)に出会って一目惚れした。スセリビメがオオクニヌシを父親のスサノオに紹介したところ、スサノオはヘビやハチ、ムカデのいる部屋にオオクニヌシを入れたりして嫌がらせや虐待を続けた。スセリビメは、それをオオクニヌシにいち早く知らせ、こっそりと救いの手を差し伸べた。スセリビメは惚れた男のためにスパイ活動を行なったのである。

岩戸神話では、姉の天照大神(アマテラス)が、弟のスサノオの振る舞いに怒って天の岩戸に隠れて世界が暗闇になった。その時、岩戸の前でアメノウズメが胸や女陰を露わにして踊って八百萬(ヤオヨロズ)の神々を大笑いさせた。その大笑いの様子を不思議に思い、アマテラスは戸を少し開けた。そこをアメノウズメは見逃さず、アマテラスを首尾よく外に引っ張り出した。アメノウズメが仕掛けたハニートラップによる国家謀略である。

日本武尊(ヤマトタケル)が一六歳で熊襲(くまそ)(九州の豪族)征伐に向かった際、ヤマトタケルは美少女に変装して熊襲の寝床に忍び込み、熊襲を斬り、使命を果たした。ヤマトタケルは女ではないから、女性スパイというわけではないが、女性を利用した意味では軌を一にする。(北川衛『東京=女性スパイ』など)

時代は下り、『平家物語』には次のような場面がある。

壇ノ浦の戦いで源義経(みなもとのよしつね)の捕虜になった平時忠(たいらのときただ)が、秘密文書の入っている箱を義経に没収され、苦境に陥った。そこで、時忠は自分の二一歳の娘を言い含めて義経の妻にして、その箱を娘に取り戻させ、まんまと秘密文書を焼き捨てることに成功した。時忠はハニートラップを仕掛けたのである。

戦国時代になると、武将は自分の娘や妹などを相手側に嫁がせたりした。これは政略結婚であり、同盟関係が消滅すれば殺されること知ったうえで決死の覚悟で嫁いだわけである。嫁いだ者は『孫子』でいう死間(しかん)である。さらに嫁がせる者には気のおける女性を女中としてつけ、ともに諜報活動を行なった。
江戸時代から幕末期にかけては、祇園芸妓（ぎおんげいぎ）で井伊直弼（なおすけ）などと情交を結んだ村山たか（別名村山加寿江）が、「安政の大獄」で大活躍する。彼女は直弼の腹心である長野主膳とともに、京都にいる討幕派の情報を送る諜報員となり、大獄に大きく加担した。日本の政権に属した女性諜報員としては、彼女は史上初めて名をとどめる存在になった。なお、村山たかは舟橋聖一著『花の生涯』のヒロインでもある。

また長州藩士、桂小五郎（木戸孝允）の情婦である祇園芸者の幾松（木戸松子）が、重要な情報をとって、陰になり日向になり、幕府に追われる桂を助け、ついには宿願を達成させて、自分はその妻におさまった。彼女もまた有能な諜報員であった。

忍術と諜報活動

わが国では飛鳥時代、源平時代から忍術・忍者が発祥したようである。秘密戦を教育する陸軍中野学校で忍術を教えた甲賀流忍者第一四世の藤田西湖は、次のように忍術と諜報活動との関係を述べている。

「忍術は常にいつの時代においても行なわれており、忍術というものの行なわれない時は一日としてない、ことに現代のごとく生存競争の舞台が一層の激甚を加える時、人事百般、あらゆることに、あらゆる機会においてこの忍術は行なわれ、忍術の行なわれない社会はない。ただ忍術という名前において行なわれないだけである。忍術というものはかつての軍事偵察、今日で言う間諜の術＝スパイ術である。このスパイ、間諜というものは、いつの時代においても盛んに活躍していたもので、今日、支那事変や大東亜戦争が起こると、世界各国の種々なる間諜、スパイが一層活躍しているのである」（藤田西湖『忍術からスパイ戦争』。現代かな遣いに改め）

女忍者「くノ一」

前出のヤマトタケルが美少女に変装して熊襲を襲

ったように、女性に化けたり、女性を利用したりする方法を忍術においては、「くノ一」（三字を一字に合体すれば女）の術という。

徳川家康は隠密網を全国に形成し、伊賀、甲賀などの忍者を活用した。当時を語る時代劇では、「くノ一」が全身黒ずくめの装束を着て銀幕上を賑わしている。国民的人気を誇る『水戸黄門』では「陽炎のお銀」が悪者に接近し、悪事の証拠を収集するなどしている。これらはフィクションであるが、実際の「くノ一」は、対象とする屋敷の女中などとして送り込まれ、働きながら屋敷の実情を見聞きするスパイ活動を行なっていたという。

日清・日露戦争期の諜報戦

わが国は日清・日露戦争において参謀本部直属のスパイを朝鮮半島や中国大陸に派遣した。

日清戦争前後においては、福島安正（ふくしまやすまさ）（※）（一八五二〜一九年）、荒尾精（あらおせい）（※）（一八五八〜九六年）、根津一（ねづはじめ）（※）（一八六〇〜一九二七年）らの傑出した情報将校の登場を迎える。

一方、ジャーナリストの先駆けといわれる岸田吟香（きしだぎんこう）（※）（一八三三〜一九〇五年）をはじめとする民間有志が商取り引きなどを通じて大陸深くに情報基盤を展開し、これに応じる参謀本部の若手参謀が現役を退き、その基盤を拡充し、活動要員の養成に捨て身の努力を払った。このような軍民一体の活動が陸軍の情報活動を支えていた。

日露戦争では明石元二郎（あかしもとじろう）（※）（一八六四〜一九一九年）大佐が活躍する。明石大佐は陸軍中野学校の模範となった人物であり、謀略工作で日露戦争の勝利に背後から貢献した。

「花大人（ホアターレン）」こと花田仲之助（はなだなかのすけ）（※）（一八六〇〜一九四五年）中佐は本願寺の僧侶となって一八九七年にウラジオストクに潜伏、日露戦争時には満洲に潜入し、諜報活動に従事した。

石光真清（いしみつまきよ）（※）（一八六八〜一九四二年）大尉は陸軍士官学校を卒業したものの軍人を退職し、一般人の菊池正三に変装して、シベリアに渡り、諜報活動に従事した。石光は花田帰国後のシベリアの諜報活動において活躍する。

このほか民間人としては、日清戦争時に従軍記者として活動した横川省三（よこかわしょうぞう）(※)（一八六五～一九〇四年）が日露戦争の開戦にあたって、清国公使の内田康哉（うちだこうさい）（のちの外務大臣）に誘われ、特別任務班の第六班班長となり、沖禎介（おきていすけ）とともに諜報活動に従事した。横川はロシア軍の輸送鉄道の爆破を試み、ラマ僧に変装して満洲に潜伏するが、ハルビンで捕らえられ、銃殺刑となった。

諜報の天才「青木宣純大佐」

児玉源太郎は、日露戦争が近く開戦を迎えることは必至と判断し、主戦場となる北支方面の守備を強化する必要性を認識した。そこで、参謀本部作戦部長の福島安正に相談したところ、袁世凱を説得できる人物として青木宣純（あおきのりずみ）(※)（一八五九～一九二四年）を推薦された。青木は一八八七年から九〇年にかけて、清国公使館付武官として天津に赴き、ここで袁世凱の要請で軍事顧問に就任し、袁との信頼関係を構築していたのである。

一九〇四年七月、青木は満洲軍総司令部付として北京に派遣された。日本がロシアに勝利するためには、戦場となる満洲でロシア軍に上回る戦力を集中する必要があった。そのためには極東ロシア軍の総戦力を正確に判定することが必要となる。

満洲軍総司令部は、敵陣奥深くに諜報員や斥候を派遣するとともに、欧州駐在の陸軍武官に命じて、唯一の兵站線であるシベリア鉄道の兵員・物資の輸送能力を把握することにした。こうした任務が、青木に託された。

青木は、北京で特別任務班を組織し、袁の配列下にある呉佩孚（ごはいふ）を動かして満洲とシベリアの国境一帯に諜報網を組織してロシア軍の動向を監視した。こうして得られた情報は、青木の後任として袁世凱の軍事顧問の任にあたった坂西利八郎（ばんざいりはちろう）(※)大佐を通じて、天津駐屯地司令官の仙波太郎少将に手渡され、そこから東京の参謀本部に転送されていった。

旧軍最高の女性諜報員「河原操子」

旧日本軍における情報組織の女性諜報員としての第一人者は河原操子（※）（一八七五～一九四五年）であろう。

大本営は青木宣純大佐を長とする諜報謀略機関の特別任務班（計七一人）を北京に配置し、次の任務を与えた。

一、日支（日本、中国）協力して敵状を探る。

二、敵軍背後の交通線を破壊する。

三、馬賊集団を使って敵の側背を脅威する。

この特別任務班はロシア軍の側背地域を広く、そして縦横に活躍しているが、その足跡をたどってみると、各班の多くが内蒙古の喀喇沁王府（北京東北二五〇キロ、承徳と赤峯の中間）を経由しているのが目をひく。（大橋武夫解説『統帥綱領』）

なぜならカラチンの宮廷には河原操子がいたからである。彼女は一八七五（明治八）年、信州（長野県）松本市で旧松本藩士・河原忠の長女として生まれた。父親は明治維新後、私塾を開き漢学を教えていた。父の忠とシベリア単騎横断の福島安正（のち陸軍大将）は幼なじみという関係にある。

長野県師範学校女子部を卒業した後、東京女子高等師範学校（現在のお茶の水女子大学）に入学したが、病のため翌年中退し帰郷した。一八九九年に長野県立高等女学校教諭になるが、清国女子教育に従事したいと思うようになった。

一九〇〇年夏、実践女子学園の創設者で教育界の重鎮である下田歌子が信濃毎日新聞を訪れた時、操子は下田に「日支親善」のために清国女子教育への希望を申し述べた。

一九〇〇年九月、下田歌子の推薦により、操子は横浜の在日清国人教育機関「大同学校」の教師となった。ここで二年間の教師生活を終えて、操子は上海の務本女学堂に赴任した。ここでは彼女は「生徒と起居をともにしてこそ教育がなせる」との信念のもと、女学堂の衛生環境の改善に取り組みつつ、女子生徒の指導に力を尽くしたのである。

一九〇二年の内国勧業博覧会を視察したカラチン

王より、カラチンで女子教育にあたるべき日本女性の招聘が要請された。操子の上海での勤務ぶりに注目していた内田公使が、〇三年に内蒙古カラチンに初めて開設された女学校「毓正女学堂」の教師として、彼女を派遣した。

操子は一九〇三年一二月、驢馬の旅を九日間続けて、カラチンに赴任した。カラチン王府は、操子の手になる毓正女学堂を支援し、王妹と後宮の侍女、官吏の子女を学ばせた。女学堂の校長は王妃善坤であり、粛親王・善耆（川島芳子の父）の妹だった。王妃の援助もあり、女学堂はやがて六〇人の生徒を数えるまでになる。学科は、読書、日本語、算術、歴史、習字、図画、編物、唱歌（日本、蒙歌）、体操で、読書は日本語、蒙古語、漢語からなっていた。操子は地理、歴史、習字の一部を除き、その他の全教科を受け持った。

一九〇七年まで毓正女学堂で教鞭をとり、後任を鳥居きみ子（夫は考古学者の鳥居龍蔵）に託し、帰国。その際、女学堂の生徒三人を連れ、実践女子学園に留学させている。

帰国後、横浜正金銀行ニューヨーク副支店長の一宮鈴太郎と結婚し渡米。一九四五年に熱海市で死去した。

操子のカラチン赴任には、内蒙古の戦略的要衝の地に親日勢力を扶植する、日本人が常駐しないために生じていた工作網の間隙を埋めるという日本側の思惑があった。その赴任には北京からカラチンまでの沿道地図を作成するために参謀本部の軍人が同道していたように、国家の密命をおびた派遣であった。

日清戦争後の三国干渉によって日本を譲歩させたロシアは、満洲に軍事力を展開し、さらには朝鮮半島に触手を伸ばし始めていた。それに対し、日本はロシアのライバルであるイギリスとの同盟締結に成功してロシアに備えた。

日露戦争が迫り来る過程で、内蒙古にもロシアの手が伸びていたが、日本を訪れたことのあるカラチン王だけは日本に好意的であった。カラチンには日本の軍事顧問も派遣されていたが、戦争が勃発すれば武官の滞在は認められない。そこで、粛親王の顧問を務める川島浪速（かわしまなにわ）(※)（一八六六〜一九四九年）や陸軍の福島安正ら松本の同郷人の思惑が内田公使を動かし、カラチンに民間人の操子を派遣することになった次第である。

操子は教育活動とは別に、カラチン王府内の親露勢力の動向を探る諜報員としての使命を果たしている。諜報・秘密工作の使命を受けた横川省三などは途中カラチンに立ち寄り、その際は操子が彼らの世話をした。それぞれ潜入中の特別任務班員とのやりとりは、王府内に親露派が多くいたので苦労があった。中国名での秘密の情報交換のほか、操子はカラチン王夫妻にも守られ、任務を果たすことができた。

操子は、このころ続々と入り込むロシア工作員たちの猛烈な働きかけを排して、カラチンの親日政策を守りとおし、常にロシア軍の動静を北京に報告するとともに（彼女には文才があった）、この地を経由する特別任務班員に対し、物心両面にわたる多大な援助を与えた。（前掲『統帥綱領』）

愛国心の泉「からゆきさん」

そのほか日清・日露戦争時期においては、東アジア、東南アジアに渡って娼婦として働いた日本人女性「からゆきさん」が、日本軍の貴重な情報源となった。

日露戦争では、マダガスカルに入ったバルチック艦隊の所在を電報で送ったのも遠い異国に送られた「からゆきさん」であったという。マラッカ海峡を四十数隻のバルチック艦隊が通過しているのを見て、「からゆきさん」たちは現地領事館に駆け込み、金銭、着物、かんざしなどを提供し、「お国のために使って下さい」と申し出たという逸話もある。

前出の石光真清は一八九九年にシベリアに渡り、九〇年二月、寄宿先のコザック連隊騎兵大尉のポポフにともなわれて愛琿（あいき）に入り、そこで諜報活動の得がたい担い手となる水野花（お花）と出会う。彼女は馬賊の頭目の妾であった。

ハルビンに潜入する際には、お君という女性の計らいで馬賊の頭目・増世策に会い、その手引きで石光は中国人の洗濯人夫に化けてハルビンに到着した。

彼女たちは「シベリアのからゆきさん」で、一八八三（明治一六）年ごろにウラジオストクに現れたという。九州天草地方の出身者が多く、その数は増えていった。

お花とお君も馬賊の頭目の妾などとなっていたが、二人とも中国語、変装術、人心掌握術など、どれをとっても天下一品であった。やがて彼女たちは石光真清の諜報活動に協力して大活躍する。そこには馬賊に対するむごい仕打ちを行なったロシア軍への反感と、故郷日本に対する愛国心が満ち溢れていた。

彼女たちの交流は石光真清の自伝『曠野の花―石光真清の手記2』に詳述されている。

このように日清・日露戦争においては、名もない女性たちの活躍があった。彼女たちは出自に恵まれず、高等教育を受ける機会もなく、貧乏がゆえに親元を離れて遠い異国に渡ったが、日本を愛していた。故国のためなら犠牲もいとわず、その愛国心の泉はいつも満ち溢れていたのである。

日中戦争勃発

時代は一九三〇年代に移る。一九三一（昭和六）年九月、南満洲鉄道が爆破されたとして関東軍が奉天（現在の瀋陽）、南満洲を占領した（満洲事変）。これによりわが国は満洲国の設立を本格的に目指すことになる。三二年三月、満洲国が中華民国から独立して建国を宣言し、三四年三月には清朝最後の皇帝（宣統帝）溥儀（ふぎ）が満洲国皇帝に即位した。

一九三七年七月、北京郊外の盧溝橋において日本軍と中国が衝突する事件（盧溝橋事件）が発生した。これを契機に八月、日本は上海を攻撃し、ついで南京を占領、南京から漢口、さらに奥地の重慶に退却する国民党を追撃した。国民党と中国共産党は三七年九月に抗日民族統一戦線を樹立し、日本軍に対決する意思を固めた。

そこで、わが国は蒋介石の国民政府との和解交渉を断念し、傀儡政権を樹立することを画策した。一九四〇年、汪兆銘（おうちょうめい）の新国民政府を南京に設立した。

他方、重慶に退却した国民政府は、援蒋ルートを通じて、アメリカからの補給を確保し、日本軍による重慶爆撃などに対して持ちこたえた。これにより、日中戦争は泥沼化した。

一九三八年七月、満洲国に駐屯して対ソ国境を警戒する日本陸軍はソ・満国境未確定地帯においてソ連軍と衝突（張鼓峰事件）。

翌年三九年五月には、満洲国西部とモンゴル人民共和国の国境地帯で、日本はソ連・モンゴル連合軍と戦った（ノモンハン事件）。しかし、この戦争ではソ連の大戦車軍団の前に日本陸軍は大打撃を受けた。

日中戦争開始以来、日本の必要とする軍需産業用の資材は、欧米とその勢力圏からの輸入に頼らなければならなかった。しかし、日本の大陸進出を警戒するアメリカは日本に対する禁輸措置に着手し、一九三九年七月、日米通商航海条約の破棄を日本側に通告した。

日本は、一九四〇年九月に日独伊三国同盟を締結した。すなわち、米英との対立を覚悟して、優勢を誇るドイツとの結びつきを強くし、欧米の植民地である南方に進出し、大東亜共栄圏の建設にひた走った。

一九四一年一二月、日本はマレー作戦と真珠湾攻撃を行なって米英などの連合国に宣戦布告した。これにより、わが国に敗戦をもたらす大東亜戦争が勃発したのであった。

東洋のマタ・ハリ「川島芳子」

満洲国設立における諜報活動では、「満蒙のロレンス」こと土肥原賢二（どいはらけんじ）(※)（一八八三〜一九四八年）が中心的役割を果たした。彼は一九三二年一一月に反張学良派の馮玉祥（ふうぎょくしょう）と連携し、甘粕正彦（あまかすまさひこ）(※)（一八九一〜一九四五年）を使って、溥儀を隠遁先の天津から脱出させて満洲入りさせる。

溥儀はどういうわけか夫人を天津に残してきた。夫人が張学良側の手に渡れば日本にとって好ましくない。そこで夫人を連れ出すことで活躍するのが川島芳子（かわしまよしこ）（※）（一九〇七〜四八年）である。

一九九〇年の映画『川島芳子（The Last Princess of Manchuria）』の中では、若干の誇張を織り込み、彼女の生涯と諜報活動が描かれている。おそらく彼女は〝日本人〟で最も有名な女性諜報員であろう。しかし、日本名を持つが、実際は清朝皇族の第一〇代粛親王・善耆の第一四王女であり、日本人ではない。本名は愛新覺羅顯玗（あいしんかくらけんし）である。

八歳の時に「支那浪人」の川島浪速の養女となり日本で教育を受けた。非常に小柄で特段に美人というわけでもなかったが、血筋の良さと好んで男装になったことから「男装の麗人」として人目を引いた。

彼女は諜報活動の暗躍ぶりから「東洋のマタ・ハリ」の異名をとったが、彼女は男装であったので「満洲のジャンヌダルク」と呼ぶのがふさわしい。（R・ディーコン『日本の情報機関』）

芳子が川島の養女になった経緯は次のようなものである。

川島は日露戦争後に北京警務学堂の総監督に就任したことで、北京側の警察業務を管轄する工巡局管理大臣の粛親王・善耆と親交を深めた。

一九一一年の辛亥革命勃発時には、粛親王は、清朝皇帝の宣統帝（溥儀）の退位に反対した。一二年二月初め、宣統帝の退位が避けられなくなると、川島らの手引きによって日本の租借地の旅順へ逃れた。旅順では関東都督府（ととくふ）より旧ロシア軍官舎を提供され、顯玗（芳子）も日本に行くまでの数年間をそこで過ごした。

清朝滅亡後は、粛親王は復辟（ふくへき）運動を起こすが、騒動に巻き込まれないよう、顯玗は川島の養女となり、川島芳子と名乗った。

芳子は日本で教育を受けたのち、成人して一九二七年、蒙古族のカンジュルジャップと結婚するが、三年ほどで離婚し、上海へ渡った。同地の駐在武官だった田中隆吉（たなかりゅうきち）（※）と交際して日本軍諜報員としての諜報活動を開始した。

一九三一年末、関東軍の依頼で溥儀の夫人の婉容（えんよう）を天津から脱出させる工作で名を馳せた。

また、田中の回想によれば、関東軍参謀の板垣征四郎からの依頼を受けて（一九三一年一〇月）、彼は一九三二年一月、中国人を雇って日本人僧侶を襲撃することを立案した。この事件は日本人僧侶襲撃事件と呼ばれ、第一次上海事件へと発展する契機となった。田中によれば、この際に中国人を雇い、報酬と引き換えに襲撃を実行させたのが芳子であった（ただしこの田中証言には疑問も提示されている）。

一九三三年に芳子をモデルにした村松梢風の小説『男装の麗人』が発表され、芳子は「日本軍に協力する清朝王女」としてマスコミの注目を浴びるようになる。

しかし、芳子はラジオに登場し、次第に関東軍の行為について遠慮なく批判するようになった。そのため、関東軍上層部との間に摩擦が生じ、やがて芳子は表舞台から姿を消した。

敗戦後の一九四五年、国民党政府軍によって北京で捕らえられ、売国奴の「漢奸（かんかん）」として、国民党によって銃殺刑に処せられた。

ただし、本家のマタ・ハリと同様に、芳子が銃殺刑に処せられるほどのスパイ活動を行なっていたかについては疑問がある。

謎の女性諜報員「南造雲子」

中国側記事（時事出版社『日本情報組織掲秘』など）によれば、日本人の著名スパイとして南造雲子を取り上げている。やや信憑性に欠けるが、興味深いので、要点を紹介してみよう。

雲子は一九〇九年に上海で生まれた。彼女の父親の南造次郎はベテランのスパイである。一三歳の時、彼女は父親によってスパイ学校に入れられた。その時の教官が土肥原賢二（※）である。彼女は土肥原から射撃、爆破、変装、毒殺などのスパイ技術を仕込まれた。

一九二六年、彼女は大連に派遣されてスパイ活動に従事する。二九年に南京にて「廖雅権」という名前を名乗り、湯山温泉旅館で仲居となってスパイ活動を開始した。彼女は美貌で、歌や踊り、接待に優れ、たちまち国民党高級将校を虜にし、労せずして重要な軍事情報を入手するようになった。

日中戦争の直後、彼女は南京に潜入し、国民党行政院主任秘書の黄浚とその息子の黄晟をスパイとすることに成功した。

一九三七年七月、蒋介石は秘密最高会議を開催し、揚子江の狭窄部となっている江陰水域の航路をふさいで日本軍を包囲撃滅する計画を立てた。しかし、この情報が事前に漏れ、日本軍は間一髪のところで難局を脱した。

一九三八年八月一三日からの〝淞滬(しょうこ)会戦〟（第二次上海事変）では、蒋介石の前線視察の情報が漏れた。結局、蒋は身の危険を感じて視察を中止したのであったが、蒋が視察のために使うことになっていたイギリス大使の車両が襲撃を受けた。

秘密最高会議の情報が連続して漏れたことから、蒋は不審に思い調査を命じた。そうすると、会議の議事録をとっていた黄浚が雲子に情報を伝えていたことが判明した。

黄・親子は死刑、雲子は無期懲役となった。彼女は南京で刑務所に入れられたが、その数カ月後に日本軍が南京に進攻した混乱に乗じて脱獄した。彼女は依然として上海に潜伏してスパイ活動を続けたが、一九四二年四月のある晩の外出中に、国民党特務機関によって発見され、射殺された。

以上が南造雲子についての記述である。彼女の活躍の前では、川島芳子はその足元にも及ばないと記されている。しかし、日本の書籍において彼女について言及したものはない。そもそも「南造」も「雲子」も日本人の名字や名前らしくない。実在の有無も含めて、謎の女性であることを重ねてお断りしておく。ただし、誰かわからないが日本人女性諜報員が水面下で多大な貢献をした可能性はあるということだ。

芳子のライバル、中島成子

一方、ここに取り上げる中島成子（なかじましげこ）(※)（一九〇三年～?）は実在の人物である。

成子は栃木県小山市の生まれで、二〇歳で日本赤十字社の満洲本部に志願して赴任した。そこで彼女は京奉鉄道の技師で中国人の韓景道と結婚し、自ら韓又傑と名乗った。しかし、実際には韓景道の複数いた夫人や妾の一人で、彼との同居はわずかであるとされる。

韓と別れてからの成子の男性遍歴はすさまじく、やはり恋多き女性であった川島芳子(※)から「韓太太（夫人の意味）はしばしば寝る男を変える」と罵られるほどであった。成子の子供は八人いたが、父親は必ずしも韓景道ではなかった。

一九三一年の九・一八事件以降に成子はスパイ活動を開始した。日本陸軍より奉天行きを命じられ、「治安維持会」の連絡官、関東軍司令部および満洲国民政部の嘱託になり、川島芳子と甲乙つけがたいほどの女性スパイとして活躍したとされる。

満洲での成子と芳子は犬猿の仲であった。その仲の悪さは、目が合うと互いに殺し合わんばかりで、芳子が飼っていた小猿と成子が飼っていた仔犬にまでその緊張関係が乗り移っていたという。

一九三七年、中島成子は関東軍の依頼により日中間の交渉を担うことになった。彼女が手がけたのが国民党軍らに対する帰順工作（武装解除）で、出かける時は「丸腰」だったという。こちらが信頼しなければ相手に信頼してもらえないという、彼女なりの信念であった。さまざまな工作を成功させ、成子は女性ながらも日本軍において少将と同格の扱いを受けたという。

日本のための最後の仕事が延安を拠点にする毛沢東率いる中国共産党との終戦工作だった。その途中、共産党軍につかまるものの、工作は進展の方向にあったという。結局、日本軍のある軍人の裏切りと日本の終戦によって工作自体は失敗に終わる。

その後、国民党軍につかまり、戦犯として中国内で勾留・裁判を受け、中国の獄中で一二年過ごした。成子は非を認めれば罪一等減ずる、という誘いを受けながら、「自分は何も悪いことはしていない」と罪を認めなかったという。彼女は一九五七年に帰国した。

太平洋戦争で活躍する女性諜報員

一九三一年に編纂された旧日本軍の諜報指南書『諜報宣伝勤務指針』によれば、次のくだりがある。

「婦人には諜者として適当なる要素を具(ともな)うこと多し。即ち一般社会におけるその権利の優越せることおよびその独特の魅力これなり。とくに上流社交界に出入し、才色兼備せる女性を諜者として選ぶを得ば、重大なる効果を獲得すること少なからず」として、「婦人蝶者はその素質、能力等を顧慮して遊興場、家庭、官衙(かんが)、公署、病院、工場等に配置し、あるいは高貴大官の身辺に侍(はべ)せしむるなどの処置を講じる」

この指針を具現化するかのように、太平洋戦争時、「バンコク・熱帯医学研究所」の嘱託として、三井物産バンコク支店に赴任する商社マンの夫に随行してタイに赴いた女性がいた。彼女の名は伊藤君江という。

君江は公用旅券でタイに渡り、タイ人や中国系の人々の動向を逐次報告した。公用旅券が示すように、組織的な諜報活動に任じたのであろう。君江の半生は羽田令子著『女スパイ、戦時下のタイへ』で語られている。

このほか、太平洋戦争では「東京ローズ」の活躍もあったので、少し触れておく。これは、連合国側向けのプロパガンダ放送(「ゼロ・アワー」と呼ばれた)で、音楽と語りによって戦場兵士に厭戦気運を醸成する狙いで行なわれた。

番組制作には連合国軍の捕虜を参加させ、女性アナウンサーは複数いた。なかでも有名なのが、最後

（一九四三年一一月）に放送に加わったアイバ・ダキノ（戸栗いく子）という日系の米国人女性であった。彼女は唯一「東京ローズ」の一人と認めたため国家反逆罪に問われた。

なお「ゼロ・アワー」放送の狙いや、女性アナウンサーの様子は恒石重嗣著『心理作戦の回想―大東亜戦争秘録』で詳述されている。

日本の女性諜報員といえば「東洋のマタ・ハリ」の異名を持つ川島芳子が有名であるが、前述したように、日露戦争時、青木宣純大佐が率いる特務工作班の情報活動を献身的に支え、その勝利に貢献した河原操子、日本軍に自主的に協力した名もない「からゆきさん」の存在もわが国の歴史としてしっかり残したい。

わが国の女性にも有能な諜報戦士の〝ＤＮＡ〟があると会得し、愛国心の涵養こそがわが国のインテリジェンスの礎を築くのだと深く認識した次第である。

資料1
スパイ人物編

【ア行】

アイスラー、ゲルハルト（Eisler, Gerhart 1897～1968）

ゲルハルト・アイスラー

東ドイツの切手に登場する著名な共産主義者。ユダヤ系ドイツ人。父親はルドルフ・アイスラーで著名な哲学教授。姉は1924年にドイツ共産党の指導者であったルート・フィシャー(※)、弟は作曲家のハンス・アイスラー。最初の妻がヘード・マッシング(※)、のちにマッシングの妹エリとも結婚。

はじめオーストリア共産党、1921年にドイツ共産党に移り、29年から31年にかけてコミンテルン極東局の政治部長となり中国上海で活動。ここではゾルゲと親しく付き合った。33年から36年まではコミンテルン派遣のアメリカ共産党の担当代表になった。ここでは、離婚したマッシングとともにスパイ活動で協力した。

49年に東ドイツに帰り、政府情報局長、67年に放送委員会議長に就任した。

青木宣純（あおきのりずみ 1859～1924）

日本陸軍の軍人。最終階級は陸軍中将。清国において通算13年間、特務工作に従事。対中国特務機関の創始者。

1884年、参謀本部付（中尉）から広州に派遣され支那（清国）問題に取り組む。87年、同期の柴五郎（のちに陸軍大将）とともに北京に派遣されて北京付近の地図の作製任務に従事。91年、参謀本部第2局付に配属され、ベルギーに留学（大尉）。

日清戦争に第一軍参謀として出征。1897年10月か

青木宣純

ら1900年3月まで清国公使館付として袁世凱の顧問に就任。日露戦争の前年の03年、福島安正(※)が袁世凱を説得し得る人物として青木を推薦したことから、児玉源太郎（大将）の要請により、清国公使館付武官として赴任する。

日露戦争時、満洲軍総司令部付として北京に駐在し、馬賊や特殊工作班を指揮して諜報・謀略工作に従事。以後、1913年8月まで北京に滞在して特別任務班を指揮。

日本の真の意味における対中国特務機関は青木宣純に始まり坂西利八郎(※)によって受け継がれ、そして土肥原賢二(※)によって終わったといわれる。

明石元二郎（あかしもとじろう 1864〜1919）

日本陸軍の軍人。最終階級は陸軍大将。1904（明治37）年の日露戦争開戦時、ロシア公使館付武官として諜報・謀略任務に従事。開戦によりストックホルムに移動し、同活動を継続。10年の日韓併合時の憲兵隊長。

明石元二郎

参謀次長の児玉源太郎（大将）の「欧州のことは貴官に一任する」との命令により、現在の価格にして数百億円という巨額の工作資金の支給を受け、ロシア国内における攪乱工作などを開始。ロシアに反抗する諸政党の党首などと接触・協力し、反政府活動、反乱の蜂起を画策し、ロシアの対日戦争継続の意図を挫折させようとした。

反抗諸政党の活動は1905年にかけて激化し、同年6月の黒海での戦艦ポチョムキンの反乱に際しては指導者に資金援助し、反乱勢力への武器、弾薬の補給輸送を試みた。ドイツ皇帝カイゼルが「明石の働きは満洲の日本軍20万人に匹敵する」と激賞した。

明石の活動は陸軍中野学校における謀略の手本とされた。司馬遼太郎の小説『坂の上の雲』にも登場する。

アフメロフ、イスハーク（Akhmerov,Isskhak 1901～76）

ソ連のスパイ。タタール系ロシア人。ＮＫＶＤ[※]に所属し、二度にわたりアメリカに派遣され、ソ連スパイ網を統括する。１９１９年、ボリシェビキに参加。30年、モスクワ大学国際関係学院卒業と同時にＮＫＶＤに入り、32年から対外情報部員として勤務。トルコ大使館で情報官をしたあと、34年に中国駐在の非公然工作員。34年から非合法手段により米国に潜入。42年～45年、アメリカ国内の非公然組織のトップ。35年～45年の米国勤務中、「ビル・グレインキ」「マイケル・グリーン」などの偽名で通した。

ソ連スパイのウイタカー・チェンバーズ[※]が転向して、国務省やＦＢＩに駆け込んだ１９３８年頃、一時モスクワに退避。その後、スパイ網の立て直しに成功する。

ピタリー・パブロフが明らかにした対日謀略「スノー（雪）作戦」（「ハル・ノート」を書いたハリー・デクスター・ホワイト[※]に影響を及ぼす作戦）はアフメロフのアイデアであった。妻は、アメリカ共産党党首アール・プラウダー[※]の姪のヘレン・ローリー。ヘレンはＮＫＶＤのエージェントとなり、夫とともに活動した。

アベル、ルドルフ・イバノビッチ（Abel, Rudolf.Ivanovich 1903～71）

ソ連ＫＧＢ大佐。在米スパイ網の統括責任者。イギリスの資料では、本名はウィリアム・フィッシャーであり、イギリス生まれ。電子工学技師、芸術家としての顔を持つ。英語をはじめ五カ国を流暢に話し、背が高く痩せぎすで風采があがらず、目立たないスパイであった。

両親ともにロシア出身の革命運動家であり、幼少期から革命思想教育を受けた。１９２０年にフィッシャー一家はモスクワに帰り、ウィリアムは17歳の時、コミンテルンで通訳として働くようになった。

１９２７年、統合国家政治局（ＯＧＰＵ[※]、のちのＫＧ

ルドルフ・イバノビッチ・アベル

Ｂ）に採用され、本格的なスパイ活動を開始した。41年の独ソ戦争開始時には欧州で破壊工作に手を染めた。この頃に彼の偽名となるアベルと知り合った。

終戦時ＮＫＶＤ(※)少佐だったアベルは１９４７年にフランス経由でカナダに不法入国し、48年10月に国境を越えてアメリカに入国。のちにニューヨーク地区の統括官となる。

彼の使命は、アメリカの原子爆弾開発「マンハッタン計画」の全貌を解明すべく、コードネーム「マーク」として活躍。当時、アメリカの原子爆弾開発の現場にはソ連スパイが多数潜入しており、彼はその原子力スパイの監督官として派遣された。

１９５７年６月、ＦＢＩに逮捕され、禁固30年を言い渡されるが、62年２月、Ｕ‐２機撃墜事件のパイロットのゲーリー・パワーズ大尉と交換釈放で帰国、レーニン勲章を授与される。

彼は約９年間、アメリカにおいてひそかに水面下で活動し、アメリカおよびカナダ(※)などには複数の部下がいた。ローゼンバーグ夫妻(※)、ゴードン・ロンズデール(※)、モーリス・コーエン(※)はいずれもアベル大佐の指揮下にいた。

甘粕正彦（あまかすまさひこ 1891～1945）

日本陸軍の軍人。満鉄映画協会理事長。陸軍憲兵大尉時代の１９２３年９月16日、アナキストの大杉栄と作家で内縁の妻伊藤野枝、大杉の甥宗一（６歳）を憲兵司令部で殺害、遺体を井戸に遺棄するという事件（甘粕事件、大杉事件）を起こした。短期の服役後、満洲にわたり、関東軍の特務工作に従事する。終戦直後、服毒自殺する。

アミット、メイヤー（Amit, Meir 1921～2009）

イスラエルの第３代モサド長官（第３次中東戦争の大勝利の立役者の一人）。イスラエル・インテリジェンス・ヘリテージ記念センターの創立者。イッサー・ハレル(※)の辞任後の１９６３年から68年までモサド長官を務める。63年には国防軍情報部（ＩＤＩ：アマン）長官も兼務。モサド長官を退任後、国会議員に当選し、運輸相として入閣。その後、民間企業の経営者となる。

荒尾精（あらおせい 1858～96）

日本陸軍の軍人。清国・漢口にて楽善堂、日清貿易研究所などを経営して諜報活動に従事、『清国通商綜覧』の編集にあたる。

尾張藩士の長男として誕生。外国語学校でフランス語を修得しつつ漢籍も学ぶ。西南の役（１８７７）に刺激されて、翌78年に陸軍教導団砲兵科、80年に陸軍士官学校に入学。85年に参謀本部支那部付きとなり、86年に念願かなって清国に赴任する。

清国で岸田吟香(※)の協力を得て、書籍、薬、雑貨を扱う雑貨屋「楽善堂」を営み、清国官憲の監視の目をかいくぐり、現地調査や諜報組織の設置・拡大に尽力する。

１８８９年に帰国し、黒田清隆首相、松方正義大蔵大臣らの有力者に対して、「日清貿易研究所」の設立を要請。全国行脚して清国の事情について講演し、同研究所設立のための資金集めを行なう。90年に職員と生徒あわせて２００人程度からなる「日清貿易研究所」を上海に設立。92年、

荒尾精

日清貿易株式会社の岡崎栄次郎の資金援助を得て『清国通商綜覧』の編集に着手する。96年、赴任先の台湾でペストにかかり、志なかばにして38歳の若さで死去。

「日清貿易研究所」は彼の死後に、東亜同文会会長・近衛篤磨とその親友である根津一(※)らの手によって、東亜同文書院、のちに東亜同文書院大学に発展。

アングルトン、ジェイムズ・ジーザス（Angleton, James. Jesus 1917～87）

ＣＩＡの防諜責任者。１９３７年イエール大学に入学、43年に陸軍に入隊し戦略諜報局（ＯＳＳ）に配属される。ロンドン駐在中にキム・フィルビー(※)と知り合う。

１９４７年の創設時からＣＩＡに在籍、54年に防諜担当部長に就任。フィルビーの裏切りに屈辱を受けたアングルトンは、74年12月にその職を解かれるまで、ＣＩＡ内部に潜入したＫＧＢのスパイ狩りにその全精力を傾ける。この過度のスパイ狩りの背景には、亡命したＫＧＢ情報官のイワノビッチ・ゴリコフ(※)の証言があった。やがて、行き過ぎたスパイ狩りの悪影響を警戒したウィリアム・コルビー(※)ＣＩＡ長官によって退職に追い込まれる。

石光真清（いしみつまきよ 1868〜1942）

日本陸軍の軍人。最終階級は陸軍少佐。満洲・シベリアにおける諜報員。陸軍幼年学校を卒業し、陸軍中尉で日清戦争に参加するなど、順調に軍人としての経歴を歩む。1900年に陸軍士官学校を卒業したものの、01年、特別任務のために軍人を退職し、一般人の菊池正三に変装して、満洲・シベリアに渡り、スパイ活動に従事した。石光は花田仲之助(※)の帰国後のシベリアの諜報活動において活躍する。

日露戦争後は、東京世田谷の三等郵便局長などを務めたりしたが、1917年のロシア革命後にふたたびシベリアに渡り、諜報活動に従事する。

石光真清

ウィロビー、チャールズ（Willoughby, Charles 1892〜1972）

アメリカ陸軍の軍人。最終階級は少将。ドイツ系アメリカ人。

ダグラス・マッカーサー陸軍大将の下で連合国最高司令官総司令部（GHQ）参謀第2部（G2）のトップ（1941〜51）として勤務。日本に対する共産主義の波及阻止に活躍する。占領政策を行なううえでの情報収集のためジャック・キャノン中佐を首領とする組織（キャノン機関）を秘密裏に組織した。

ウェイク、ナンシー（Wake, Nancy 1912〜2011）

イギリス特殊作戦執行部（SOE）所属の女性工作員。第二次世界大戦時、ドイツ占領下のフランスにおけるレジスタンス組織「マキ」のリーダー的存在として活躍し、多くの勲章を受領する。

戦後は、オーストラリアに移住して政治活動に従事。連邦選挙で立候補するが、議席を得るには至らなかった。その後、イギリスに渡り、インテリジェンスオフィサーとして勤務したのち、1957年に退職、60年初め

ナンシー・ウェイク

にオーストラリアに帰国し、2001年からはロンドンに移住し、そこで余生を過ごした。

ウォルシンガム、サー・フランシス（Walsingham, Sir・Francis 1530～90）

イギリスの近代情報機関の創始者。国王秘書長官。エリザベス女王陛下のイギリスを守るため、近代的な情報組織を創設し、組織的な情報活動により、カトリック勢力による国家転覆の陰謀を阻止。エリザベスの保護と国家防衛のために個人的な財産をすべて投げうって情報活動に尽力した。

ヴォルフ、マルクス（Wolf, Markus 1923～2006）

東ドイツ国家保安省（Ｍｆｓ（※）：シュタージ（※））の副長官。同省の情報収集管理本部（ＨＶＡ（※）：国家保安省『Ａ』総局）の長官。ドイツ生まれ。東ドイツの伝説の辣腕スパイマスター。父親は著名なドイツ共産党員。

１９３３年のナチス政権成立後、ヴォルフ一家は国外逃亡し、34年にモスクワに亡命する。42年、マルクスはドイツ共産党員になる。戦後、宣伝放送局の記者、モスクワの東ドイツ大使館の一等書記官などの職歴を経て、52年に東ドイツ外務省の外交政策諜報機関（ＡＰＮ、のちのＨＶＡ）の長官となる。56年にＨＶＡの長官となる。

長い間、西側情報機関はＨＶＡ長官が誰かわからず、ヴォルフは「顔のない男」と恐れられたが、１９７９年1月、ヴェルナー・シュティラー（※）というＨＶＡ職員が西ドイツに亡命したことで、顔写真の職歴判別でヴォルフの顔が特定された。

マルクス・ヴォルフ

ドイツ統一後、ＣＩＡ、モサドなど名だたる諜報機関から顧問として招聘されるもこれを固辞した。

ウリツキー、セミョーン（Uritski, Semyon 1895〜1938）
ソ連の軍情報機関GRUの長官。ロシア革命（1917年10月）で活躍し、21年のクロンシュタット軍港における反乱では水兵への攻撃を指揮した。ヤン・ベルジン(※)の後任として、35年4月から37年6月までGRU長官に就任する。37年11月、権力奪取の試みとアメリカのための利敵スパイ行為の嫌疑で逮捕され、38年8月に銃殺された。

エイチンゴン、ナウム（Eitingon, Nahum 1899〜1981）
ソ連の情報将校。トロツキー暗殺の指揮者。ユダヤ系ロシア人。1920年にチェーカー(※)に入隊し、ロシア革命に参加する。23年5月にモスクワに召還され、ジェルジンスキー長官の推薦により、統合国家保安本部（OGPU、NKVDの前身）に入局。26年から上海で、29年からトルコで活動。この間、アメリカに数回入国する。『KGB―衝撃の秘密工作』によれば、アメリカでゾルゲ事件の宮城与徳をエージェントとして獲得した。
1936年のスペイン内戦では、現地におけるスパイ活動を指揮。ここでは、バルセロナ共産党の女性党員マリア・メルカデルを愛人として、その息子でラモン・メルカデル(※)（トロツキー暗殺の実行犯）を徴募。30年代には、NKVDの高級幹部として多くの誘拐、暗殺に関与する。

ナウム・エイチンゴン

1930年代から、アメリカのユダヤ人社会を中心にスパイ網を埋設する。40年代には、マンハッタン計画を推進するロスアラモス研究所および関連機関に科学者や民間人など約40人からなるエージェント網を構築した。
戦後はルドルフ・アベル(※)の出国準備を指揮。1951年10月、「シオニスト陰謀事件」（高級政治幹部の毒殺事件）で逮捕。スターリンの死後に釈放、フルシチョフ時代の57年からウラジミール刑務所に収監、フルシチョフの失脚（64年）によって釈放される。

エイムズ、オルドリッチ（Ames, Aldrich 1941〜）
ソ連のためのスパイ活動を行なったCIA防諜担当

官。対ソ連防諜部長の職にあった1985年、金銭的理由からソ連のための活動を自ら志願（ウォーク・イン(※)）する。その後、逮捕されるまでの9年間にわたるスパイ活動で百件以上の秘密作戦を明らかにし、西側情報機関の下でスパイ活動を行なっていた30人のスパイの名前を暴露した。現在も仮釈放なしの終身刑で服役中。

エジョフ、ニコライ（Yezhov, Nikolai 1895〜1940）

NKVDの長官。ロシア人。ヤゴーダ(※)の後任のNKVD長官（1936〜38）としてスターリンによる大粛清の実行責任者となる。そのすさまじさから、「エジョフ・ナチ」という言葉まで誕生する。身長が150セン チ足らずで「血まみれの小人」といわれ、恐れられた。

1917年に共産党に入党、まもなくスターリンに注目され、党の要職を歴任し、36年にNKVD長官に就任、37年に政治局員候補に任命される。37年3月、NKVD前長官のゲンリフ・ヤゴーダ(※)を反革命的陰謀の関与で逮捕し、彼の支持者を対象とする大量逮捕・処刑を行なう。NKVD職員のうち、ヤゴーダ失脚時に殺害されなかった3千人以上が逮捕された。ソ連国外に居住する共産党員を暗殺すべく「移動部隊」を組織した。

スターリンが粛清を自制し始めたことで、エジョフの権力は縮小され、1938年12月に後任長官にラヴレンチー・ベリヤ(※)が就任する。エジョフは39年2月から行方不明になるが、ベリヤにより精神病院送りにされ、まもなく死亡したとされる。

オゴロドニコワ、スベェトラナ（Ogorodonikova, Svetlana 1951〜）

ロシア人の女性スパイ。KGB少佐。アメリカでスパイ活動に従事。

1973年、夫のニコライ・ウォルフソンとともに移民に偽装してロサンゼルスへ潜入。看護師として働く一方で、83年にFBIの防諜担当官リチャード・ミラーに接触する。性的交渉とソ連情報を〝エサ〟に、ミラーからFBIの内部資料の入手を試みた。

ミラーはFBIの内部資料をオゴロドニコワに渡し、5万ドル相当の金と現金1万5千ドルを要求した。しかし、2人の接触が頻繁だったため、ほかのFBI捜査員が怪しみ、1984年にオゴロドニコワ夫妻とミラーは逮捕される。夫妻のアパートを捜索した結果、暗号解読表やマイクロフィルムなどが見つかった。

尾崎秀実（おざきほつみ 1901～44）

リヒャルト・ゾルゲの協力者。１９２７年に大阪朝日新聞社記者として上海に赴任、ここでゾルゲ(※)およびアグネス・スメドレー(※)と知り合う。

１９３３年にゾルゲが来日して以降はゾルゲのスパイ活動に協力する。36年、カルフォルニアで開催された太平洋問題調査会に日本代表の一人として参加する。37年、近衛文麿内閣のブレーンとなる。

１９４１年10月に逮捕され、44年11月にゾルゲとともに絞首刑に処せられた。

尾崎秀実

【カ行】

カナリス、ヴィルヘルム・フランツ（Canaris, Wilhelm Franz 1887～1945）

ドイツ海軍の軍人。最終階級は海軍大将。第一次世界大戦からドイツ海軍情報部に所属し、ナチス政権時代には新たな情報機関である「アプヴェーア」(※)の長官（１９３５～44）として情報活動を指揮した。

カナリスが指揮した作戦には、ＩＲＡの対英テロ、フランシスコ・フランコ将軍（のちのスペイン独裁者）のクーデター、アラブの民族主義者による反英運動の支援などがある。また駐独大使の大島浩とともに日独防共協

ヴィルヘルム・フランツ・カナリス

定の締結を成功に導いた。
カナリスとその部下たちは「黒いオーケストラ」と呼ばれるドイツ国防軍将校を中心とする反ナチス・グループと関わりを持っていた。カナリスは、ユダヤ人の亡命幇助、ドイツの情報を連合国側に流すなどの二重スパイ的な行為をしていた。１９４５年に反逆の証拠を発見され、絞首刑に処された。

カリー、ロークリン（Currie, Lauchlin 1902〜93）
米国の経済学者、高級官僚。カナダ生まれ。第二次世界大戦時のソ連スパイ。

ロークリン・カリー

１９２５年、経済学研究を通じてハリー・デクスター・ホワイト(※)と知り合い、友人関係になる。ロンドン大学留学後、ハーバード大学で経済学博士号を取得。34年に米国市民権を取得。

モーゲンソー財務長官に招かれて財務省上級分析官に就任する。１９３９〜45年までルーズベルト大統領の経済問題補佐官を務めるとともに、41年、中国支援の責任者となる。41〜43年、大統領特使として中国を２回訪問し、蔣介石らと会談した。
１９４９年、エリザベス・ベントレー(※)から告発され、スパイ容疑で米下院非米活動委員会から召喚される。公聴会でソ連スパイ容疑を否定したが、疑惑が深まるなか南米コロンビアに向かう。54年に米国市民権を失い、コロンビア国民として死亡する。
１９９５年に公開された「ヴェノナ文書(※)」でソ連のスパイであることが確認された。

ガルボ（Garbo 1912〜88）
第二次世界大戦中に活躍した歴史上最も有能な二重スパイの一人。イギリスの「ダブルクロス委員会」の下で、ドイツに対して偽情報を流し続けた。スペイン人。本名はファン・プヨル・ガルシア。
ガルボは、スペインの独裁者フランコ失脚のため、当初、イギリス情報機関に協力することを申し出るが断わられ、ドイツのアプヴェーアに雇われた。アプヴェーアからイギリスに派遣され、ここで、ドイツの信用を高めるために、架空のスパイ網を作り上げ、まことしやかな偽情報を流し続けた。この一部の偽情報は、ベルリンの日本武官経由で日本にも流れた。また、ガルボの活動により、本物のドイツ側のエージェント数人の存在が明らかになった。

ガルボ、グレタ（Garbo, Greta 1905〜90）

スウェーデン生まれのハリウッド映画女優。１９２０年代から30年代末にかけて、多くの映画に出演する。

グレタ・ガルボ

『マタ・ハリ』も彼女が主演した映画の一つである。第二次世界大戦時の41年、人気絶頂期にあった彼女は36歳の若さで銀幕を去った。以後、84歳で死去するまで、謎に包まれた後半生を送った。女性スパイとしての彼女は、ウィリアム・スティーブンスン[※]のエージェントとして、物理学者のニールス・ボーア博士の脱出作戦に加わり、原爆をナチスの手に渡さないことに貢献した。

美術品コレクターとしても有名で、死去した時の総資産額は数百万ドルといわれている。

カレ、マチルド（Carre, Mathilde 1910〜2007）

フランス、ドイツ、イギリスのために働いた三重スパイ。愛称は「シロ猫」。

第二次世界大戦時、ドイツ占領下のフランスにおいて、連合軍のためのスパイ活動に従事。その後、ドイツ軍のアプヴェーアに勧誘されて、ドイツのスパイになる。さらに、イギリスのＳＯＥのエージェントに転向し、ドイツ軍の情報を漏洩する。

第二次世界大戦後、カレはイギリスからフランス当局に引き渡され、裁判で死刑を宣告された。その後、終身刑に減刑され、１９５４年に出所した。

川合貞吉（かわいていきち 1901～81）

ゾルゲ・スパイグループの一員。1928年に上海に渡り、31年春、尾崎秀実と出会う。その後、ゾルゲとも出会い、コミンテルン活動に従事する。41年のゾルゲ事件の裁判では、懲役10年に処せられるが、45年10月にGHQの特赦により釈放。その後、著述活動を行なう一方、GHQの参謀第2部（G2）のエージェントになる。

川島浪速（かわしまなにわ 1866～1949）

日本の支那浪人。満蒙独立運動の先駆者。女性スパイとして有名な川島芳子(※)の養父。

信濃国（長野県）松本生まれ。日清戦争では陸軍通訳として従軍。日露戦争後、北京警務学堂の総監督に就任し、粛親王・善耆（芳子の実父）と親交を深めた。

1912年初め、日本の租借地の旅順において、関東都督府より旧ロシア軍官舎の提供を受けて、粛親王および顯玗（芳子）を数年間にわたり庇護する。こうしたことが縁となり、顯玗は川島の幼女となって川島芳子を名乗った。

川島芳子（かわしまよしこ 1907～1948）

清朝の皇族・第10代善耆の第14王女。「男装の麗人」。本名は愛新覺羅顯玗（あいしんかくらけんし）。彼女はスパイ活動の暗躍ぶりから「東洋のマタ・ハリ」「満蒙のジャンヌダルク」の異名をとった。

1915年、8歳の時に「支那浪人」の川島浪速(※)の養女となり、日本で教育を受けた。17歳で断髪、男装を始めたところ、奇矯な振る舞いが注目を浴び、社会現象になった。

1927年、蒙古族のカンジュルジャップと結婚するが、3年ほどで離婚し、上海へ渡った。同地の駐在武官だった田中隆吉(※)の愛人となり、日本軍スパイとして諜報

川島芳子

活動を開始した。

1931年末、関東軍の依頼で溥儀の夫人の婉容を、天津から脱出させる工作で名を馳せた。敗戦後の1945年、国民党政府軍によって北京で捕えられ、売国奴の「漢奸」として、国民党によって銃殺刑に処せられた。

本家のマタ・ハリと同様に、芳子が銃殺刑に処せられるほどのスパイ活動を行なっていたかについては疑問がある。芳子が主人公の小説『男装の麗人』（松村梢風著）が話題となる。


河原操子（かわはらみさこ 1875〜1945）

日露戦争時、カラチンの宮廷において日本軍の特務活動を支援。

信濃国（長野県）松本で旧松本藩士の長女として生まれた。シベリア単騎横断の福島安正(※)および支那浪人の川島浪速(※)とは同郷。

長野県師範学校女子部を卒業した後、1899年に長野県立高等女学校教諭になるも、清国の女子教育を希望し、1900年9月に横浜の在日清国人教育機関「大同学校」の教師となる。02年、上海の務本女学堂に赴任したのち、03年12月、内蒙古カラチンに新設された毓正女学堂の教師として赴任する。

操子はこうした教育活動とは別に、カラチン王府内の親露勢力の動向を探る諜報員としての使命を帯びていた。諜報・秘密工作の使命を受けた横川省三(※)などは途中カラチンに立ち寄り、その際には、操子が情勢報告や後方支援を行なった。

岸田吟香（きしだぎんこう 1833〜1905）
日本の新聞記者。教育家。美作国（岡山県）に大農家の長男として誕生。17歳で江戸にある林図書頭の塾に入って勉学を続けたが、師の代講で水戸藩主、秋田藩主に進講し、藤田東湖や大橋訥庵とも交わりを得た。その後、西洋文明の入手のため英語を学び、西洋の新聞の翻訳などを行なった。
1866年9月、ヘボン博士と一緒に、上海に赴いて在留2年、海外の事情に通暁。74年に発刊された東京日日新聞社に入社して主筆となり、77年に同社を退社。銀座に薬屋楽善堂をひらき、78年上海に支店を設け、薬の販売と書籍の出版に従事する。

当時、西欧諸国が清国の利権に群がって策謀するのを見て、清国で活躍する青年を養成しようと志した。荒尾精(※)が渡航したのを機に、荒尾の活動を後援した。

ギゼヴィウス、ハンス・ベルント（Gisevius, Hans.Bernd 1904〜74）

ドイツ人外交官。アレン・ダレスが赴任中のスイスで最も信頼したエージェント。第二次世界大戦中、カナリスの指示を受け、スイスでヒトラー情報をアレン・ダレスに提供。ヒトラー暗殺のためドイツに帰国するが、１９４４年7月のヒトラー暗殺未遂事件（ヴァルキューレ事件）で失敗してゲシュタポに追跡されるも、ダレスの助けによりスイスに脱出した。ダレスの恋人であるメアリ・バンクロフト(※)とも交際する。

金賢姫（キムヒョンヒ 1963〜）

北朝鮮労働党中央調査部に所属した女性スパイ。現在は転向して韓国に在住。

１９８７年10月、蜂谷真由美と名乗り、金勝一（日本名：蜂谷真一）とともに、大韓航空機爆破テロを起こす。平壌外国語大学日本語科に在籍中に北朝鮮スパイ（工作員）として徴募される。「李恩恵(リウネ)」と呼ばれる日本人拉致被害者の田口八重子から日本語や日本文化の教育を受けた。

テロ事件後、彼女は死刑判決を下されたが、政治的配慮から特赦となる。そののち１９９７年に韓国の国家安全企画部（現・国家情報院）部員と結婚し、子供も授かった。91年には自伝『いま、女として―金賢姫全告白』が発行されベストセラーになる。２０１０年に来日。

ギヨーム、ギュンター（Guillaume, Gunter 1927〜95）

東西冷戦期に西ドイツに浸透した東ドイツのスパイ。東ドイツ国家保安省（ＭｆＳ）大尉。

西ドイツ・ブラント首相補佐官となり、西ドイツの東方政策の意図などを東ドイツに報告。

１９５６年、東ドイツの政治亡命者として西ドイツに偽装亡命。以後フランクフルトの社会民主党（ＳＤＰ）に入党する。真面目な働きぶりを認められてＳＤＰ支部役員、次いで議員秘書、西ドイツ総理府勤務、ＳＤＰ政権の官房長などを歴任。72年にブラント首相の個人秘書となり、74年、正式に首相補佐官に就任する。

この間、NATO関係の機密など、多数の機密を入手。しかし、1973年頃から西ドイツ防諜機関は彼に疑惑を持ち始め、同年11月、ブラント首相が休暇でギヨームを含む3人の個人秘書夫妻とともに、コートジボアールに滞在した時にフランス防諜機関の国土監視局（DST）(※)に監視を依頼。74年4月、西ドイツ連邦検察局は彼と妻クリステルを逮捕。ブラント首相は責任をとって辞任。国家反逆罪で禁固13年、妻のクリステルも禁固8年の実刑判決を受けた。

ギュンター・ギヨーム

キーラー、クリスティーン（Keeler, Christine 1942～）

イギリスのヌードモデルおよびコールガール。ハロルド・マクミラン政権の陸軍大臣のジョン・プロヒューモと性的関係を結ぶ一方で、在英国ソ連海軍武官のイワノフとも性的関係を結んでいた。イギリスの重要な情報が彼女を通じてソ連側に漏洩したとされる事件（「プロヒューモ事件」）に発展し、マクミラン首相の引責辞任につながった。

クリスティーン・キーラー

クーシネン、アイノ（Kuusinen, Aino 1886～1970）

ソ連GRUに所属する女性スパイ。ゾルゲと特別の関係にあったといわれている。

フィンランド生まれ。1919年に、コミンテルン幹部のオットー・クーシネンと出会い、この結婚により共産主義活動に参加。第二次世界大戦前に二度来日し、ス

アイノ・クーシネン

ウェーデンの親日貴族で著述家「リスベート・ハンソン」の偽名で、日本の上流社会に食い込んだ。秩父宮殿下とも幾度か会い、皇室の園遊会にも参加して、皇室情報を入手した。

戦後、モスクワへ戻って逮捕され、強制労働収容所送りと釈放を繰り返した。スターリンが死去（１９５３年3月）したのち、55年に名誉回復がなされた。65年にフィンランドへ帰国した。

グーゼンコ、イーゴリ・セルゲイビッチ（Gouzenko,Igor. Sergeievitch 1919～82）

カナダのソ連大使館で暗号通信員。１９４５年9月にカナダへ亡命（当時はＧＲＵ中尉）。この亡命事件により、「マンハッタン計画」に関わるソ連によるスパイ活動の全貌が明らかとなる。

グーゼンコは亡命のみやげにソ連の内部情報をコピーしてカナダ政府に提供。そのなかには、米国・英国・カナダの政府高官にソ連のスパイがいることや、米国の原子力開発の秘密情報をソ連情報機関がスパイしていた事実などが含まれていた。彼の自供から、英国の核物理学者クラウス・フックス(※)とアラン・ナン・メイ(※)がソ連側のスパイであったことが判明した。１９４６年3月、カナダ政府が亡命の事実を公表した。

クチンスキー、ウルスラ（Kuczynski,Ursula 1907～2000）

第二次世界大戦中、最も成功したソ連の女性スパイ。ユダヤ系ドイツ人。ドイツ人作家で、筆名ルース・ヴェルナーで知られる。コードネームは「ソニア」。兄は共産主義者のユルゲン・クチンスキー(※)。

ウルスラ・クチンスキー

１９２６年、兄のユルゲンの影響を受けて18歳で共産党に入党。29

年、ソ連赤軍参謀本部情報局のルドルフ・ハンブルガーと結婚。30年代、上海ではゾルゲの助手として、スパイの基礎を学ぶ。コードネーム「ソニア」もゾルゲが与えた。

１９３８年、「赤いオーケストラ(※)」の一員として、スイスに派遣され、ここでアラン・フート、のちに夫となるイギリス人のレン・ブリュアなどを率いて、対ナチスの情報収集に従事。40年2月、ルドルフ・ハンブルガーと離婚して、ブリュアと再婚してスイスからロンドンに移住。イギリスでは、「マンハッタン計画」に参加するクラウス・フックス(※)を運用し、原爆情報を入手した。戦後は、東ドイツに移住して作家として過ごした。

クチンスキー、ユルゲン（Kuczynski,Jurgen 1904～97）

イギリスで活動したソ連スパイ。ウルスラ・クチンスキー(※)の実兄。１９３０年に共産党に入党。その後、ソ連ＧＲＵに勧誘され、スパイになる。第二次世界大戦前に、難民としてイギリスに移住し、イギリス共産党との関係を築く。イギリスでは、クラウス・フックス(※)をソ連の連絡員、のちに妹のウルスラ・クチンスキーに紹介した。

クラウゼン、マックス（Klausen, Max 1899～1979）

ドイツのスパイ。赤軍第4部所属。１９３５年にゾルゲ・スパイグループに参加するために来日。東京都内で青写真複写機製造会社を経営しながら、モスクワへの無線通信を担当。41年10月に終身刑を受けるも、45年10月に釈放。

クリビツキー、ワルター（Krivitsky,Walter 1899～1941）

ソ連の上級情報官として初めて西側に亡命した人物。イグナス・ライス(※)の親友で同僚。ポーランド生まれ。１９２０年から赤軍情報部に勤務し、ポーランド・ソビエト戦争に従軍。23年頃から、スパイ活動を開始する。34年にＮＫＶＤに移籍するが、引き続き海外における軍事情報活動を継続。35年からハーグ機関長として対独情報活動に従事した。37年5月にモスクワに帰国し、すぐにハーグに帰るが、同年9月のライスの暗殺とモスクワ召喚に危険を察知し、亡命を決断。パリに脱出し、38年11月にはアメリカに亡命。以後、英米情報機関に協力した。39年には週刊誌『サタデー・イブニング・ポスト』に回想録を連載し、スターリン粛清の内実を告発。また、39年に訪英し、イギリス政府にソ連の内通者が浸透していることを証言した。この発言を注意深く調査するとキム・フィルビー(※)につながった可能性があるが、当時、その内通者の正体が突き詰められることはなかった。41年2月、ワシントンのホテルの一室で、射殺体で発見。三通の遺書が残されており、警察は自殺と断定したが、ソ連による暗殺が濃厚。

ケアンクロス、ジョン（Cairncross,John 1913〜95）

ソ連のために働いたイギリス人スパイ。「ケンブリッジ・ファイブ」の第五の男か？

アンソニー・ブラント(※)がケンブリッジ大学で獲得した人物とされる。1936年から外務省ドイツ課に勤務して、対独秘密情報を収集した。財務省に拠点を築くようNKVDから指示され、38年10月に財務省におけるNKVDスパイ第一号となった。第二次世界大戦中にはエニグマ暗号解読などを行なった政府暗号学校で勤務。大戦中に、イギリスの対ヒトラー方針についての総合的要約と対独戦争の可能性を評価する重大情報をソ連に提供。これにより、ソ連は独ソ不可侵条約の締結（39年8月）に至った。また、ソ連赤軍は彼の情報によって「クルスクの戦い」（43年7月）に先立ってドイツ空軍の配置を知り、戦闘に勝利した。

ジョン・ケアンクロス

ゲーレン、ラインハルト（Gehelen,Reinhard 1902〜79）

ドイツ陸軍の軍人。ドイツの連邦情報庁（BND）(※)の初代長官。

第二次世界大戦中の1942年6月、東方外国軍課の課長に就任したゲーレンは広範囲な対ソスパイ網を構築し、ソ連軍捕虜を利用して反ソ宣伝などを行なった。しかし、45年春に「戦局が最終局面にある」と分析・報告したことなどからヒトラーの逆鱗に触れて解任された。

戦後、アメリカと接触し、ソ連情報の提供と引き換え

ラインハルト・ゲーレン

に、西ドイツの情報機関（ゲーレン機関）を創設した。同機関は、56年4月、連邦情報庁に発展するが、ゲーレンは初代長官として、68年4月まで同職に就任した。

コーエン、エリアフ・ベン・シャウル（Cohen, Eliahu. ben.Shaul 1924〜65）

第三次中東戦争で活躍したモサド情報官。一般的にエリ・コーエンと呼称。エジプト生まれのユダヤ人。1957年イスラエルに入国。会社勤務を経て60年7月にモサド情報官になる。基礎訓練を受けた後、アルゼンチン居住のシリア人貿易商という身分偽装のためブエノスアイレスに居住。62年1月シリアに入国し、ダマスカスの陸軍参謀本部近くに居住。以後、政界、軍の高級幹部と交流し、シリア国防省のアドバイザーになる。65年1月、シリア軍無線防諜隊に所在を探知され、逮捕。同年5月、衆人罵声の中で絞首刑となる。彼の情報は第三次中東戦争（67年）でのイスラエル軍の勝利に貢献した。

コーエン、モーリス（Cohen, Morris 1910〜95）

妻のロナとともにソ連の重要なエージェント。イギリスではクローガー夫妻として知られる。「ポートランド・スパイ事件」の首謀者の一人。

ロシア系移民の子供としてニューヨークに生まれる。1935年に共産党に入党。スペイン内戦に出征し、帰国後にソ連情報機関から勧誘。41年、共産主義者のロナ・ペトラと結婚。

その後、ローゼンバーグ（※）夫妻とともに、ルドルフ・アベル（※）大佐の指揮下でスパイ活動に従事。ローゼンバーグ夫妻が逮捕（1950年7月17日）された当日にアメリカから逃亡。イギリスに偽装し、イギリスに入国。イギリスでは、遅れてやってきたゴードン・ロンズデール（※）のスパイ活動（ポートランド・スパイ事件）における連絡要員として活動。

モーリス・コーエン

イギリスで裁判にかけられ、夫妻とともにスパイ容疑で有罪とされ、禁固20年が言い渡された。しかし、収監から8年後の1969年7月、ソ連に拘束されていたイギリス市民とのスパイ交換で釈放され、二人はソ連に入国した。妻ロナが92年にモスクワで死去、95年にモーリス死去。モーリスの死後、ソ連のプラウダは「ありがとう、コーエン。ソビエトの原爆技術者たちは君のお陰で、ロスアラモスの秘密研究所から技術資料を大量に入手できたのだ」と功績を称えた。

ゴリコフ、イワノビッチ（Golikov,Ivanovich 1900～80）

GRUの総局長（1940年～41年まで）。1918年に赤軍に志願して入隊。スターリンに気に入られて順調に昇進する。40年6月、赤軍の階級制導入により、中将の階級が与えられ、GRU総局長になる。42年から43年にかけて、スターリングラード戦線の副司令官として出征。しかし、無謀な指揮だとして、フルシチョフにより副司令官を解任されるが、スターリンは、解任したフルシチョフを批判した。戦後、ソ連邦元帥に昇任する。

ゴリツィン、アナトリー・ミハイロビッチ（Golitsyn, Anatoliy Mikhaylovich 1926～）

アメリカに亡命したKGB情報官。ウクライナ生まれ。1953年から55年にかけて、NKBDおよびKGB情報官としてウィーンで勤務する。61年12月、フィンランドからアメリカに亡命する。亡命当時はアナトリー・キルモフという偽名を使用。CIAにソ連内通者が浸透しているとの事実を伝える。66年のキム・フィルビー(※)のスパイ容疑を固めるための支援を行なう。

ゴリツィンの証言に踊らされたCIAのジェイムズ・アングルトン(※)が、無実のCIA職員を内通者だと見なし、次々に辞職に追い込むという事態も生じた。

ゴルディエフスキー、オレグ（Gordievsky,Oleg 1938～）

KGB情報官。イギリスの内通者。モスクワ国際関係大学で学び、1962年にKGBに採用される。KGB学校で訓練を受けた後に、ビジネスマンの肩書きで発展途上国に赴任する。その後、国内勤務、海外勤務を経て、82年6月からロンドン大使館参事官の肩書きでイギリスに赴任し、85年6月にKGB英国支部長となる。

ゴルディエフスキーは1968年のソ連のチェコ侵略で西側に手を貸す決心をし、70年代のデンマーク大使館勤務中に、デンマーク情報機関と協力関係を持った。ロンドン勤務後は英国MI6に接触し、ゴルバチョフ政権誕生へと進むソ連内の秘密情報を報告した。しかし、CIA内部のソ連内通者オルドリッチ・エイムズ(※)の告発によって、ゴルディエフスキーの身辺に危険が迫った。その後、ゴルディエフスキーは、かろうじてイギリスに亡命した。

1985年9月、ゴルディエフスキーの容疑が浮上したことから、イギリス政府は、彼が告発した外交官やジャーナリストなど25人を国外追放した。

ゴールド、ハリー (Gold, Harry 1910～72)

ソ連に原爆情報を漏洩したアメリカ人科学者。ロシア生まれ。

ハリー・ゴールド

1914年に家族でロシアからアメリカに移住し、22年に市民権を獲得。34年から45年にかけてソ連のためのスパイ活動を実施。クラウス・フックス(※)およびロスアラモス研究所の機械工であるデイビッド・グリーングラスから受け取った原爆関連資料をソ連情報機関に渡す任務を遂行した。

フックスの逮捕および裁判によって、ゴールドの存在が明らかになり、1950年5月にFBIに逮捕された。ゴールドの自白により、デイビッドとモートン・ソベル(※)の名前が挙げられた。デイビッドによって、姉のエセル・ローゼンバーグとその夫のジュリアス・ローゼンバーグ(※)の名前が挙がり、彼らは逮捕に追い込まれた。50年12月、ゴールドには禁固30年が宣告され、65年に釈放された。

コルビー、ウィリアム（Colby, William 1920～96）

ＣＩＡ長官（１９７３年～76年１月）。１９４１年、プリンストン大学を卒業後、陸軍に入隊、空挺部隊に配属されるが、43年に戦略課報局（ＯＳＳ）に転籍する。戦後、ウィリアム・ドノバン(※)とともに弁護士事務所を経営し、56年にＣＩＡ入りする。

１９５９年～62年までサイゴンのＣＩＡ支局長に就任。68年にベトナム大使として赴任し、フェニックス作戦を支援するなど、ベトナム問題に大きく関与する。

ジェイムズ・アングルトン(※)がＣＩＡの内通者の摘発に躍起になっていた事件で、コルビーはアングルトンを辞職に追い込む。コルビー自身が内通者との疑いをかけられていた。

ゴロス、ヤコブ（Golos, Jacob 1889～1943）

ソ連情報機関の在米責任者。ボリシェビキ革命に参加。アメリカ共産党創設期のメンバー。１９０９年、サンフランシスコからアメリカに入国。12年にニューヨークに赴き、15年にアメリカに帰化し、アメリカ共産党の創設に関与する。１９３０年以降、旅行会社を設立し、地下活動に専念した。この間、エリザベス・ベントレー(※)と愛人関係になり、彼女をスパイ活動に誘った。心臓病を患っており、それが原因で病死した。

ヤコブ・ゴロス

ゴロスキー、アナトリー（Gorsky, Anatoly 1907～80）

ソ連情報機関の情報官。１９２８年にソ連の秘密警察機関に入る。

１９３６年に暗号官としてイギリスに派遣される。第二次世界大戦中の40年～44年にはロンドンのソ連大使館の二等書記官の肩書きで、ＮＫＧＢのレジデント・ディレクター(※)として、「ケンブリッジ・ファイブ」などのエージェントを運用した。44年からはアメリカのワシントンの一等書記官に転属して、イスハーク・アフメロフ(※)の後任として、エリザベス・ベントレーなどのスパイの運用に携わった。

コワリ、ジョルジョ（Koval, George 1913～2006）

ソ連の諜報員。英語名はジョージ・コーバル。コードネームは「デリマル」。アメリカのアイオワ州生まれ。両親は帝政ロシアの支配下にあったベラルーシからのユダヤ系移民であった。大学で電気工学を学んだが、そのころから共産主義に傾倒し、19歳で両親とともにロシアに移住し、モスクワ化学技術大学などに学んだ。26歳でGRU（軍情報局）のスパイとして採用され、そこで訓練を受けて1940年にアメリカに潜入する。

1943年、米陸軍に徴兵され、ニューヨーク市立大学にて放射性物質を学ぶ。44年から45年にかけてテネシー州オークリッジで「マンハッタン計画」に参加した。46年に米軍を除隊して、そのままアメリカでの潜入を継続。

ジョルジョ・コワリ

イーゴリ・グーゼンコがカナダに亡命したことで、自らの存在が米当局にマークされる危険性を察知して1948年10月にアメリカを脱出し、ソ連に帰国。その後、母校の化学技術大学で教鞭をとった。

【サ行】

サフォード、ローレンス（Safford,Laurance 1893～1973）

アメリカ海軍の軍人。海軍の暗号解読組織を創設した人物。1916年海軍兵学校卒業、24年に通信情報ユニットを組織。当初の組織はサフォード大尉と民間人4人であり、細々と日本の外交暗号の解読に取り組んでいた。24年、米海軍は海軍省内に暗号・通信課を設置し、日本海軍の暗号の解読を開始した。この中心となったのがサフォードであり、この機関は36年頃、OP‐20‐G（海軍作戦部第20部G課、海軍通信課報部）に発展した。

ローレンス・サフォード

サボー、バイオレット（Szabo, Violette 1921～1945）

ドイツ占領下のフランスで活躍した女性スパイ。父親はイギリス人、母親はフランス人で、フランスに生まれた。１９３９年まではデパートの香水売り場で働いていた。40年にハンガリー系フランス人士官と結婚するが、夫が戦死するとすぐに、イギリス特殊作戦執行部（ＳＯＥ）に入る。ドイツ占領下のフランスに潜入してスパイ活動を実施。二度目の潜入時に、ドイツ武装親衛隊（ＳＳ）の機甲部隊との壮烈な銃撃戦の末に捕らえられた。

バイオレット・サボー

ザボーチン、ニコライ（Zabotin,Nikolai ～1946）

ＧＲＵの高級情報官。大佐。１９４３年から45年まで、カナダでソ連大使館の駐在武官として、ソ連スパイ網を統轄した。43年にイーゴリ・グーゼンコ(※)をともなってカナダに入国。アラン・ナン・メイ(※)らを通じて原爆資料を盗み出した。グーゼンコのカナダ亡命に危機感を覚え、45年12月にソ連船で脱出。翌年1月、ソ連に帰国した４日後に心臓発作（？）で死亡した。

ニコライ・ザボーチン

ジェルジンスキー、フェリックス（Derzhinsky,Feliks 1877～1926）

ソ連情報組織の母体チェーカー(※)の創始者。１８８７年、政治騒乱罪でシベリアに追放。１９０５年の革命で活躍し、17年にチェーカーを創設。ボリシェビキ中央委員会の一員となる。チェーカーの名称がＧＰＵおよびＯＧＰＵに変わった後も、26年までその長官を務めた。24年～26年最高経済会議の議長に就任。スターリンと議論している際に心臓発作で急死、暗殺の噂が広まった。

彼の銅像がソ連崩壊まで、ルビャンカのＫＧＢ本部前に立っていた。

シェレンベルク、ヴァルター（Schellenberg,Walter 1910〜52）

ヒトラー政権下の情報機関SDの高官。防諜組織の長。1934年にSD長官ラインハルト・ハイドリヒ[※]に抜擢され、親衛隊の情報機関SDに参加。39年に国家保安本部が創設されると、国内の防諜を担当する第Ⅳ局E部の部長に任命された。彼が部長となったその年に、ヒトラー暗殺未遂事件が発生。ハイドリヒは、フェンロー事件（オランダにいた二人のイギリス人スパイを拉致）で拘束したスパイの仕業だとでっちあげた。別のヒトラー暗殺事件ではカナリスを逮捕し、処刑した。

シェレンベルクの有能さは上層部に広く認められており、親衛隊（SS）長官ヒムラーはハイドリヒの後継者として彼を推挙したが、若すぎるとして実現しなかった。ドイツの敗戦直前にイギリスに投降し、回想録を残した。

ヴァルター・シェレンベルク

シャーウッド、ロバート（Sherwood,Robert 1896〜1955）

アメリカの劇作家。ハーバード大学在学中に処女作『パーナムは正しかった』を書く。第一次世界大戦従軍後は、『ライフ』誌の編集者（1924〜28年）を務める。ピュリッツァー賞を4度受賞。1941年7月の情報調査局（OCI、OSSの前身）の設置にドノバンとともに関与する。シャーウッドは国内広報と国外プロパガンダを担当した。

シュティーバー、ヴィルヘルム（Stieber,Wilhelm 1818〜82）

ビスマルク時代のスパイマスター。ドイツ人。ドイツのザクセンに生まれ、ベルリンで弁護士として成功。1850年、国王ヴィルヘルム一世の信頼を得て警察局長に就任。しかし国王が病気になると政敵に追われてロシアに逃れ、ロシア秘密警察再建に協力（1858〜63年）。帰国後、ビスマルクの知遇を得て情報官となり、そののち約20年間にわたり裏社会を牛耳った。

彼の情報活動により、プロシアは普墺戦争（1866年6月）ではオーストリアを7週間で破った。普仏戦争

ヴィルヘルム・シュティーバー

（70年）でも彼の情報活動は成果を上げ、プロイセン軍は6週間でフランスを破り、ナポレオン三世を降伏させた。

この間にシュティーバーは、秘密警察特別班を作り、国王および要人の護衛、防諜の任務を果たしたほか、電報・電信・郵便の検閲制度を設け、さらに偽情報工作を任務とする中央情報局を新設した。ビスマルクは彼を「探偵の王」と呼び、枢密顧問官に任命した。

シュティラー、ヴェルナー（Stiller, Werner 1947~2006）

1979年1月に西ドイツに亡命した東ドイツ国家保安省「A」総局（HVA）(※)の情報官。亡命当時の階級は中尉。彼の情報により、西ドイツに浸透している東ドイツのスパイが逮捕された。また、「顔の見えない男」とされた、HVA長官のマルクス・ヴォルフ(※)が特定された。シュティラーは、ドイツ情報機関BND(※)から数枚の写真を見せられ、その中の1枚の写真がヴォルフであることを認めた。亡命後、西ドイツにおいて米国系銀行の支店長職などについた。

シュナイダー、エタ・ハーリッヒ（Schneider,Eta・Harich 1897~1986）

音楽家。ゾルゲの愛人。1941年、ナチスから追放され、ドイツの文化使節の目的で来日。戦時下の東京では、ゾルゲと親しく交際。愛人関係になる。日本では、東京のドイツ大使館に身を寄せて、各地で演奏活動を行なうかたわら、ピアノとチェンバロの演奏を教えていた。

シュラグミューラー、エリザベート（Schragmuller,Elsbeth 1887~1940）

ドイツのスパイ学校の女性教官。通称「マドモアゼル・ドクトール」、哲学博士、令嬢博士の異名をもつ。フランス語と英語にも堪能。

1913年にフライブルク大学卒業後、第一次世界大戦開始と同時にドイツ陸軍参謀本部第Ⅲb局長ウォルタ

ー・ニコライ(※)大佐のもとで情報関係業務に従事。当初の郵便検閲業務から、15年に「アントワ

エリザベート・シュラグミューラー

ープ戦争情報局」のスパイ学校の教官に転身。この学校用のテキストとして数冊のスパイ活動手引書を著した。彼女の訓練は厳しく、学生からは「燃える虎の目」と呼ばれ、恐れられた。

シルバーマスター、グレゴリー（Silvermaster, Gregory 1898～1964）

エリザベス・ベントレー(※)が連絡任務を行なっていたソ連共産主義者スパイ・グループの長。ユダヤ系アメリカ人。ロシア生まれ。１９２６年にアメリカに帰化。第二次世界大戦中は軍需制裁委員会に勤務する経済学者で隠れ共産党員であった。

シンクレア、サー・ヒュー（Sinclair,Sir Hugh 1873～1939）

イギリス秘密情報部（ＭＩ６）の長官（１９２３～39年）。サー・マンスフィールド・カミングの後任。第一次世界大戦時、海軍の情報次官、のちに海軍情報長官（１９１９～21年）を経て、ＭＩ６長官に昇任した。長官在任中は、共産主義の対浸透とドイツの再軍備に対する諜報活動を重視した。

スタシンスキー、ボグダン（Stashinsky,Bogdan 1931～）

歴史上、著名なＫＧＢ暗殺者。１９５７年10月と59年10月、ウクライナ人指導者のレフ・レベトとステファン・バンデラを毒ガス噴霧銃で殺害。

スタシンスキーは東ドイツ人女性と結婚したことで、罪の意識から逃れるため亡命を決意。二人はベルリンが封鎖される直前の１９６１年8月12日にかろうじて西ベルリンに脱出し、のちにアメリカに亡命した。この亡命により、二人のウクライナ人指導者の不審死がスタシンスキーの暗殺であることが初めて明らかとなった。裁判の判決で禁固8年が言い渡されたが、66年に極秘で釈放され、アメリカに連れ去られた。

スティーブンスン、サー・ウィリアム（Stephenson, Sir Wiliam 1897〜1989）

　第二次世界大戦中、アメリカで活動したイギリス安全保障局（ＢＳＣ）(※)の長官。カナダ生まれ。暗号名「イントレピッド（豪勇）」。

　第一次世界大戦中は、カナダ海外派遣軍に所属、のちにイギリス陸軍航空隊に移り、パイロットして活躍。多くの航空機を撃墜するが、自らも撃墜されてドイツ軍の捕虜になった経験がある。

　戦後は、ボクシング選手となり、アマチュアのライト級チャンピオン。１９３０年代、ドイツ工業地区を訪れた際に得た情報をＭＩ６(※)に伝えたことが縁となり、チャーチル首相の知己を得る。40年6月、チャーチルはルーズベルト大統領への代理人として彼を任命。アメリカでＢＳＣの長官、ＭＩ６とＳＯＥのアメリカ代表となり、イギリス情報機関とＦＢＩやＣＩＡとの連絡任務を担い、米国ＯＳＳ(※)の立ち上げを支援した。女性スパイのエリザベス・ソープ(※)の運用や、カナダに亡命したソ連ＫＧＢの暗号員イーゴリ・グーゼンコ(※)を保護したことでも有名。なお、スティーブンスンの存在をフーバーＦＢＩ長官は「イギリスのスパイがアメリカにやってきた」として敵対視した。

スメドレー、アグネス（Smedley, Agnes 1892〜1950）

　アメリカ人の共産主義者。作家。ミズーリ州の貧農の家庭に生まれる。若くしてニューヨークに出て、労働の傍らニューヨーク大学夜間部に通い、苦学して革新ジャーナリストを目指した。第一次世界大戦中、インドの対英独立運動に従事。１９２１年にアメリカ共産党が結成されると、彼女はコミンテルン活動に参加することを決意。１９２０年代、ドイツに移住し、ベルリン大学で中国の歴史・文化・社会などを研究する。28年春に中国に渡る。上海では中国共産党に対する礼賛記事を書く一方で、ゾルゲと尾崎秀実との橋渡し役となった。

アグネス・スメドレー

　第二次世界大戦中、アメリカに帰

国。1947年頃から、マッカーシズムの「赤狩り」が始まるなか、FBIの監視下に置かれる。49年2月、米陸軍省は『ウィロビー報告』を発表し、「スメドレーをゾルゲの協力者・ソ連のスパイだ」と認定。スメドレーは『ウィロビー報告』に対し即座に抗議し、「名誉毀損訴訟も辞さない」との声明を発表。

1950年、下院非米活動委員会からスメドレーに召喚状が発せられたその日に、ロンドンに飛び、その晩に急死。彼女の遺骨は北京の墓地へ埋葬された。

ゼイラ、エリ（Zeira, Eli 1928〜）

イスラエル国防軍情報部（IDI：アマン）の長官（1972〜74年）。長官就任前には、作戦部長、情報収集責任者、イスラエル国防軍駐米武官、IDI副長官などを歴任。第四次中東戦争における情勢評価の責任を追及され、解任。退官後はビジネス界に転身した。

2004年、元モサド長官（1968〜74年）のツヴィ・ザミール少将（1925年〜）は「ゼイラが、イスラエルのエージェントであるアシュラフ・マルワン[※]の存在を漏洩した」として非難した。

ソープ、エミー・エリザベス（Thorpe, Amy.Elizabeth 1910〜63）

第二次世界大戦中、イギリスMI6と米戦略諜報局（OSS）の指揮下で活動した女性スパイ。コードネームは「シンシア」。ミネソタ州生まれ。

海兵隊を退役後に弁護士となった父親の勤務の影響でホノルル、ワシントンに住み、比較的に上流社会の中で成長した。

年上のイギリス外交官と結婚し、夫にともなってスペインに移住したころから、スパイ活動を開始した。BSC長官のウィリアム・スティーブンスン[※]の懐刀として、数々の成果を上げる。

シンシアは当時、BSC[※]が使っていた唯一の女性スパイではなく、そのほかにもイギリス人女性が二人、フランス人女性一人がいたが、シンシアは最も優れた女性

エミー・エリザベス・ソープ

スパイであった。

ソベル、モートン（Sobell, Morton 1917〜）

原爆スパイ網のメンバー。ジュリアス・ローゼンバーグ(※)の親友。アメリカに移住したロシア系ユダヤ人の息子。ローゼンバーグ夫妻とニューヨーク市立大学で知り合う。やがて、ローゼンバーグとともにソ連のための原爆関連のスパイ活動に従事する。

ローゼンバーグ夫妻逮捕後にソベル一家はメキシコに脱出。裁判では禁固30年が宣告される。アトランタ連邦刑務所で、彼を運用していたアベル大佐(※)と再会し、アベルがソ連に撃ち落とされたU‐2偵察機のパイロット、ゲーリー・パワーズとの交換で釈放されるまで、二人はそこでチェスを楽しんだという。

ゾルゲ、リヒャルト（Sorge, Richard 1895〜1944）

第二次世界大戦期に日本で活動したスパイ。ゾルゲ事件の首謀者。ドイツ人鉱山技師の父親とロシア人の母親との間でロシアのバクーに生まれ、3歳の時にドイツ移住。第一次世界大戦後、ハンブルク大学で政治学博士の学位を取得。1919年、ドイツ共産党に入党。20年代後半には赤軍参謀本部第4局（GRU）の指揮下でドイツにおいて活動した。その後、モスクワ（24〜27年）、スカンジナビア（27年）、米国（28年）、英国（29年）、上海（30年）で活動し、上海では尾崎秀実(※)、ウルスラ・クチンスキー(※)、アグネス・スメドレー(※)らと交流する。ヘード・マッシング(※)をスパイ活動に誘ったのもゾルゲである。

1933年9月の来日に際し、ナチス党に入党、フランクフルター・ツァイトゥング社の特派員の肩書きを得る。ドイツ軍のソ連侵攻計画、日本の南進決定など重大なインテリジェンスをスターリンに報告。

1941年11月逮捕され、44年11月に刑死。戦後、64年に「ソ連邦英雄」の称号を受け、東ドイツでは記念切手の肖像にもなった。

【タ行】

ダガン、ローレンス（Duggan, Laurence 1905〜48）

アメリカの経済学者。ソ連のスパイ。第二次世界大戦中は国務省南米課長、ハル国務長官の秘書などを歴任。

戦後、ソ連情報機関のスパイの疑いでＦＢＩによる尋問が開始されて10日後に、マンハッタンのビル16階にある彼の事務所から飛び降り自殺した。その後、長年の間、彼は無実だと信じられていたが、ヴェノナ文書によってソ連のスパイであったことが判明する。

田中隆吉（たなかりゅうきち 1893~1972）

日本陸軍の軍人。最終階級は陸軍少将。太平洋戦争開始時の陸軍兵務局長。陸軍中野学校長などを歴任。１９３２年の第一次上海事件においては、「満洲独立に対する列国の注意をそらせ」との板垣征四郎大佐の指示で、当時、上海公使館付陸軍武官補（少佐）であった田中は、愛人の川島芳子(※)の助けを得て、中国人を買収し僧侶を襲わせたと、のちに自ら証言した。極東軍事裁判において検事側の証人として、被告に不利な発言をしたことで、現在も批判されている。

田中隆吉

ダレス、アレン・Ｗ（Dulles, Allen.W 1893~1969）

米国の元ＣＩＡ長官（１９５３~61年）。実兄は国務長官のフォスター・ダレス。祖父と伯父も国務長官という名門家系の出身。第二次世界大戦中、ドノバンに抜擢され、ＣＩＡの前身組織であるＯＳＳに勤務。１９４５年、ＯＳＳの欧州本部の責任者として日本との和平工作にも携わっていたとされる。スイスのベルン勤務中は、愛人のメアリ・バンクロフト(※)とともに、カナリス提督(※)の部下のハンス・ベルント・ギゼヴィウス(※)と接触し、ヒトラー関連の情報を収集する。

アレン・Ｗ・ダレス

戦後はいったん弁護士として勤務するも、新設されたＣＩＡに入局し、海外作戦部長、副長官を歴任。その後、アイゼンハワー大統領政権下のＣＩＡ長官に就任。ＣＩＡを今日のような世界的な情報機関に育て上げたのはダレスの功績である。任期中、イラン、グアテマラでの政府転覆作戦、ベトナムへの工作などの指揮をとった。しかし、１９６１年にキューバ侵攻作戦に失敗し、ケネディ大統領によって更迭された。

チェンバーズ、ウイタカー（Chambers, Whittaker 1901～82）

米国のジャーナリスト。のちにＦＢＩの協力者となったソ連のスパイ。米国生まれ。コロンビア大学卒業後、米共産党に入党。１９３２～34年、米共産党機関誌『ニュー・マス』編集長。32年から38年までソ連のスパイとなった。34年に党指導部から地下活動を命じられる。37年～41年まで雑誌『タイム』の記者。39年にひそかに共産主義から転向し、『タイム』誌で働きながらＦＢＩの情報提供者（二重スパイ）になる。

ウイタカー・チェンバーズ

１９３９年9月2日、国務次官エイドルフ・バーリーにスパイ網の存在を告発。この告発でソ連スパイ網は一時活動を停止するが、その告発にＦＢＩは動かなかった。48年7月、米下院非米活動委員会で、アルジャー・ヒス(※)が１９３０年代にソ連のスパイであったと告発。彼の具体的な証拠資料「パンプキン・ペーパー（かぼちゃ資料）」により、国務省高官のヒスは偽証罪で有罪となった。この告発で、チェンバーズは、次第に反共産主義の論客として不動の地位を確立するようになる。

チューリング、アラン（Turing, Alan 1912～54）

天才的数学者。ロンドン生まれ。ケンブリッジ大学とプリンストン大学で学ぶ。

第二次世界大戦中、イギリスの政府暗号学校に勤務。世界初の電子計算機「コロッサス」の基礎を築いた。この計算機が暗号解読に大きな役割を果たした。

ホモセクシュアルのため起訴されて自殺。

アラン・チューリング

チン、ラリー・ウタイ (Chin, Larry. Wu-Tai 1922~86)

中国系米国人。伝説的な中国のスパイ。中国名は金怠無。第二次世界大戦中に中国駐在米国武官事務所に勤務。１９４８から52年までアメリカ陸軍に所属し、香港、上海で勤務。52年にＣＩＡに採用され沖縄勤務。この当時から中国のためのスパイ活動を実施。１９７０年代に米中接近に関する米国政府機密文書などを国家安全部(※)に漏洩。85年11月に逮捕され、86年2月に拘置所内で自殺。

ティートゲ、ハンス (Tiedge, Hans 1937~2011)

西ドイツの連邦憲法擁護庁（ＢｆＶ）(※)の防諜局長。１９８５年8月に東ドイツに亡命。ＢｆＶには66年から所属。亡命に際しては膨大な量の西側情報を手土産に持参。彼の亡命とほぼ同時に西ドイツの女性秘書、マルグレット・ヘーケ(※)が逮捕された。

土肥原賢二 (どいはらけんじ 1883~1948)

日本陸軍の軍人。最終階級は陸軍大将。Ａ級戦犯で死刑。「満蒙のロレンス」とあだ名され、満洲建国および華北分離工作の中心的な役割を果たす。

１９１２年、陸軍大学校卒業と同時に中国課付属機関員として北京で対支那工作を開始する。坂西利八郎(※)機関長補佐官、天津特務機関長を歴任。満洲事変後に奉天臨時市長となる。38年6月、土肥原機関を設立して、中国大陸で特務工作を展開。帰国後、陸軍士官学校校長、教育総監を歴任。陸軍大臣に推挙されたこともある。

土肥原賢二

ドノバン、ウィリアム（Donovan, William 1883〜1959）

アメリカの軍人、政治家。戦略諜報局（ＯＳＳ[※]）の創設者、また長官として勤務。「ワイルド・ビル」「アメリカ情報機関の父」などと通称される。

第一次世界大戦時、多くの勲章を受けて退役、司法長官の補佐官（１９２５〜29年）になる。またイタリア、スペイン、バルカン諸国のオブザーバー（35〜41年）、情報調査局情報調査官（41〜42年）を経て、戦略諜報局長官に就任（42〜45年）する。第二次世界大戦時、ＯＳＳを指揮して、ヨーロッパにおける秘密作戦を指導した。彼はルーズベルトの後任のトルーマン大統領には嫌われて辞任に追い込まれ、ＯＳＳは廃止された。

ドリスコール、アグネス・メイヤー（Driscoll, Agnes.Meyer 1889〜1971）

アメリカのＯＰ‐20‐Ｇ[※]所属の暗号解読官。暗号解読官の間では、ミス・アギーとかマダムＸのあだ名で知られていた。アメリカ生まれ。英語、フランス語、ドイツ語、ラテン語、日本語が話せたという。

１９１１年、オハイオ州立大から数学と科学の修士号

アグネス・メイヤー・ドリスコール

を取得。11年から18年、テキサス州に居住し、高校の数学教師の職につく。18年6月、自ら志願して海軍へ入隊、大学で学んだ物理、工学、数学、統計学の能力が認められて軍事暗号訓練所に入所。その後、いったん海軍を辞め、暗号解読機械を製造する会社に入社。ここでは、暗号解読機械のエキスパートになった。１９２４年8月、軍属として海軍に再入隊し、ＯＰ‐20‐Ｇの数字文字暗号課に配属。ローレンス・サフォード[※]大尉のもとで、日本暗号の解読に従事。24年にワシントンの弁護士ウィリアム・ドリスコールと結婚。戦後は、59年7月、70歳まで国家安全保障局（ＮＳＡ[※]）に勤務した。

トレッペル、レオポルド（Trepper, Leopold 1904〜82）

「赤いオーケストラ」（欧州におけるソ連の対独スパ

イ網）の指揮官。ユダヤ系ポーランド人。英、独、仏、ヘブライ、スペイン各国語を流暢に話す。

時期は不明だが、コミンテルン・ポーランド支部から抜擢されてソ連参謀本部第4局付となり、モスクワ大学や第4局の情報学校で5年間のスパイ教育を受ける。

第二次世界大戦が開始される数カ月前、カナダの実業家になりすまし、ベルギーに入国。隠れ蓑の商社を設立し、資金調達を行なう一方でドイツの公的機関に浸透。ドイツ軍兵士が訪れるパリのキャバレーの踊り子、観光案内所などに協力者を配置し、さまざまな有力情報を収集。ドイツの対ソ連侵攻準備などの状況を通報する。

１９４２年11月24日、ゲシュタポにより逮捕されるが、43年9月、脱走に成功。その後、44年8月のパリ解放まで地下活動に入った。大戦終了後、モスクワに帰国して二重スパイの嫌疑で逮捕され、47年7月に禁固15年を言い渡された。スターリン死後の54年に釈放。3年後にポーランドに移住。73年9月にフランス、その後エルサレムに移住し、そこで生涯を終えた。

レオポルド・トレッペル

【ナ行】

中島成子（なかじましげこ 1903〜）

満洲事変以降、中国で活躍した女性スパイ。栃木県小山市の生まれで、20歳で日本赤十字社の満洲本部に志願して赴任した。１９３１年の九・一八事件以降に成子はスパイ活動を開始。国民党軍らに対する帰順工作（武装解除）で、数々の成功を収めた。57年に帰国。国際ジャーナリストの中丸薫は成子の実子である。彼女によれば父親は堀川辰吉郎で、堀川は「明治天皇の落とし子で、自分は明治天皇の孫」と名乗っているが、異論が多い。

中島成子

ニアン、アイリーン（Nearne, Eileen 1921～2010）

イギリスの女性スパイ。イギリス生まれ。ビシー・フランスに潜入し、通信士として活動。３人兄弟の末っ子であり、彼女の姉ジャクリーン、兄のフランシスもまたSOEのエージェントになっている。幼少期に家族でフランスに移住し、ナチス・ドイツがフランスに侵攻すると、姉とともにロンドンに戻った。ここでSOEに勧誘され、当初、アイリーンは通信士として本土に勤務し、ジャクリーンは連絡員としてフランスへと派遣されていた。

ゲシュタポに捕まるが、１９４５年4月、ドイツの収容所に送られる途中に逃走して、米陸軍に保護された。終戦後、イギリスでひっそりと暮らした。

アイリーン・ニアン

ニコライ、ウォルター（Nicolai, Walter 1873～1947）

ドイツ帝国陸軍の初期の高級情報将校。１８９３年に陸軍に入隊し、１９０６年に参謀本部Ⅲb局に入局。堪能なロシア語を生かし、対ロシア諜報に従事する。13年から19年まで同局の長に就任。この間、アルフレッド・レードル(※)の逮捕にも関与する。第二次世界大戦後、ソ連のNKVDにより逮捕され、ドイツからモスクワに連れ去られて尋問を受ける。モスクワで死亡。

ヌーラン、イレール（Noulens, Hilaire 1894～1963）

プロフィンテルンに所属するソ連スパイ。ウクライナ生まれ。本名はヤコブ・ルドニク。

１９１７年2月、ボリシェビキの一員となる。18年にチェーカーに入り、24年コミンテルンに移った。28年春、妻とともにコミンテルンから上海に派遣され、その後、貿易会社などを経営しながらスパイ活動に従事。31年6月15日、太平洋労働組合書記局（ＰＰＴＵＳ）(※)の書記員の時、妻とともに上海租界の工部局警察高等課に逮捕された（ヌーラン事件）。この逮捕により、上海を中心とするアジア各地のコミンテルン・ネットワークが摘発。32年8月、軍事法廷で死刑を宣告されたが、33年6月に大赦により終身刑に減刑。日中戦争勃発後の37年に保護観察処分となって釈放され、コミンテルンの手配によりソ連に帰国。ソ連で死去した。

根津一（ねづはじめ 1860〜1927）

東亜同文書院の初代および第3代院長。20年以上にわたり、上海での日本人教育に尽力した。甲斐国（山梨県）の出身。

1879年に入学した陸軍士官学校で荒尾精(※)と知り合い、中国への志を強めた。陸軍では明石元二郎(※)、宇都宮太郎らと親交を結んだ。

陸軍大学に入学し、ここでメッケル少佐に学ぶが、彼のドイツ至上主義と日本陸軍蔑視の姿勢に反発し、諭旨(ゆし)退学処分となった。荒尾の招聘で上海に赴任し、「日清貿易研究所」の運営や教育活動に従事。

根津は、荒尾が始めた『清国通商綜覧』の編纂刊行に従事。同総覧は中国を現地調査した200余頁に及ぶ百科事典であり、日清戦争における用兵地誌として活用された。

日清戦争時に軍務に復帰し、上海に密航して諜報活動を展開。終戦後に帰国し、広島の大本営での御前会議に列席し、天皇陛下の御前で『根津大尉の上奏文』と伝えられる情勢報告と作戦意見を奏上した。

【ハ行】

ハイドリヒ、ラインハルト（Heydrich, Reinhard 1904〜42）

親衛隊情報部（SD）の長官。ゲシュタポの副長官。

1921年から31年、ドイツ海軍に勤務するが、女性問題を起こして辞職。その後ナチス党に入党。31年8月、SS内部の情報組織「IC部」の設立に際して、実質の指揮官（正式の部長はヒムラー）になる。32年7月、同部が発展して親衛隊情報部「SD」になり、SD長官に就任。彼は容姿端麗であったが、暴力・殺人をまったく躊躇しない冷酷無比の男であった。やがて、ゲシュタポ副長官となり、大量処刑によって戦争占領国の抵抗勢力を鎮圧した。

チェコの副総督として派遣されていた1942年、イギリス特殊作戦執行部（SOE）の訓練を受けた暗殺団に襲撃された。その時の手榴弾による負傷によって感染症を併発し、襲撃から1週間後に死亡した。

バージェス、ガイ（Burgess, Guy 1911～63）

「ケンブリッジ・ファイブ」の一員であるソ連スパイ。イギリス人。1930年代にケンブリッジ大学においてソ連スパイから勧誘される。ドナルド・マクリーン[※]やアンソニー・ブラント[※]をスパイ活動に誘う。卒業後はBBC放送に勤務しつつスパイ活動に従事。39年1月、対敵宣伝放送を扱うMI5[※]の新たな部署で活動を開始。第二次世界大戦中はSOE[※]に勤務。戦後はヘクター・マクニール（BBC時代のバージェスの友人）の秘書になって新労働党政府の中枢に接近。マクニール副外務大臣の機密を預かるまでになった。

ガイ・バージェス

1947年頃から過度の飲酒による奇行が目立ち始める。50年秋、キム・フィルビー[※]が勤務している在ワシントン英国大使館に二等書記官として派遣。フィルビーが彼を同居させ面倒をみたが、招待客に悪態をつくなどフィルビーの妻を煩わせる。

1951年1月、マクリーンのスパイ容疑が急浮上。このことを伝えようとして自ら狼藉を働き、同年4月にイギリスに召還される。マクリーンと接触して5月に彼とともにソ連に亡命。亡命後も派手な生活を好み、ロンドンから家具を運ばせ、高級紳士服を注文するなどした。ホームシックにかかり、飲酒量はさらに増え、イギリス代表団がモスクワを訪れた際には、「母の死に目にあいたい」と帰国を願い出たがかなわず、52歳の若さで死去（動脈硬化）。遺骨はハンプシャーにある母親の墓に埋葬された。バージェス死亡の直前にモスクワに亡命していたフィルビーは彼の葬儀への出席を拒否した。

花田仲之助（はなだなかのすけ 1860～1945）

日本陸軍参謀本部第二部の情報将校。陸軍士官学校における明石元二郎の同期。1897年に僧侶に偽装してウラジオストクに潜伏。布教と称して、シベリア、満洲、蒙古を偵察。ロシア対策に関して田村怡与造と衝突して退役。1904年、参謀本部に復帰して満洲に渡る。馬賊をまとめて満洲義軍を編成し、ロシアの馬賊と対決しながら諜報活動に従事。

ハルナック、アービド（Harnack, Arvid 1901～42）
反ナチ共産主義者のスパイ網「赤いオーケストラ」のベルリン・グループの指揮官の一人。
1919～23年まで、ドイツで法律を学び、26年から28年にかけてアメリカで経済学を学ぶ。26年、アメリカで文学教授のミルフレッド・フィッシュと結婚。ドイツに帰国後、経済省に入省し、同省高官になる。
1936年、ハッロ・シュルツェ・ボイゼン(※)のグループと合流。ハルナックとボイゼンは、空軍省、陸軍省、陸・海・空軍総司令部、外務省、宣伝省、ベルリン市庁などに幅広いスパイ網を構築していった。ゲシュタポに逮捕され、ボイゼンとともに死刑に処せられた。

ハレル、イッサー（Harel, Isser 1912～2003）
伝説のモサド長官。イスラエル建国前の情報組織「シャイ」の幹部を務めた後、1948年から52年までイスラエル保安機関「シャバック」（ISA）の初代長官を務めたのち、1952～63年までモサド長官に就任。CIAと協力関係を結び、モサドを一流の情報機関に育てた。ナチス官僚のアドルフ・アイヒマンの逮捕などで活躍。一方、モサド長官に君臨する間、事実上ISAを指揮下に置き、さらには国防軍情報機関（IDI：アマン）に対する越権行為など、独断専行が目立った。「ドイツ人科学者事件」で辞任し、その後、国会議員を経てビジネスの世界で活躍した。

バンクロフト、メアリ（Bancroft, Mary 1903～97）
第二次世界大戦時、スイスで活動した女性スパイ。スイスでのアレン・ダレス(※)の愛人。ボストンの上流階級の家に生まれた。父は『ウォール・ストリート・ジャーナル』の発行者。

メアリ・バンクロフト

１９３４年、スイス人ビジネスマンの夫にともなってスイスに赴任。ダレスとは、１９４２年12月に出会う。ダレスの重要なエージェントである、ハンス・ベルント・ギゼヴィウス(※)とも交際し、彼とダレスとの連絡役を務め、ヒトラー情報の収集に貢献する。

坂西利八郎（ばんざいりはちろう 1871〜1950）

日本陸軍の軍人。最終階級は陸軍中将。青木宣純(※)の後継者として対清国諜報・謀略活動を担当。１９０２年、参謀本部部員として清国に派遣され、日露開戦とともに青木のあとを継いで04年2月から08年5月まで袁世凱の顧問として北京に駐在。11年の辛亥革命の発生に際し、再び清国に赴き、23年に黎元洪の顧問となる。27年に中将で予備役に編入されるまで支那に滞在し、坂西機関を指揮。27年から46年まで貴族院議員。坂西機関当時の部下が土肥原賢二(※)である。坂西は38年6月の土肥原機関による呉佩孚工作に協力した。

ハンセン、ロバート・フィリップ（Hanssen, Robert.F 1944〜）

ＦＢＩ捜査官。17年間にわたり、米国の国家機密をＫＧＢおよびその後継機関ＳＶＲに漏らした伝説の二重スパイ。25年間、ワシントンＤＣで防諜任務に従事。ワシントンのロシア大使館の地下に設けた傍受用のトンネルの詳細を漏らすなど、「ＦＢＩ史上最も害を及ぼしたスパイ」と評されている。

ＦＢＩ入りして3年後の１９７９年にはすでにスパイ行為を開始した。その際、ソ連ＧＲＵの拠点となっていたマンハッタンの貿易会社を訪れ、ソ連のスパイになることを申し出た。

ＦＢＩに潜入していたＧＲＵ工作員ドミトリ・ポリャコフ少将を潜入スパイであると報告して信頼を得る。85年からはＫＧＢの協力者。米国の国家機密を17年間にわたり漏洩。定年退職の2カ月前の２００１年2月に逮捕される。

ハーン、ノル・イナーヤト（Khan,Noor.Inayat 1914〜44）

第二次世界大戦中のＳＯＥ工作員。イギリスがドイツ占領のフランスに最初に送った女性通信士。イギリスのヒロイン。ロシア生まれ。父親はインドのイスラム教スーフィズムの宣教師で、母親はアメリカ人。

ノル・イナーヤト・ハーン

幼少期、両親にともなわれてイギリス、そしてフランスに移住。フランスのソルボンヌ大学で児童心理学を、パリ国立高等音楽院で音楽を学んだ。絵にかいたような才色兼備の女性であり、第二次世界大戦が始まる前は、詩や児童向けの作家であった。

ゲシュタポに逮捕されても、一切の秘密を漏らすことなく、銃殺された。

ヒス、アルジャー（Hiss, Alger 1904～96）

アメリカ国務省の高級官僚。ソ連のスパイ。ジョンズ・ホプキンズ大学およびハーバード・ロースクールを卒業したのち、最高裁判事オリバー・ウェンデル・ホームズの秘書などを歴任し、１９３３年にはニューディール政策のもとで農業調整局に勤務。36年からは国務省に勤務。45年2月にヤルタ会談に国務省を代表して参加。46年の第1回国際連合総会に米国代表団首席顧問として参加。48年8月にウイタカー・チェンバーズ(※)の告発でスパイ容疑が深まり、米下院非米活動委員会の公聴会で証言を求められる。50年、偽証罪で有罪。

アルジャー・ヒス

ヒスは、行き過ぎた「赤狩り」の犠牲者として世間の同情を集めたが、再審の道は開かれなかった。ヴェノナ文書によれば、ヒスはソ連赤軍第４部のスパイ網に属していた。

ヒムラー、ハインリヒ（Himmler,Heinrich 1900～45）

ナチス指導者、警察庁長官。親衛隊（ＳＳ）長官。ミュンヘンで生まれる。１９２５年頃にナチスに入党。29年に親衛隊長官に就任。43年に内務大臣、44年に国防軍司令官となる。親衛隊をヒトラーの個人的ボディガードから、強力な党の武力組織に発展させたのはヒムラーの功績である。ゲシュタポを組織して、ユダヤ人の組織的抹殺に関与したことで悪名が高い。45年、連合軍に捕らえられ、リューネブルクで自殺した。

フィッシャー、ルート（Fischer, Ruth 1895～1961）

西側に転向したドイツ共産党の指導者。コミンテルン指導者のゲルハルト・アイスラー(※)、著名な作曲家ハンス・アイスラーの姉。共産主義者から転向。ウィーン大学で哲学と経済学を学ぶ。１９１８年にオーストリア共産党の創設に参加、19年にドイツ共産党に移る。24年にドイツ共産党の指導者、国会議員（28年まで）になる。

その後、ドイツ問題をめぐるコミンテルン支配に反対し、モスクワに召還されて軟禁されるが、ソ連を出国。

ルート・フィッシャー

１９２６年にドイツ共産党を除名。33年にフランスに亡命。ポルトガルを経由してアメリカに移住し、アメリカ市民権を得る。40年代末に、アメリカの下院非米活動委員会で、弟のハンスとゲルハルトが共産党の工作員であると証言した。

１９５５年にパリ戻り、自著『スターリンとドイツ共産主義』を上梓。53年以降、「アリス・ミラー」の偽名でアメリカのスパイとして働いた。

フィールド、ノエル（Field, Noel 1904～70）

アメリカ国務省の高級官僚。イギリス生まれ。クエーカー教徒。理想主義からファシズムに反対し、共産主義に共鳴。

ハーバード大学卒業後、１９２６年に国務省入りするも、ジュネーブの国際連盟で働くために退職。スイスの難民救援団体ユニタリアン援助委員会で働く。そこで、ウォルター・クリビツキー(※)が管理するスパイ網に引き込まれる。

第二次世界大戦中は、スイスで難民の支援を続けながら、アレン・ダレス(※)によるＯＳＳの対独謀略活動を支援。やがてＯＳＳから、ドイツ共産党との接触を命じられる。

戦後、アメリカに戻り、1948年のアルジャー・ヒス(※)の裁判で、自分の名前が出る直前に、妻とともにチェコスロバキア、ハンガリーに逃亡。49年にハンガリー秘密警察によってCIAのエージェントとして逮捕され、5年間拘束される。54年の釈放後もハンガリーに残り、そこで死亡。

フィルビー、ハロルド・キム（Philby, Harold. Kim 1912~88）

「ケンブリッジ・ファイブ」の一員。英国情報機関SISおよびMI6に所属するソ連の二重スパイ。イギリス人。のちにソ連に亡命。

ハロルド・キム・フィルビー

ケンブリッジ大学の最終学年であった1933年に共産党活動に一生を捧げることを決意。大学卒業後、ジャーナリズムの道に進むなか、ソ連NKVDに徴募されてスパイ活動を開始。36年7月のスペイン内戦ではジャーナリストとしてスペインに潜入し、ソ連のためのスパイ活動に従事。その後、対外情報機関のMI6に転職し、順調に出世街道を歩み、将来のMI6長官候補になる。

1951年に、ドナルド・マクリーン(※)、ガイ・バージェス(※)がソ連に亡命した以降もフィルビーはスパイ活動を継続していたが、西側に亡命したKGB高官のアナトリー・ゴリツィン(※)の証言で、フィルビーのスパイ容疑が発覚し、63年1月にソ連へ亡命した。KGBへの貢献が認められ、レーニン勲章を授与（80年）、ソ連の切手（90年）にもなり顕彰された。

福島安正（ふくしまやすまさ 1852~1919）

日本陸軍の情報将校。最終階級は陸軍大将。司法省翻訳官を経て、文官として陸軍に入隊するが、軍人として参謀本部に配属され、ドイツ駐在武官などを歴任。ドイツから帰国時には、単騎シベリア横断の冒険旅行（1892~93年）と称して、諜報活動を実施。

日露戦争で満洲軍司令部の情報幕僚として、シベリア鉄道沿いの諜報網の運用や謀略活動を展開した。

ブケリッチ、ブランコ（Vukelić, Branko 1904～45）

ゾルゲ・スパイグループの一人。ユーゴスラビア人。記者のカバーで日本に滞在し、ゾルゲに協力。連れてきたデンマーク人妻と別れ、日本人の山崎淑子と再婚。逮捕後、無期懲役の判決を受けて、網走刑務所に収監されるが、健康を害して獄死する。

フックス、クラウス（Fuchs, Klaus 1911～88）

理論物理学博士。共産主義者。ソ連のスパイ。ドイツ系イギリス人。

１９３３年、ヒトラーのナチス党が支配するドイツから英国に亡命し、原子物理学の博士号を取得。イギリスでは、ウルスラ・クチンスキー(※)によって運用される。

クラウス・フックス

１９３９年9月、ドイツがポーランドへ侵攻すると、敵性外国人として強制収容され、ドイツ、イギリスへの憎悪を抱く。43年にマンハッタン計画に参加するため、米国に渡るがニューヨークでハリー・ゴールド(※)などのソ連工作員と接触し、以後、米国の原子力開発の情報をソ連に提供する。

戦後は英国に帰国し、ハウエル原子力研究所の理論物理学部長となってソ連のスパイ活動に協力。イーゴリ・グーゼンコ(※)のカナダ亡命を契機に、フックスは１９５０年1月に逮捕される。彼の自供が一連の「原子力スパイ事件」の全容解明へとつながった。50年4月、懲役40年の刑を受けるが、59年6月に釈放され、東ドイツで科学者として活動した。

フーバー、ジョン・エドガー（Hoover, j. Edgar 1895～1972）

ＦＢＩ長官（１９３５～72年）。29歳でＦＢＩの前身である司法省捜査局の局長に就任、35年にＦＢＩが創設されると同長官に就任し、77歳で死亡するまで約半世紀にわたりＦＢＩ長官を務めた。弱小機関だったＦＢＩを発展させた功績により彼の名前が本部ビルにつけられた。

死後、フーバーの評価は大きく下がる。彼が盗聴器を

ジョン・エドガー・フーバー

使い、脅しにより地位を築き、保持していたことが判明。政治家や有名人を盗聴した内容が記録された「秘密ノート」には、ケネディ、ジョンソン、ニクソンら歴代大統領の弱味が書かれていたために、誰もフーバーを解任させることができなかったという。また、マフィアがらみの収賄も明らかとなっている。フーバーは人種差別主義者であり、彼の時代、有色人種はほとんどＦＢＩ捜査官に登用されなかった。

しかし、こうした悪評の一方で、ジョンソンはフーバーを「完全に信頼できる男」と評価し、ニクソンもフーバーを信頼した。真実は謎めいている。生涯独身。

ブラウダー、アール（Browder, Earl 1891~1973）

米国の政治家。小学校中退。１９３０年に米国共産党書記長（45年まで）になる。ＮＫＶＤ(※)およびＧＲＵ(※)のために働いたスパイ。

１９２９年には上海に赴任し、ゾルゲ(※)と交流を持つ。35年にソ連コミンテルンの指導で人民戦線路線を採用し、党内の指導体制を強化する。36年と40年には大統領選挙に出馬（いずれも落選）。45年４月、ルーズベルトの死亡により、ブラウダーの穏健路線も破綻して米共産党指導部から外され、翌46年には、ソ連と西側諸国の協調を訴え、党を追放される。米共産党を党員８万人まで増大する一方、ソ連コミンテルンやＫＧＢのために働く米政府内のスパイ網の充実強化に努めた。

ブラント、アンソニー（Blunt, Anthony 1907~83）

「ケンブリッジ・ファイブ」の一員。ソ連のスパイ。イギリス人。女王陛下の側近のスパイとして有名。

ケンブリッジ大学在学時にガイ・バージェス(※)に勧誘されてスパイとなる。１９３９年、イギリス陸軍の諜報部隊で活動。第二次世界大戦中の40年から45年の間、ＭＩ５に勤務し、バージェスの共犯者として、解読されたドイツ軍のエニグマ暗号文をソ連側に渡すなどした。戦後にＭＩ５を辞職し、64年に美術史研究に関する才能を認

アンソニー・ブラント

められて、72年まで王室所蔵の絵画類の管理（美術顧問）にあたり、ロンドン大学教授としても勤務した。

ブラントは1964年にイギリス情報機関の尋問を受けた時、訴追免除を条件に、大戦中にスパイ活動を行なっていた事実や、51年にソ連へ亡命したマクリーン(※)、バージェスの逃亡の手引きをした事実を自供した。しかし、王室側はこの詳細な報告を受けながら、その後も彼に美術顧問の地位を与えた。ブラントのスパイ活動は、作家アンドリュー・ボイルの著書で公表され、ついにサッチャー首相が79年に議会においてブラントがソ連スパイであったことを報告。同年、王室は「サー」の称号を剥奪した。

フリードマン、ウィリアム（Friedman, William 1891～1969）

アメリカの暗号解読官。日本の外交暗号を解読。ロシア系ユダヤ人。1892年、アメリカに移住、コーネル大学の遺伝子学部を卒業し、農場の農業技術を向上させるために、シカゴ出身の織物商人ジョージ・フェビアンという商人によって雇われた。

フェビアンは暗号学にたいへん興味があった。彼は、シェイクスピア劇は実はフランシス・ベーコンが書いたものだということを証明するため、暗号研究所の「シェイクスピア・コミューン」（リバーバンク研究所）を組織していた。フリードマンは、このコミューンで暗号研究に没頭した。

1917年、アメリカが第一次世界大戦に参戦した時、新設の陸軍暗号解読班に士官として採用され、ハーバート・ヤードレー(※)率いるMI8(※)（ブラック・チェンバー）閉鎖（29年）後の30年に新設された陸軍通信諜報部（ASIS）の長に任命される。43

ウィリアム・フリードマン

年に渡英し、イギリスが行なう暗号解読業務に協力。52年にNSA(※)に加わる。妻も暗号解読官。

ブレイク、ジョージ（Blake, George 1922〜）

MI6の情報官から転向したKGBスパイ。本名はジョージ・ベハル。ロッテルダム生まれ。

第二次世界大戦中は、SOEのオランダ部隊に勤務。戦後ケンブリッジ大学でロシア語を専攻し、1950年、外交官として韓国に赴任中、朝鮮戦争が勃発。北朝鮮軍によって抑留された時、KGBから勧誘されたとされる。

1953年に釈放されて帰国後、MI6情報官のかたわら、スパイとしての活動を開始。ソ連はブレイクをMI6内で出世させるため、自国のほかのスパイを逮捕させるなどのサポートをした。このスパイ活動は61年に逮捕されるまで続いた。

ジョージ・ブレイク

1955年からベルリンで勤務した時期に、連合国の掘った盗聴トンネル作戦「黄金作戦」の秘密や、オレグ・ペンコフスキー(※)GRU大佐の裏切りをソ連へ警告。60年アラビア語研修のためベイルートへ派遣されたが、同年10月、彼と一緒にベルリンで勤務したゲーレン機関員のホルスト・アイスナーがソ連スパイとして逮捕されたことから、61年にブレイクも本国召還。調査の結果、42年の懲役刑に処せられる。

1966年10月、刑務所から脱走。67年の英紙はソ連で母親と一緒にいるブレイクの写真を掲載。その後、FSB(※)のスパイ養成機関の上級課程で教鞭をとる。

ヘーケ、マルグレット（Hoke, Margret 1935〜）

東ドイツ情報機関に籠絡された西ドイツの女性秘書。1959年から85年8月の逮捕まで、西ドイツ大統領ヴァイツゼッカーの下で勤務し、東ドイツに機密情報を漏洩。東ドイツの女性秘書獲得作戦（ロメオ作戦）のターゲットの一人。彼女のハンドラーは、東ドイツ国家保安省に所属するフランツ・ベーカーであった。彼女の逮捕のきっかけは、イギリスに内通していたKGBのオレグ・ゴルディエフスキー(※)によって名指しされたことであった。87年、禁固8年が言い渡された。

ベリヤ、ラヴレンチー (Beria, Lavrenty 1899~1953)

ラヴレンチー・ベリヤ

ソ連の軍人、政治家。NKVD長官（1938年11月~45年12月、53年3月~6月）。グルジア生まれ。

スターリンの故郷、グルジアで秘密警察長官に就任するなどスターリンの支持を受けて順調に昇任。1938年11月、ニコライ・エジョフ(※)に代わりNKVD長官に就任、ほぼ同時に政治局員候補となる。エジョフを逮捕し、精神病院送りにしたのはベリヤである。トロツキーの逮捕もベリヤが指揮し、40年に彼の暗殺に成功する。

第二次世界大戦中は、スターリンを情報の側面から支援する。41年に副首相に就任、45年7月にはソ連邦元帥、46年3月にソ連共産党政治局員となる。

ベリヤの粛清はすさまじく、1万人以上を処刑したとされる。「カチンの森の虐殺」を首謀したのも彼だった。

スターリン死後、ベリヤは第一副相兼内相となり、秘密警察と情報機関を掌握し、権力奪取を試みた。しかし、ニキータ・フルシチョフとの政争で、軍首脳と結託したマレンコフの策略によってベリヤは逮捕され、1953年12月に処刑された。彼の育てた組織は残り、1954年に改組してKGBとなった。

ベル、ガートルード (Gertrude, Bell 1868~1926)

ガートルード・ベル

イギリスの女性スパイ。考古学者。登山家。イギリス生まれ。「アラビアの女ロレンス」との異名を持つ。

1915年11月、ベルは外務省管轄下でカイロに置かれたアラブ局情報機関に召集され、そこでトーマス・エドワード・ロレンス[※]とともにオスマントルコに対するアラブの反乱に従事。

イギリスのバグダッド占領後（１９１７年３月）、占領軍の一員として東方書記官として行政に関与。パリ講和会議（19年1月）、カイロ会議（21年3月）に出席してイラクの国境確定に貢献した。

ベルジン、ヤン（Berzin, Yan 1889～1938）

赤軍情報部第4局（ＧＲＵ）副長官（１９２１～24年）、同長官（24～38年）。ラトビア生まれ。

１９１９年のボリシェビキ革命に参加。35年から37年まで極東赤軍司令官となり、スペイン内戦時には共和国政府のソビエト上級軍事顧問として「グリシン」の偽名で活躍した。

１９３７年６月、スターリンに召還され、ＧＲＵ長官に復帰したが、一年足らずでスターリンの粛清にあって逮捕され、38年7月に処刑された。

ベルジン在任時、ＧＲＵはリヒャルト・ゾルゲ[※]やレオポルド・トレッペル[※]などの優秀なスパイを運用した。

ベントレー、エリザベス（Bentley, Elizabeth 1908～63）

のちにＦＢＩの協力者となったソ連のスパイ。アメリカ生まれ。

１９３０年コロンビア大学院卒業。35年にアメリカ共産党入党、38年にソ連スパイのヤコブ・ゴロス[※]と出会う。ゴロスの愛人となり、スパイ活動を開始。ゴロスが43年に死亡し、スパイ網がソ連ＫＧＢの直轄（イスハーク・アフメロフ[※]）になることに不満を抱く。

さらにＦＢＩの捜査が迫っていることに不安をいだき、45年11月7日にＦＢＩニューヨーク事務所に出頭。48年に下院非米活動委員会で、ハリー・デクスター・ホワイト[※]がスパイだったと証言した。

エリザベス・ベントレー

ペンコフスキー、オレグ（Penkovsky,Oleg 1919~1963）

ソ連ＧＲＵに所属する軍人。大佐。西側のためのスパイ活動に従事。陸軍士官学校、軍事外交高等士官学校、砲兵工学士官学校などを卒業し、トルコ駐在武官補佐官を経て１９６０年、ＧＲＵに配属。

第二次世界大戦に参加、赤旗勲章二個、その他の勲章を授与される。１９５７年に国民的英雄と称されたジューコフ元帥の失脚や、フルシチョフの軍の人員削減政策に失望したこと、彼の父親の反ボリシェビキとしての過去が暴露され、将来の出世が閉ざされたことなどから、60年頃からモスクワでアメリカ側と接触。61年4月から英国人貿易商グレビル・ウインを仲介にして西側に情報を漏洩。漏洩した情報は新型戦術ミサイルの設計、ソ連のミサイル陣地配備、ロンドン駐在ソ連情報員のリスト、新型ヘリコプターの欠陥など数千件に及ぶ。ケネディ大統領はペンコフスキーがもたらした情報で、ソ連側の能力と意図を推察し、キューバ危機を乗り越えた。１９６２年11月にＫＧＢに摘発され、63年5月に銃殺刑に処せられた。

オレグ・ペンコフスキー

ボイゼン、ハッロ・シュルツェ（Boyzen, Harro.Suhulze 1904~42）

ドイツの空軍軍人で、ソ連スパイ網「赤いオーケストラ」の指導者の一人。第二次世界大戦時、ドイツにおいて反ナチ運動とソ連のためのスパイ活動に従事。１９３５年初頭、反ナチ運動への参加を通じて、左翼主義者、共産主義者と交流するなか、ベルリンのソ連大使館に接触し、「ウォーク・イン(※)」。これによりＮＫＶＤ(※)の要員となる。36年にアービド・ハルナック(※)のグループと合流し、「赤いオーケストラ」の活動に従事。42年に逮捕され、処刑された。

ホーエンローエ、シュテファニー・フォン（Hohenlohe, Stephahnie Von.1891~1972）

ヒトラーの女スパイ。ユダヤ系ハンガリー人。ヒトラーから「親愛なるプリンセス」と呼ばれた。父親は北モラビア出身の著名な弁護士、母親はプラハのユダヤ系旧

シュテファニー・ホーエンローエ

家出身であり、神経質にして派手好き、浪費家でもあった。ただし、本当の父親はユダヤ人の金貸しで、母親の不義密通によって生まれたとされる。
１９２５年以後、イギリスの新聞業界の大物、ロザミア卿の代理人を務め、ヒトラーとイギリスとの連絡業務に従事するようになる。36年頃から、ヒトラー副官のヴィーデマンと恋仲になる。これがリッベントロップ外相の嫉妬を生み、彼の策略により、ヒトラーから疎外される。
１９３９年9月に英独戦争が始まるとアメリカに移住。アメリカでもドイツのスパイとしてＦＢＩの監視を受け、アメリカ追放の危機に見舞われた。アメリカが第二次世界大戦に参戦すると同時に、敵性外国人として強制収容所に4年間拘束。戦後はスイスに居を構え、ドイツ新聞業界の大物の下で女性記者として働く。72年、スイスの病院で胃潰瘍の手術開始が間に合わずに死亡。

ホートン、ハリー（Houghton, Harry 1905～1985）
イギリスの「ポートランド・スパイ事件」の首謀者の一人。１９３７年にイギリス海軍に入隊し、第二次世界大戦に従軍。戦後の51年に海軍駐在武官の事務官としてワルシャワで勤務。ブラックマーケットで副収入を得て、贅沢な暮しをする。52年10月、イギリスに帰国し、ドーセット州ポートランドにある海軍の水中兵器研究所に勤務し、恋人のエセル・ジーを使って、機密文書などをＫＧＢに漏洩した。

ハリー・ホートン

彼のスパイ容疑は、亡命したポーランド情報官のミハル・ゴリエネフスキーの「イギリス海軍省にスパイがいる」との告発による。この告発により、１９６０年、ホートンを監視下に置くと、ゴードン・ロンズデール(※)と定期的に会っていた。さらにロンズデールの追跡から、モーリス・コーエン(※)の逮捕につながった。ホートンとジーは禁固15年に、コーエン夫妻は同20年、ロンズデールは同25年に処せられた。

ポポフ、ドゥシュコ（Ppov, Dusco 1912〜82）

ドイツ情報機関「アプヴェーア」(※)に所属しつつ、イギリスのために働いた二重スパイ。ユーゴスラビア出身の貿易商。プレイボーイで、００７のモデルの一人とされる。ゲシュタポによって投獄された経験があり、大のナチス嫌いだったことが、二重スパイになった動機。

ドゥシュコ・ポポフ

１９４０年12月、アプヴェーアの命令でイギリスに入国。ダブルクロス委員会から「トライシクル（三輪車）」（彼は二人の女性との同時セックスを好む性癖があった）を与えられ、ドイツ側に偽情報を流した。

１９４１年6月、アプヴェーアはポポフにアメリカでの諜報網の構築を命じ、同盟関係のあった日本側の求めに応じて、真珠湾に関する詳細情報を収集するよう指令書を渡した。しかし、ＦＢＩのフーバー(※)長官は、ポポフはナチスのスパイであり、イギリス側が騙されていると し、ポポフの受け入れを拒絶した。

ダブルクロス委員会のマスターマンはのちに「ポポフの指令書の真珠湾に関する情報要求は具体的であり、真珠湾が第一の攻撃目標になることは十分に察知された」と語り、アメリカの不手際を非難した。しかし、この指令書によって真珠湾の攻撃を予見できたとする説は疑問である（疑問説についてはナイジェル・ウエスト著『スパイ伝説』が詳述している）。

ボルコフ、コンスタンチン（Volkov, Konstatin 〜1945）

ＮＫＶＤ(※)の情報官。１９４５年、在トルコ・ソ連大使館の副領事として勤務している時に、イギリス大使館に接触。報酬と庇護を引き換えに、イギリス政府内部の内通者の存在について明かすと持ちかけた。
ボルコフの自白により、キム・フィルビー[※]らのスパイ容疑が確定されそうになったが、ボルコフは事前にソ連情報機関の手によって粛清された。

ホール、バージニア（Hall, Virginia 1906～82)
第二次世界大戦中、イギリスの特殊作戦執行部（ＳＯＥ）の下で、特殊作戦任務に従事した女性スパイ。第二次世界大戦で最も多くの勲章を授与されたアメリカ人女性。メリーランド州生まれ。
大学卒業後に国務省に入省し、外交官になる道を歩んでいたが、１９３２年、トルコで狩猟中に友人の誤射によって左足を失い、義足での生活を余儀なくされた。39年、外交官になることを断念し、国務省を辞職。第二次世界大戦開始時には『ニューヨーク・ポスト』紙の特派員としてパリに在住。アメリカの参戦に先立って、志願してＳＯＥに入所。41年8月から、ビシー政権下のフランスで、『ニューヨーク・ポスト』紙の特派員のカバーで地下活動に従事する。

バージニア・ホール

１９４４年のノルマンディー上陸作戦協力の準備において、アメリカの戦略課報局（ＯＳＳ）スパイ網の構築に協力するなど、多くの成果を上げる。戦後は、ＯＳＳやＣＩＡの特別活動課に所属。

ボルマン、マルティン（Bormann, Martin 1900～45)
ドイツの政治家。アドルフ・ヒトラーの側近。個人秘書。最終階級は親衛隊（ＳＳ）大将。
ナチス副総統のルドルフ・ヘスの失脚後は官房長となり、党のナンバー2となった。ヒトラーの遺書によって党担当大臣として指名されたが、ベルリン陥落の混乱の中で消息を絶った。戦後長い間、行方不明とされてきたが、総統地下壕脱出の際に服毒自殺していたことが近年確認された。

ポレツキー、エリザベート（Poretski, Elisabeth 1898～1976）

イグナス・ライス(※)の妻。別名はエルザ・ライス、エルザ・ベルノー。ポーランドの自由主義的な思想の家庭に生まれる。１９２１年、モスクワで医学を専攻中にライスと知り合い結婚。夫の暗殺（37年9月）後の41年にアメリカに移住。第二次世界大戦後にパリに戻る。69年、『絶滅された世代—あるソヴィエト・スパイの生と死』を出版。ここには、夫ライスの生涯とソ連共産党の活動実態が描かれている。

ホワイト、ハリー・デクスター（Harry, Dexter. White 1892～1948）

アメリカの経済学者。ユダヤ系米国人。スタンフォード大学で経済学博士を取得。ロークリン・カリー(※)とは生涯の友人関係。１９３４年から財務省に勤務。42年には財務省次官補となる。戦後は国際通貨基金創設の中心人物。

日本に対する最後通牒の役割を果たした「ハル・ノート」の原案となった対日交渉案を作成するなど、アメリカの対日政策に大きな影響を及ぼした。１９４８年８月16日、下院非米活動委員会でソ連スパイ容疑を否定した直後、急死した。

【マ行】

マクリーン、ドナルド（Maclean, Donald 1913～83）

「ケンブリッジ・ファイブ」の一員。ソ連のために働いたイギリス人スパイ。ケンブリッジ大学で共産主義に傾倒し、スパイの勧誘を受ける。その後、ソ連ＮＫＶＤに徴募され、その薦めで１９３５年10月に英国外務省に入省した。彼は、ボルドウィン首相が出席した36年12月の英国国防委員会の議事録の全文を入手し、ＮＫＶＤに送った。また、暗号解読に関する情報、政府暗号学校（ＧＣ＆ＣＳ(※)、ブレッチリー・パーク）がコミンテルンや米、仏、独の外交通信を解読していることをＮＫＶＤに通報した。在米大使館一等書記官の時代には、原爆製造の秘密情報を入手してソ連に送った。48年、スパイ容疑が浮上し、ワシントンからカイロに転属となる。ここで精神的ストレスから飲酒に溺れ、ロンドンに復帰した。51年、外務省のアメリカ課長に就任していた時、アメリカの暗号解読によってスパイ容疑が再浮上し、同年5月、ガイ・バージェス(※)とともにソ連に亡命した。遺骨はバージェス同様にイギリスに戻された。

マタ・ハリ（Mata Hari 1876～1917）

世界で最も有名な女性スパイ。本名マルグリット・ゲルトルート・セレ。オランダ生まれ。18歳の時のオランダ植民地軍将校との不幸な結婚生活のあと、１９０５年にプロのダンサー「マタ・ハリ」となる。パリなどの大都市の舞台に立ち、ほとんどヌードで踊るエキゾチックな東洋の魅力で上流階級の間で大評判となる。

第一次世界大戦中、フランス軍に所属するロシア人将校のマスロフ大尉と恋仲になり、彼との面会許可を得るため、ドイツに対するスパイ活動を行なうことをフランスに約束。オランダなど各国を経てスペインに渡るが、ここではドイツのための二重スパイとなる。

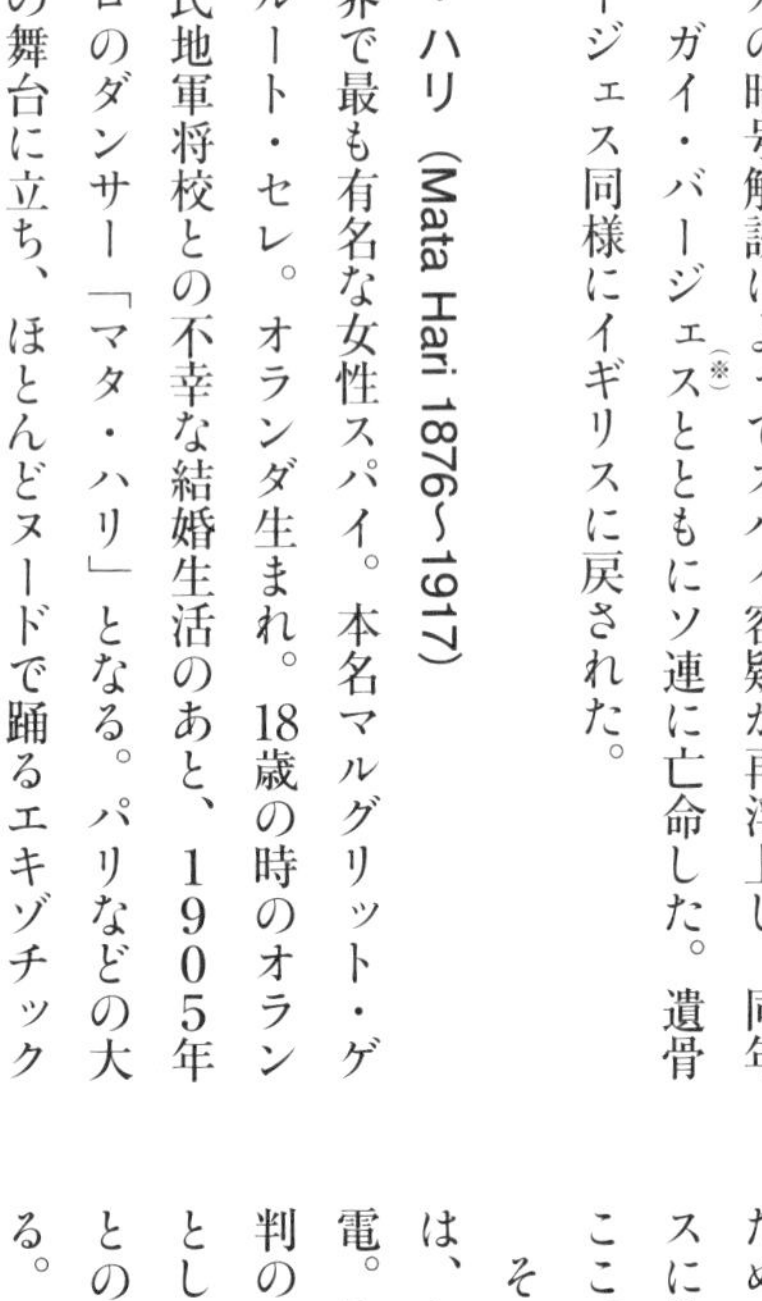

マタ・ハリ

その後、スパイとしての価値なしと判断したドイツ側は、わざと解読されている暗号を使って彼女の動向を打電。彼女はフランスに着くとすぐ逮捕され、形式的な裁判ののちに１９１７年10月に処刑された。彼女のスパイとしての業績はほとんどなく、自分自身に忠実で、男性との恋とスパイを楽しんだだけだったという評価がある。

マッシング、ヘード（Massing, Hede 1900～81）

オーストリア生まれの女優。のちにＦＢＩに協力したソ連のスパイ。

幼少期には家族の愛情に恵まれなかった。とくに浮気性で無教養な父親を彼女は嫌った。１９１７年に女優業を開始、まもなくゲルハルト・アイスラー(※)と知り合い、21年に結婚。アイスラーとの生活のなかで、反ファシズムと共産主義活動に共鳴する。23年、アイスラーと離婚し、アメリカ生まれの共産主義者ジュリアン・ガンベル

ヘード・マッシング

と結婚。28年1月、ポール・マッシングに出会い、たちまち恋に落ち、ガンベルと別れてポールと結婚。

1929年、ゾルゲ(※)を通じてイグナス・ライス(※)に出会い、ライスの下でスパイ活動を開始する。33年から、夫ポールとともにアメリカに移住し、そこでソ連のためのスパイ活動に従事。ノエル・フィールド(※)やアルジャー・ヒス(※)と接触する。ライス暗殺などによって身の危険を感じるようになり、46年にFBIに自首。49年11月、ヒスの裁判における重要証人として召喚され、ヒスがソ連のスパイであることを証言する。

マルワン、アシュラフ（Marwan, Ashraf 1944~2007）

ナセル大統領の娘婿。サダト大統領の側近。1969年以降、ナセル大統領室で勤務する。第四次中東戦争の時にイスラエル・モサドのスパイとなり、1973年10月5日、「戦争が明日起こる」と警告した。2007年にロンドンの高級邸宅のバルコニーから飛び降り自殺（？）。

ミュラー、ハインリヒ（Muller, Heinrich 1900~45）

ドイツの軍人、最終階級は親衛隊（SS）中将。ゲシュタポ局長。ナチスの指導者としては、逮捕されず死亡も確認されていない唯一の人物。

ラインハルト・ハイドリヒ(※)に勧誘され、1934年に親衛隊に加入。ヴィルヘルム・カナリス(※)の機関と競合し、コミュニストのスパイ組織「赤いオーケストラ」にスパイを潜入させ、偽情報をソ連に流す。

第二次世界大戦中は、アイヒマンなど使って、ホロコーストの計画と遂行に主導的役割を果たした。1945年に行方不明。60年にイスラエルによって逮捕されたアイヒマンが裁判において、ミュラーの南米逃亡を証言した。

ミールケ、エーリッヒ（Mielke, Erich 1907～2000）

東ドイツの国家保安省（ＭｆＳ）(※)長官（１９５７～89年）。最終階級は上級大将。ベルリン生まれ。25年に共産党に入党。30年代にナチス・ドイツから逃れた。50年にＭｆＳが創設されると次官に就任し、57年に長官に就任した。

ミンギス、サー・スチュアート（Menzies,Sir.Stewart 1890～1968）

イギリス秘密情報部（ＳＩＳ）の長官（１９３９～52年）。第一次世界大戦時は、フランスで実戦に参加。大佐の時に、ＭＩ６長官のサー・ヒュー・シンクレア海軍(※)大将の副官となり、シンクレア死亡後に同長官に就任。暗号解読に熱心であり、ドイツのエニグマ暗号解読に貢献した。

メイ、アラン・ナン（May, Allan.Nunn 1911～2003）

イギリスの物理学者。ソ連スパイ。カナダ駐在ソ連大使館軍事部と接触し、ソ連に原爆情報を提供。イギリス生まれ。青年時代から共産党に入党。ケンブリッジ大学で物理学を専攻して博士号を取得したのちに研究者になる。

アラン・ナン・メイ

１９４３年初め通称「チューブ・アロイズ」計画の原爆研究に参加のためカナダに入国。モントリオール実験所の部長格で勤務。カナダに入国後、まもなくソ連大使館軍事部の要員と接触を開始。

メイは「ソ連が原爆を持てば、アメリカは原爆を使用できないようになるだろう」という確信から、米国の「マンハッタン計画」についてもソ連側に情報を提供したとされる。45年9月、イーゴリ・グーゼンコ(※)が亡命するとすぐに英国へ帰ったが翌年2月に逮捕。

メルカデル、ラモン（Mercader, Ramon 1914～78）

トロツキーを暗殺したスパイ。バルセロナ生まれ。スペイン共産党員。

母親がソ連ＮＫＶＤの大物スパイのナウム・エイチンゴンの愛人であったことから、トロツキーの暗殺計画に参加。エイチンゴンから資金援助を受けて、１９３９年９月、カナダのパスポートでニューヨークに向かい、トロツキストのシルビア・アゲーロフに接近。同年10月、彼女を説得し、一緒にメキシコに入国。トロツキーの秘書となったシルビアを通じてトロツキーに接近。40年８月、暗殺に成功。

１９６０年５月に釈放され、ソ連に帰国。ソ連邦英雄の称号とレーニン勲章を授与された。しかし、ソ連共産党への入党は許されず、70年代、カストロの招待によりキューバに移住し、そこで死去。

ラモン・メルカデル

【ヤ行】

ヤゴーダ、ゲンリフ（Yagoda, Genrikh 1891～1938）

ユダヤ人。初代のＮＫＶＤ長官。１９０７年にボリシェビキに入党。革命時、国内戦で赤軍の指揮官として南部および東部戦線で戦う。20年にチェーカー委員、23年に後継機関の合同国家保安部（ＯＧＰＵ）[※]の副長官、34年に長官に就任。同年７月、ＯＧＰＵがＮＫＶＤに統合され、初代のＮＫＶＤ長官に就任し、スターリンによる大粛清の実行責任者となる。

しかし、スターリンにより１９３６年にすべての役職から解任される。36年３月、ニコライ・エジョフ[※]に反革命的陰謀に関与していたとして非難され、４月に逮捕。38年３月15日、ブハーリンらとともに銃殺される。

ヤードレー、ハーバート（Yardley, Herbert 1889～1958）

アメリカの暗号官。陸軍情報部第８課（ＭＩ８）[※]、「ブラック・チェンバー」の設立者。

１９１２年、電信技術者として国務省入り。17年、中尉に任官したうえで陸軍の情報部に移る。第一次世界大戦時、ＭＩ８を率いる。29年、ヘンリー・スティムソン国務長官がＭＩ８を閉鎖したことを怨み、31年、著書

ハーバート・ヤードレー

『ブラック・チェンバー——米国はいかにして外交暗号を盗んだか』を発表した。これにより、彼のグループが日本の外交暗号を解読し、21年から22年にかけてのワシントン会議でアメリカの交渉を有利にしたことが判明した。

のちに中国国民党政府が日本の暗号を解読するのを支援し、カナダ政府が暗号部門を設置するのを助けた。

横川省三（よこかわしょうぞう 1865〜1904）

明治期の新聞記者。日露戦争開戦時の特別諜報員。盛岡生まれ。

1890年、朝日新聞記者となり、93年、郡司大尉の千島探検の特派記者として、占守島（しゅむしゅとう）探検を報道。日清戦争では海軍従軍記者となり、台湾征討にも従軍。

1901年、内田康哉が公使として北京に赴任すると、推薦されて同行。北京で沖禎介などの憂国の士と交りを結んだ。

横川省三

1904年2月から、青木宣純(※)率いる特別任務班第6班長となって、蒙古人に変装して満洲に潜伏し、東清鉄道の鉄橋を破壊しようと試みたが、ロシア軍に発見され、沖禎介とともに捕らわれ、ハルピンに送られて銃殺された。40歳であった。

処刑される時、持っていた一千ルーブルをロシア赤十字社に寄付し、目隠しを断って、微笑を浮かべながら銃弾を浴びた。ロシア軍将兵も、その潔い勇気ある最期に感嘆し、ハルビン、その他の新聞も、日本人の勇敢沈着な最期の情景を詳しく報道して称賛したという。

吉川猛夫（よしかわたけお 1912〜93）

日本海軍の軍令部第三部に所属する情報将校。真珠湾攻撃のための諜報活動に従事。

１９４１年3月、外務省職員の「森村正」としてホノルル領事館に着任し、情報収集にあたる。真の身分を知っているのは喜多長雄総領事のみであった。

１９４１年10月、龍田丸で連絡に来た軍令部の中島少佐から渡された一本のコヨリには97項目の情報要求事項があり、吉川少尉はそれに答えたという。この報告内容は「A情報」と呼ばれ、この情報がなければ、真珠湾攻撃の成功はなかったとされる。

吉川は真珠湾を見下ろす高台にある日本料亭に入りびたって眼下の米艦隊の動向を監視したり、釣り人を装って港湾の水深を測定したりした。真珠湾攻撃の数時間前に「真珠湾には空母はいないが主力艦艇はいる」などの情報を日本に送った。

吉川の諜報活動については、彼の自伝『真珠湾スパイの回想』ほか、ロバート・スティネット著『真珠湾の真実』に詳述されている。『真珠湾の真実』では、吉川の活動は米側の通信傍受活動によって筒抜けであったとして、彼の情報活動を辛辣に批判している。

戦争の残りの期間を日本海軍の情報部員として勤めたが、「日本軍が戦況不利である」とする彼の情勢報告は上層部から受け入れられず、不遇の情報部員として終わった。

【ラ行】

ライス、イグナス（Reiss, Ignace 1899~1937）

１９２０年代~30年代にかけて第三国で活動したソ連の大物スパイ。ユダヤ系ウクライナ人。本名はイグナス・ポレツキー。偽名は「ルードヴィク」。ワルター・クリビツキー(※)と幼馴染。ゾルゲと関係があり、彼を通じて、ヘード・マッシング(※)を紹介され、彼女をスパイとして訓練し、運用した。

１９１７年のロシア革命に感動し、共産主義革命の信奉者となる。第三インターナショナル結成式（１９１９年3月）のポーランド代表として参加。ここでジェルジンスキーに出会い、21年からスパイ活動を開始。同年、モスクワでエリザベート・ベルナルト（結婚後はエリザベート・ポレツキー(※)）と結婚。

当初は赤軍参謀本部第4局に組み込まれたが、１９３２年にはＮＫＶＤの要員に配属替えとなる。

ライスは赤軍第4部のために6年間、西ヨーロッパで働いた。この間の功績に対して１９２７年に赤旗勲章を授与される。のちにＮＫＶＤの粛清対象となり、クレムリンと決別することを決心。ソ連共産党委員会宛の決別の手紙を書き、37年7月17日に投函した。手紙にはスターリン政治の現状に対する批判、レーニンによる革命の原点に帰ることの要望、トロツキーと第四インターナショナルへの称賛などの内容が記されていた。

その後、彼は妻と子供をともなってスイスのローザンヌに身を潜めた。しかし、スターリンの放った刺客により、１９３７年9月4日に暗殺された。

ラド、アレクサンダー（Rado, Alexander 1899～1981）

ソ連軍参謀本部のスパイ。「赤いオーケストラ」の「ルーシー・スパイ網」の指揮者。ハンガリー人。

ウィーン大学で地理学を専攻。１９３５年、ソ連軍参謀本部の局員となり、37年にスイスに派遣（暗号名「シシリー」）される。ゲオプレス地図製作会社を設立し、この会社を隠れ蓑にして諜報活動にあたる。ラドはスイスのソ連スパイ網のリーダーとなり、指揮下にルドルフ・レスラー(※)ら約50人の工作員を使い、ドイツに関する情報を収集した。42年までにラドがソ連に送信した情報は月に平均して八〇〇件に上ったという。

アレクサンダー・ラド

日本で情報収集にあたっていたゾルゲと同様に、ラドもドイツによるソ連侵攻の正確な日時を調べ上げ、ソ連へ報告していたが、スターリンには無視された。

ラドはスパイには珍しく臆病で感傷的な性格だったといわれ、悲劇的な映画を観ると数日はそれを思い出して泣いていたという逸話が残っている。なおラド機関は女性問題が原因で１９４３年10月に潰滅した。

ラドゥー、ジョルジュ（Ladou, Georges 時期不明）

１９１４年からフランス軍情報部第二局を指揮する。陸軍大尉。マタ・ハリ(※)、マルト・リシャール(※)を運用するが、リシャールの発言によって彼自身がフランスとドイツの二重スパイの疑いがかけられる。のちに無罪が証明される。

リシャール、マルト（Richard, Marthe 1898〜1982）

第一次世界大戦期のフランス人女性スパイ。夫が第一次世界大戦で戦死したあと、マタ・ハリを運用したフランス情報部のラドゥー大尉(※)の誘いによってスパイとなる。スペインに派遣され、フォン・クローン海軍大佐の愛人となり、ドイツの重要情報を入手。その後、イギリスに移り住み、1926年、ロスチャイルド家の財務担当秘書のイギリス人、トマス・クロムプトンと結婚。クロムプトンがジュネーブで客死（28年）したことで、莫大な遺産を相続した。33年に彼女の愛国心と功績を称えてフランス政府からレジョン・ドヌール勲章を授与される。45年に、

マルト・リシャール

レジスタンス活動の経歴を売りにしてパリの市議会議員選挙で当選し、46年、娼婦街を閉鎖する売春禁止法を通した。

李善実（リ・ソンシル 1916〜2000）

北朝鮮最高位の女性スパイ。北朝鮮の人気テレビドラマ『名なしの英雄』のモデル。日本に渡って在日韓国人に偽装し、韓国に合法的に潜入するという手法を確立した。

1980年、在日韓国人として韓国に潜入し、その後約10年間、一般市民になりすまし、工作活動を続けていた。82年2月、最高人民会議第7期代議員に当選（以来、10期まで継続して選出）。92年9月、北朝鮮政権樹立44周年記念行事で、北朝鮮「労働新聞」に、政治局候補委員として序列22番目に名前が掲載された。94年7月の金日成の葬儀には国家葬儀委員会委員にも選出された。

ルツェ、レナーテ（1935〜?）

東ドイツ国家保安省の職員。西ドイツ国防省社会局長

秘書としてスパイ活動に従事。東ドイツのブランデンブルクに生まれ、１９６７年から国防省の秘書となり、この頃からスパイ活動を開始する。ルツェの容疑は、76年にほかの東ドイツのスパイが摘発された時に判明。ＮＡＴＯおよび西ドイツ国防軍の戦略計画などの重要機密を窃取し、東ドイツに送った。

レオン、カトリーナ（Leung, Katrina 1954〜）

中国国家安全部とＦＢＩとの二重スパイ。ＦＢＩの捜査官二人と性的関係を結び、中国国家安全部に情報を流していた。中国名は陳文英。

１９５４年頃、中国の広州で生まれ、70年にニューヨークに移住。72年にアメリカ永住権と、シカゴ大学の経営修士号を取得した。82年８月、ＦＢＩ捜査官スミスがレオンに接触を開始し、彼女はＦＢＩのエージェントとなった。やがてスミスと肉体関係を持つようになり、その後、スミスの上司とも性的関係を結んだ。

カトリーナ・レオン

１９８４年３月、アメリカ国籍を取得。この頃からＦＢＩはレオンを中国国家安全部の二重スパイとして運用を開始した。97年11月の江沢民国家主席がロサンゼルスの中国系アメリカ人コミュニティの年次晩餐会に主賓として招待された時、レオンは通訳と司会進行役を務めた。その後、コミュニティで名声を博するようになった。これは、国家安全部が背後でレオンに対し、中国要人との人脈形成を支援していたことを物語っている。

レスラー、ルドルフ（Roessler, Rudolf 1898〜1958）

ソ連とスイスの二重スパイ。コードネームは「ルーシー」。ドイツ生まれで、第一次世界大戦後にミュンヘンでジャーナリストとして活動。１９２８年からベルリンで演劇評論家として活躍、39年秋頃からアレクサンダー・ラド(※)のグループに加わった。

レスラーは第二次世界大戦中で最も偉大なスパイといわれ、彼が提供したドイツ情報は極めて正確であった。はじめは信憑性を疑っていたモスクワも、その情報の正

ルドルフ・レスラー

確さからレスラーと継続契約を結んだ。１７００米ドルという月給は、ゾルゲ・スパイグループ全体に対して支払われていた１０００米ドルをはるかに超えていた。

レスラーの情報はラドを経由してモスクワに送られたが、その情報源は最後まで明かされなかった。戦後は、チェコ情報機関のスパイとして活動。レスラーの功績はゾルゲに匹敵すると評価された。

レードル、アルフレッド（Redl, Alfred 1864～1913）

オーストリア・ハンガリー帝国陸軍情報部の防諜責任者（１９０１～05年）。最終階級は大佐。02年から13年に逮捕されるまでロシアのためのスパイ活動に従事。隠しカメラや指紋採取、会話の録音、郵便の検閲法など、多くのスパイ工作技術を開発した功績を持つ。

アルフレッド・レードル

レードルは男色趣味を持っていたため、それを材料にロシア軍参謀本部第７局に脅され、また金銭的欲求からスパイになる。オーストリア・ハンガリー作戦（セルビア侵攻作戦）の計画書をロシアに漏洩した。

１９１３年、レードルの後任者が郵便検閲を強化していたところ、巨額の紙幣が入った不審な封書（スパイ活動に対する報酬）を発見。これは東プロシアの国境の町から、ある一定の住所に送られていた。警察が受け取り主を待ち伏せると現れたのはレードルだった。将校らによる尋問を受けたレードルはその場で遺書を書き、ピストル自殺した。

レフチェンコ、スタニスラフ（Levchenko, Stanislav 1941～）

ソ連ＫＧＢの元部員。日本におけるスパイ活動ののちに米国に亡命。１９６０年代にモスクワ大学などで日本の研究に従事。66年にGRUに所属したのち、71年にKGB第1総局に配属替え。65年に共産党中央委員会の通訳となり、以後、たびたび来日した。75年2月『ノーボエ・ブレーミャ（新時代）』東京支局長という肩書きで東京に着任。政治家、自衛隊幹部、財界人など広範囲にスパイ網を構築した。やがてKGBの扱いに不満を覚えるようになり、79年10月に亡命。

1982年12月、米下院情報特別委員会において日本でのスパイ活動について詳細な証言を行なった。この中で「日本人エージェント約200人を獲得・運用していた」と述べ、その実名を挙げたため、日本中に大反響を引き起こした。彼のスパイ活動の目的は、日本の世論と政策を親ソ寄りにして、日米関係に影響を与えることにあったという。彼の証言から、この活動がソ連の「アクティブ・メジャーズ(※)（積極工作）」であるとして注目された。

ローゼンバーグ、ジュリアス（Rosenberg, Julius 1918～53）

ソ連のための原爆スパイ網の一員。妻エセルとともにユダヤ系アメリカ人。

1949年にクラウス・フックス(※)の逮捕により、ハリー・ゴールド(※)が逮捕（50年5月）、ゴールドの自白により、デイビッド・グリーングラスとモートン・ソベル(※)の名前が挙げられた。デイビッドによって、彼の姉であるエセル・ローゼンバーグとその夫のジュリアスの名前が挙がり、夫妻は逮捕に追い込まれた。

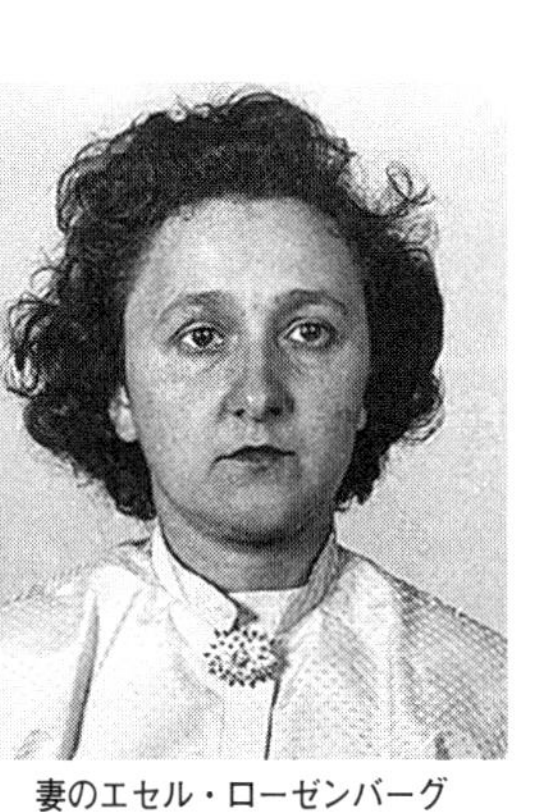
妻のエセル・ローゼンバーグ

ローゼンバーグ夫妻は死刑に処せられたが、長年にわたり冤罪説がやまなかった。しかし「ヴェノナ文書(※)」の公開によって、夫のジュリアスはソ連のスパイであったことが明らかとなった。

ロッツ、ウォルフガング（Lotz, Wolfgang 1921～93）

モサドの伝説的なスパイ。ユダヤ人の母とドイツ人の父の間に生まれる。

1948年のイスラエル独立戦争に軍人として参加。

国防軍で少佐まで昇任し、金毛碧眼という父親譲りのドイツ人的風貌、社交的な性格、流暢なドイツ語能力を見込まれて諜報員となる。61年1月、イスラエルと緊張関係にあったエジプトに「元ナチス党員の裕福なドイツ人ビジネスマン」として潜入し、乗馬クラブに入会。親独感情の厚いエジプト軍将校や、ナチス時代への郷愁を抱くドイツ人科学者、乗馬愛好者が多い上流社会に食い込み、パーティーの席上などで彼らから詳細な軍事機密を収集した。

1965年に逮捕されるが、68年、第三次中東戦争で捕虜となったエジプト軍将校9人との交換で釈放となる。

ロレンス、トーマス・エドワード（Lawrence,Thomas. Edward 1888~1935）

考古学者。イギリス軍の情報将校。最終階級は中佐。「アラビアのロレンス」と呼ばれた。

ロレンスはオクスフォード大学時代に歴史を学び、十字軍の遠征ルートをたどって旅したことがある。1914年、第一次世界大戦勃発後、語学に堪能だったロレンスは、陸軍省作戦部地図課に勤務したのち、外務省管轄のアラブ局へと転属した。ここでガートルード・ベル(※)とともに、オスマン帝国に対する謀略の一端を担った。彼は、反乱を起こす指導者を探し出し、ラクダに乗ってゲリラ戦をともにした。この戦いによってシリアはアラブ人国家の領土となるはずだったが、イギリスはその約束を反故(ほご)にした。

トーマス・エドワード・ロレンス

美青年であったロレンスの活躍は欧米に伝えられており、帰国時には英雄のような扱いを受けた。47歳の時、自暴自棄な運転により、オートバイ事故で死去。

ロレンツ、マリタ（Lorenz,Marita 1939~）

カストロの女スパイ。ドイツ生まれ。カストロとの間に男児を出産するものの、その後ＣＩＡに徴募され、

マリタ・ロレンツ

「オペレーション40」という亡命キューバ人の暗殺団で訓練を受け、カストロの暗殺を試みたとされる。

その後、ベネズエラの元独裁者マルコス・ペレス・ヒメネスの愛人となり、女児を出産した。ケネディ暗殺事件にも少なからぬ関与があったとされるが、実情は不明。

ロンズデール、ゴードン（Lonsdale, Gordon 1922～70）

ソ連KGBの情報官。「ポートランド・スパイ事件」の首謀者。コノン・モロディ大佐として第二次世界大戦に従軍。ソ連の切手となって顕彰される。

1955年からカナダ人、ゴードン・ロンズデールになりすまし、カナダ経由でイギリスに潜入。本物のロンズデールはカナダからフィンランドに帰国後に行方不明。

渡英後はロンドン大学に学生登録をした。将来、政府要職に就く可能性のある学生を共産主義に傾倒させることも当時のKGBの任務の一つであった。自動販売機会社の社長のカバーで、イギリス南西部のドーセット州ポートランドの英海軍水中兵器研究所に勤めるハリー・ホートン、エセル・ジーの二人をスパイとして徴募。イギリス初の攻撃型原子力潜水艦「ドレッドノート」の資料などを入手し、クローガー夫妻（モーリス・コーエン※）を通じてソ連に送った。

エセルの生活が給料収入以上に派手になったため、MI5に目をつけられ、スパイ事件が発覚した。

資料2
情報機関編

ASIS（陸軍通信諜報部）

アメリカのかつての暗号解読機関。ハーバート・ヤードレー[※]率いるＭＩ８[※]の後継機関で、１９２７年に陸軍士官のウィリアム・フリードマンらによって組織された。日本の外交暗号（正式名称「暗合機Ｂ型」、通称九七式欧文印字機）を「パープル暗号[※]」と呼んで、その解読に努めた。

BfV（連邦憲法擁護庁）

西ドイツの防諜機関。対外情報機関のＢＮＤ[※]と並列する組織。それぞれの州に憲法擁護局を設置している。１９５０年に創設された。

東西冷戦時は東ドイツのシュタージ[※]管轄下のＨＶＡ[※]によるスパイ浸透作戦の防波堤として第一線で活動した。なお軍内の防諜は連邦国防軍のＭＡＤ（軍事保安局）が当時から担っていた。

BND（連邦情報庁）

西ドイツの対外情報機関。首相府の付属として、首相または内閣の調整役である官房長官に直結する。職員数数は公称で6千人を超える。ゲーレン機関の後継組織として１９５６年に設立。初代の長官にはラインハルト・ゲーレン[※]が就任した。

BSC（イギリス安全保障調整局）

第二次世界大戦中のアメリカに設置されたイギリスの諜報機関。１９４０年5月、ＳＩＳ（ＭＩ６[※]）によってニューヨークに開設され、「イントレピッド（豪勇）」と呼ばれた、ウィリアム・スティーブンスン[※]によって率いられた。

CIA（中央情報局）

アメリカの対外情報機関。海外での諜報、防諜、秘密工作を担当する。1947年に設立された。人員は2万人以上、予算規模は年間50億ドル程度と推定される。

DGSE（対外安全保障総局）

フランスの対外情報機関。国防省の管轄下にある。1982年に対外情報防諜局（SDECE）(※)から発展設立された。要員は5千人近くに上るとされ、三分の二が文民で、残りが軍人である。諜報、秘密工作のほか、シギントも担当する。その発展経緯については、SDECEを参照。

DGSI（国内治安総局）

フランスの内務省直轄の組織。国内での防諜活動を担当し、外国人スパイや経済スパイの摘発、テロリストや過激派の破壊活動の阻止、サイバー犯罪の取り締まりなどを行なう。人員は約3千人以上である。1907年に創設されたRG（中央総合情報局）と1944年に創設されたDST(※)（国土監視局）を統合して、2008年にDCRI（フランス版FBIと呼ばれた）が創設され、2014年4月にDGSIに改編された。

DIA（国防情報局）

アメリカ国防総省傘下の情報組織。各軍の情報活動を統合化し、国防長官、統合参謀部、統合軍、現地軍の司令官にインテリジェンスを提供する。本部はペンタゴンに所在。1961年10月にロバート・マクナマラ国防長官によって設立される。人員は1万6千人以上（3千人以上の海外勤務員含む）で、年間予算は10億ドルを超えると推定。職員の30パーセントが軍人で、70パーセントが文民である。長官は現役中将が任命される。

DST（国土監視局）

かつてのフランスの情報（防諜・公安）機関。1944年に創設。2008年7月にRG（中央総合情報局）と統合し、DCRI（国内情報中央局）を経てDGSI(※)（国内治安総局）になっている。

FBI（連邦捜査局）

アメリカ司法省の傘下の法執行機関。テロやスパイなどの公安事件、州をまたがる事件や犯罪を捜査する。1908年に捜査局（BOI）として発足、35年にFBI

に改編された。職員は約3万人で、インテリジェンス部門は約1万人と推定される。FBIを今日の巨大な情報組織に育て上げたのは、エドガー・フーバー長官[※]の功績による。

FSB（ロシア連邦保安庁）

ロシア連邦国内の治安を担当する保安・情報機関。1995年4月に創設。大統領直属であり、FSBの地方支部も地方政府ではなく中央のFSB指揮下にある。連邦本部と、各地方の支部と軍隊内の支部からなる。主要任務は、防諜と犯罪対策であるが、これに必要な情報をSVR[※]などと協力して外国から得る。

FSBはもともとKGBにあった複数の総局や局の集合であり、いくつかはいったん独立したものの、その後再びそっくりFSBの傘下に入った。主要なものとしては国境警備隊、政府通信情報庁、特殊部隊などがある。

GC&CS（政府暗号学校）

第一次世界大戦後から第二次世界大戦にかけて存在したイギリスの暗号解読組織。1919年に設立。第二次世界大戦勃発の一カ月前に移転した所在地の地名をとって「ブレッチリー・パーク」と呼ばれていた。第二次世界大戦中に、ドイツの「エニグマ」の暗号を解読したことで有名である。第二次世界大戦終了時には約7千人のスタッフを擁していた。のちにGCHQ[※]に発展した。

GCHQ（政府通信本部）

イギリスのシギント機関。アメリカのNSA[※]と緊密な連携を保持する。1946年に設立。国内外のシギントを担当する情報機関である。要員数は6千人以上、予算は約4億ポンドと推定される。

GCHQの前身はGC&CS[※]（政府暗号学校）である。1946年にGCHQに改組され、ロンドンへ移転。52年に現在本部が所在するチェルトナムに移転した。

GPU（国家保安部）

ソ連KGB[※]の前身機関。チェーカーの後継機関。1922年2月に設立。23年7月にOGPU[※]に発展解消された。制度上は同じく22年2月に設立されたNKVD[※]に従属していた。レーニンが引退し、スターリンが書記長（22年4月）となり、対外情報活動も本格化するのにともない、GPUの組織も拡大した。22年7月、コミンテルンの担当であった対外情報活動の機能を吸収し、総合情報機関となった。長官はフェリックス・ジェルジンスキー[※]であり、彼はNKVDの長官も兼務した。

GRU（ロシア連邦軍参謀本部情報総局）

　ソ連の軍隊（赤軍、ソ連軍、ロシア軍などに名称変更）の情報機関。GRUの母体は、1918年11月、レーニンがトロツキー軍事委員の要請に応じて創設した労働者・農民赤軍野戦本部扇動課である。その後、十数回の名称変更を経るも、現在まで継続して存在している。特殊作戦部隊のスペツナズ、駐在武官の管轄もGRUが行なう。

HVA（国家保安省「A」総局）

　東ドイツのシュタージ[※]（国家保安省）の管轄下で対外諜報を担当する組織。1956年、シュタージが独立すると同時に、国家保安局の第15課が昇格して設立。51年に設立された外務省管轄下の外交政策諜報機関（APN）が前身。HVAは設立当時、経済学研究所（IPW）という偽名が用いられていた。

　HVAの初代長官は、シュタージ次官であるマルクス・ヴォルフ[※]であり、1986年まで就任し、在任期間中、西ドイツに多数のスパイを浸透させた。

JIC（合同情報委員会）

　イギリスの情報機関を取りまとめる政府横断型の委員会。1936年に設置されたが、当時は統合幕僚委員会の下に置かれていて、あまり機能しなかった。しかし、チャーチルが直接JICを統括するようになり、機能強化が図られた。

　現在は、内閣府内に置かれており、メンバーは外務省、国防省（DIS長官を含む）、内務省、通商産業省、内閣府、国際開発省、財務省の各高官、三情報機関（SIS[※]、MI5[※]、GCHQ[※]）の長で構成される。必要があればそれ以外からも招致する。

　各情報組織の運営を監督し、情報収集の優先順位を定め、国家的視野から短期および長期のインテリジェンスを提供する。

KCIA（大韓民国中央情報部）

1961年5月、朴正煕少将によるクーデターによって創設された韓国の情報機関。本部の所在地の地名から「南山」と呼称されていた。初代部長は、金鍾泌中佐。捜査権、逮捕権を有し、強引な手口で北朝鮮工作員および反体制派を摘発した。81年に国家安全企画部(※)に改編。KCIA時代には、金大中拉致事件（73年8月）、第8代KCIA部長の金載圭による朴正煕大統領射殺事件などが生起した。

KGB（国家保安委員会）

1954年3月に新設された、ソ連の諜報・防諜機関。組織の発展経緯を簡略化すると、オフラナ(※)→チェーカー(※)→GPU(※)（1922年2月）→OGPU(※)（23年7月～34年7月）→NKVD(※)（34年7月～46年10月）→MGB(※)（46年10月～53年3月）→KGBという流れになる（八一頁参照）。91年以降、KGB第1管理本部（対外情報）はSVR、第2管理本部（国内保安）はFSBに改編された。

MfS（東ドイツ国家保安省）

シュタージを参照。

MGB（国家保安省）

ソ連KGB(※)の前身機関。1946年10月にNKGBとスメルシが統合されて設置された。

MI5（保安部）

イギリスの国内防諜を担当する組織。逮捕権はない。逮捕権を持つロンドン警視庁（スペシャル・ブランチ(※)）と密接な連携を保持している。

1915年末の戦争省の組織再編で、陸軍情報部第5課（Military Intelligence section5）と改称され、MI5と略称されるようになった。第二次世界大戦中、「ダブルクロス作戦」で大きな成果を上げた。人員はMI6を上回る約4千人と推定される。

MI6（SIS、秘密情報部）

イギリスの対外情報活動を担当する組織。外務省が所管官庁とされるが、事実上は首相直轄の機関である。イギリス秘密情報部の略称はSIS。ただし、今日もMI6という略語が使用される場合が多い。これはとくに第二次世界大戦中にSISがMI5との組織的な連携が必要な時に便宜的に採用されたためである。初代長官はマンスフィールド・カミング海軍大佐。ジェームズ・ボンドの生みの親であるイアン・フレミングもMI6の職員であった。人員は3千人以上、予算は約3億ポンドと推定される。「サーカス」と別称される。

MI8（陸軍情報部第8課）

アメリカの暗号の専門機関である。通称「ブラック・チェンバー」。第一次世界大戦後の1920年に設置。同機関を率いたのは第一次世界大戦以前からアメリカ国務省に勤務していたハーバート・ヤードレー(※)である。MI8は21年のワシントン会議において、日本の暗号を解読し、交渉を有利に進める立役者となった。しかし、ハーバート・フーバー政権が発足し、国務長官にヘンリー・スティムソンが就任すると、スティムソンは「紳士は他人の信書は読まないものだ」として、MI8を29年10月末で廃止させた。この廃止に怒りがおさまらないヤードレーは『ブラック・チェンバー』を出版して、暗号解読の内情を暴露した。

NKGB（国家保安人民委員部）

NKVDを参照。

NKVD（内務人民委員部）

1922年2月に設立。スターリン政権下での大粛清を主導した。34年7月に改編されたNKVDにおいては、OGPU(※)の流れを組むGUGB（国家保安総局）がNKVDの下部組織として置かれたが、41年2月、諜報・防諜活動を担当するNKGB（国家保安人民委員部）に改編された。国内の公安活動を担当するNKVDはそのまま存続するという並列体制が続いた。41年7月にNKVDに再統合されたのち、43年4月、再びNKGBとNKVDに分離し、46年10月にNKGBはスルメシと統合され、MGB(※)（国家保安省）に改編された。なお、この変遷については、八一頁を参照されたい。

NSA（国家安全保障局）

アメリカのシギント機関。現在、同組織は本部に4万人、傍受施設に2万5千人という大規模な陣容を有し、世界中のファックス、メール、電話の傍受を行なっているという。

OCI（情報調査局）

第二次世界大戦中のアメリカの諜報・プロパガンダ機関。1941年7月に設立。BSC[※]（イギリス安全保障調整局）の責任者、ウィリアム・スティーブンスン[※]もこの設立を支援した。

ウィリアム・ドノバン[※]は軍事的インテリジェンスと秘密作戦を担当し、ロバート・シャーウッド[※]は国内広報と外国でのプロパガンダを担当した。

1942年6月、OCIはシャーウッド率いるOWIとドノバン率いるOSS[※]（戦略諜報局）（戦争情報局）とに分割された。OWIは放送などによる明瞭な事実として公衆に理解させることを目指した「白いプロパガンダ」を担当した。

OGPU（統合国家保安部）

GPU[※]の後継機関。1923年7月に設立。34年7月に再編されたNKVD[※]に吸収され消滅した。長官はヴャチェスラフ・メンジンスキー。

OP-20-G（海軍作戦部第20部G課）

第二次世界大戦中のアメリカ海軍の暗号解読機関。1936年頃に設置。アメリカ海軍は1924年に海軍省内に暗号・通信課を設置し、日本海軍の暗号の解読を開始。この課が発展してOP-20-Gとなった。同機関はローレンス・サフォード[※]によって強化され、開戦後における解読業務は、ワシントン（外交暗号と海軍関係担当）、ハワイ（日本海軍担当）、フィリピン（両者の一部を担当）の通信所を有し、約700人で、傍受、方位測定および暗号解読を行なった。

第二次世界大戦後、これらの組織を基本に1952年11月にNSA[※]（国家安全保障局）が秘密裏に大統領令によって創設された。

ＯＳＳ（戦略諜報局）

第二次世界大戦中のアメリカの情報機関。ＯＣＩ(※)の後身で、ＣＩＡの前身機関。１９４２年６月、ＯＣＩの特別行動部が主体となり、ＪＣＳ（統合参謀本部）の下で、その指示に基づく戦略的情報の収集・分析および秘密作戦が任務とされた。長官はウィリアム・ドノバン(※)。イギリスのＳＯＥ(※)と連携して、欧州における特殊作戦任務を遂行した。

ＳＤ（親衛隊情報部）

親衛隊の情報組織。１９３１年８月のＳＳ内部の情報組織「ＩＣ部」が前身。32年７月、同部がＳＤに発展。ラインハルト・ハイドリヒ(※)が初代長官に就任。

主任務は、反ナチス派に対する調査・摘発などであった。１９３３年１月にナチス党が政権を掌握した以降は、本格的な情報組織へと発展。またＳＳの隊員からなる軍事組織として武装ＳＳが作られ、規模を拡大して陸海空軍と並ぶ第四の軍隊となっていった。39年９月、ゲシュタポ(※)とＳＤが正式に統合され、親衛隊本部の一つであるＲＳＨＡ（国家保安本部）に改組された。

ＳＤＥＣＥ（対外情報防諜局）

現在のフランスの対外情報を担当するＤＧＳＥ(※)（対外安全保障総局）の前身機関。１９４６年にフランスＤＧＥＲ（研究調査総局）の後継機関として設置された首相直属の対外防諜機関。ミッテラン政権時代の１９８２年にＤＧＳＥになった。ドイツによるフランス占領後、亡命先のイギリスで自由フランス政府を樹立したシャルル・ド・ゴールは１９４０年７月、ＢＣＲＡ（情報活動中央局）を創設（創設当時はＳＲ。ＢＣＲＡに改名されたのは42年１月）。43年11月、ド・ゴールはアルジェリアに亡命していたライバルのジロー将軍配下のＳＲ（参謀本部第２部情報局）とビシー政権のＳＭ（軍事保安局）とＢＣＲＡを統合してＤＧＳＳ（特殊作戦総局）を創設した。同局が44年９月、ＤＧＥＲに名称変更された。

１９４６年１月、ド・ゴールは暫定政府大統領を辞任するが、これにともないＤＧＥＲを基礎にＳＤＥＣＥが設立される。ＤＧＥＲが国内における外国大使館の盗聴活動などに従事していたことへの非難から、ＳＤＥＣＥの活動は外国における情報収集に限定された。ＳＤＥＣ

Eは東ドイツやインドシナでの情報活動で大きな役割を果たしたが、数々の批判にもさらされた。

SOE（特殊作戦執行部）

イギリスの特殊作戦部隊。1940年7月に設置。破壊工作、転覆活動、ドイツ占領下のヨーロッパにおけるレジスタンス活動の支援などを実施。ヨーロッパでは、アメリカのOSS[※]と密接に協力した。

ST（国土監視部）

かつて存在したフランスの防諜機関。現在のDST[※]（国土監視局）の源流的な情報組織。1899年8月に設置されたが、自前の調査機関を持たなかったために、1907年に消滅。37年に再び設置され、ビシー政権下の非占領地域でドイツのスパイを摘発した。42年にドイツ軍によって解散させられる。

SVR（ロシア対外情報庁）

ソ連KGBの対外情報収集を担当した第1総局が前身。政治、経済、軍事、科学技術などに関する情報などを収集・分析し、政策決定者の安保・外交に有用なインテリジェンスの提供を業務とする。

アプヴェーア（Abwehr）

国防軍情報部。1921年から44年まで設置されていたドイツ軍の情報機関。21年のヴァイマル共和国軍の設立時、諜報活動は防御のみに限定するという前提で設立。初代長官は第一次世界大戦でドイツ帝国軍情報部長のウォルター・ニコライ大佐の代理を務めたフリードリッヒ・ゲンプ少佐（1873〜1946年）であった。

1928年に海軍情報部を吸収し、32年6月には海軍大佐コンラート・パッツィヒが長官に就任。しかし、パッツィヒ大佐は、親衛隊（SS）のハインリヒ・ヒムラー[※]と対立して辞任。

1935年にカナリス[※]少将（当時）が就任して以降、対外情報機関として拡大し、第二次世界大戦初期においては大きな成果をもたらす。一方で、ドイツ全体の情報機関を傘下に収めようとする親衛隊情報部（SD）と対立。44年、カナリスがヒトラーから罷免され、RSHAに吸収された。

アマン（Aman）

イスラエル国防軍（ＩＤＦ）の情報機関。イスラエルの中で最大の情報組織。イスラエル建国直後の１９４８年5月に設立。体制上は国防軍と陸軍に従属する。軍事情報の収集と情報分析により、軍事作戦に資するインテリジェンスを提供することが任務の主体。設立当初は防諜任務も有していたが、50年に軍内部の保安活動を除きすべての公安活動は文民警察とシン・ベト（保安部）に移管された。

オフラナ

１８８１年から１９１７年にかけてロシア皇帝の政権を保全（保衛）した秘密警察。17年にチェーカー(※)に発展。

19世紀後半から革命家の活動が過激化し、また海外への亡命者が国外において言論や資金援助を通して反体制活動していた。このためオフラナも、パリなど海外において、国内統治のための保安拠点を持っていた。

軍事情報局

台湾の情報機関。編制上は国防部に所属するが、実態は独立した組織であり、対中国情報戦を独占的に担っている。中国をはじめアジア各国にスパイを派遣しているとされる。軍事情報局の人員は2千人程度と推定。

ゲシュタポ

ナチス・ドイツの秘密警察。１９３３年、ヒトラーの腹心ヘルマン・ゲーリングが、プロイセン州の秩序維持を管轄する秘密警察のゲシュタポを組織した。

１９３４年にヒムラー(※)がゲシュタポの指揮権を握り、36年にはその活動範囲を全ドイツに拡大させたことから、任務が重複するＳＤ(※)との対立が発生。39年9月、ゲシュタポとＳＤが統合され、国家保安本部（ＲＳＨＡ）に改組されて以降、ゲシュタポはＲＳＨＡ第Ⅳ局になった。

ナチス・ドイツ政権下、ドイツおよびドイツが占領した欧州における反ナチス派、浸透スパイ、ユダヤ人などを摘発・粛清した。その厳しい尋問や残酷な拷問は恐れられた。

ゲーレン機関

第二次世界大戦後、アメリカの後押しによって創設された西ドイツの対ソ情報機関。1946年7月、かつての東方外国軍課(※)の職員を中心として創設される。大戦時に東方外国軍課の課長であったラインハルト・ゲーレン(※)は、ソ連に関する膨大な量の秘密情報を手土産に米軍に投降し、その提供と引き換えに米陸軍情報部から西ドイツの情報機関を再建する協力を得ることに成功した。1955年にはBND(※)(連邦情報庁)へと発展した。

国家安全企画部

韓国のかつての情報機関。1981年、全斗煥政権がKCIAの組織を拡大して創設。99年まで設置。現在の国家情報院(※)の前身機関。

国家安全局

台湾の情報機関。1953年に設立。国家安全に関する情報の収集・分析を行ない、総統府が政策決定に資する参考資料を提供。現役の台湾国軍上将を局長に充てているが軍組織ではない。衛星通信収集局では、国際衛星通信の傍受を行なっていると推定される。

国家安全部

中国国務院隷下の情報機関。1933年6月、公安部と中央調査部(※)が保有していた課報、防課機能を吸収して創設。現在、国内活動において公安部とともに二大双璧をなす。国外活動においては総参謀部第二部とともに中国の代表的な対外情報機関である。

国家安全部の組織、規模、予算などはすべて非公表で、その組織構成については資料によって異なる。ただし各種資料からは少なくとも10以上の内部部局を有し、要員は数万人規模に達していると推定される。

国家情報院

現在の韓国の情報機関。1991年1月、金大中政権が国家安全企画部を廃止し、大幅に権限を縮小して、大統領直属機関として新設した。国家安全保障に関わる情報・保安および犯罪捜査を担当する。

作戦部

かつて存在した北朝鮮労働党傘下の情報機関。潜入工作を担任し、同部が管理する元山（ウォンサン）および清津（チョンチン）の両連絡所は日本への潜入工作に従事していた。なかでも清津連絡所は対日浸透工作が恒常的であった時期には１２００人の工作員が所属し、うち４００人が対日浸透を主任務としていたという。２００９年以降、作戦部は軍総参謀部偵察局と統合され、人民武力部隷下の朝鮮人民軍偵察総局に発展した。

三五号室

かつて存在した北朝鮮労働党傘下の情報機関。以前は対外情報調査部と呼ばれていた。韓国および海外においてテロ、情報収集およびスパイ獲得工作などを行なってきた。日本、マカオ、香港、フランス、ドイツ、オーストリアなど国交のない国家に対しては、貿易商社または通商代表部を設置し、国際的な課報活動を展開していた。

金賢姫(※)による大韓航空機８５８便の空中爆破事件、崔銀姫・申相玉夫妻拉致事件は対外情報調査部による犯行であったといわれている。同室は現在、作戦部とともに朝鮮人民軍偵察総局に吸収された。

参謀本部第Ⅲｂ局

第一次世界大戦前後におけるドイツの軍事情報機関。１９１０年にハイエ陸軍少佐の下で設立。13年、ヴァルター・ニコライ少佐（当時）が受け継ぎ、第一次世界大戦勃発前には約80人の将校を擁し、主としてフランス、ロシアの軍事情報を取り扱った。21年にアプヴェーア(※)に発展。

シュタージ（ＭｆＳ）

東ドイツの国家秘密警察。東ドイツの国家保安省の通称。西ドイツに対する情報機関でもあった。１９５０年に創設され、89年に解散。設立当初のシュタージはナチス政権時代のゲシュタポ(※)やＳＤ(※)の出身者が相当数採用されたといわれている。

スペシャル・ブランチ

ロンドン警視庁の公安警察部門。主として対テロ作戦を主導し、逮捕権を有しないMI5(※)と連携して、スパイやテロリストを逮捕する。

1829年に設立されたロンドン警視庁のテロ対策部門として83年2月に設立された「スペシャル・アイリッシュ・ブランチ」が前身。87年にスペシャル・ブランチとなる。この組織は初期のMI5の人的基盤となった。

スメルシ(Smersh)

スターリンによって設立・命名された防諜部隊。名前の由来は「スパイに死を」を意味するキリル文字の頭文字。1941年にラヴレンチー・ベリヤ(※)によって組織され、当初はNKVD(※)の管轄下のGUGB(国家保安総局)の一機関であった。その後、42年末にGUGBから独立。43年4月から46年3月まで、スターリン直属の独立機関として機能した。反ソビエト活動が疑われる軍人および軍の活動に関係する民間人を調査して、少しでも疑わしい者は次々と暗殺した。

赤色労働組合インターナショナル

社会主義革命を目指す革命的労働組合の国際組織。1921年、コミンテルンの後援の下に創設。通称はプロフィンテルン。本部モスクワ。37年解散。

総参謀部第2部

中国人民解放軍の情報機関。総参謀部第2部は、総参謀部隷下で戦略・戦術的な軍事情報を収集、分析、配布する機関。軍事に影響のある政治、社会、経済、科学技術情報などを広く収集している。現在は、総参謀部が統合参謀部本部に改編されたことから、統合参謀部第2部となっている。このほか統合参謀本部にはシギント・イミントを扱う第3部、エリント・電子戦を扱う第4部がある。

対外連絡部

かつて存在した北朝鮮労働党傘下の情報機関。その前身は社会文化部。対韓国工作の主務部署であり、韓国内の要人暗殺、政治・経済・社会・軍事などの情報収集を担任していた。このほか「救国の声放送」(第26連絡所)という対南心理戦、対外放送を担任。2009年以降は内閣付属の対外交流局に縮小・改編された。

太平洋労働組合書記局（PPTUS）

1927年の漢口会議において設立されたプロフィンテルンの極東支部。本部は上海に置かれた。

チェーカー（反革命・サボタージュに対抗する特別委員会）

1917年に創設されたボリシェビキ党の秘密警察組織。22年にGPU(※)、23年にOGPU(※)に改編された。チェーカーの反革命分子に対する秘密活動は徹底されており、人員は「チェキスト」と呼ばれ、恐怖の代名詞になった。国内治安が主体で、対外情報活動は1919年3月に創設されたコミンテルン（第3インターナショナル）に依存していた。1920年末、チェーカーは外国部（INO）を創設。初代長官はフェリックス・ジェルジンスキー(※)。

中央調査部

1960年頃に設立された中国共産党隷下の情報機関。中央社会部の後継機関で、83年に設立された国家安全部の前身機関。中国共産党による革命輸出、ベトナム戦争における北ベトナム支援などを行なった。

統一戦線部

北朝鮮の中央委員会隷下の情報機関。海外の朝鮮人同胞（朝鮮総連、在中総連など）および在韓国左翼勢力の指導などを担任しているとみられる。かつては統一戦線部には直接浸透課があり、同課は第三国経由で工作員を派遣していた。隷下の平壌学院は日本への浸透工作員の養成を担任していたとされるが、現在の状況は不明。朝鮮総連の指導、監督については引き続き統一戦線部の任務となっているとみられる。

統計局

普仏戦争（1870年）後に設立されたフランスの情報機関。フランス情報組織の草分け的存在。1871年6月、フランス軍参謀本部が創設されると当時に、普仏戦争以前から存在していた戦史部が参謀本部第2部「統計局」として改編、設置された。74年頃から参謀第2部が情報活動に特化し、統計局は参謀本部第2部から独立し、秘密情報活動を行なうようになっていった。86年、ブーランジェ将軍の登場により、統計局の機能強化が図られた。

東方外国軍課

ドイツ陸軍参謀本部第12課の別称。ヒトラーがソ連侵攻を計画し始めた1938年12月にソ連に対する専門のインテリジェンス機関として陸軍参謀本部内に設置された。国防軍情報部（アプヴェーア）[※]は、世界的規模でのヒューミント・ネットワークを有していたが、ヒューミントを分析して、インテリジェンスを生成する機能が不十分であった。それを補完したのが東方外国軍課であったとされる。

プロフィンテルン

赤色労働組合インターナショナルを参照。

ベトコン

南ベトナム解放民族戦線の通称。北ベトナムから派遣された潜入部隊と、南ベトナムのベトミン勢力が協力して、1960年12月に南ベトナムの反政府組織として結成。やがて大規模なゲリラ作戦が遂行できる独立組織へと発展し、68年1月のテト攻勢はベトコンが中心になって実施したとされる。

ベトミン

ベトナム独立同盟会の通称。第一次インドシナ戦争を戦ったベトナムの独立運動組織。1941年5月、ホー・チ・ミンの提唱により結成された。ボー・グエン・ザップおよびファム・バン・ドンが指導した。51年にベトナム労働党に吸収され、解消された。

モサド（Mossad）

イスラエルの情報機関。イスラエル課報特務庁の通称。1951年に設立。首相府の管轄下で、対外課報活動、秘密工作、元ナチス戦犯の逮捕などを行なう。元ナチス親衛隊のアイヒマン逮捕（1957年）、第三次中東戦争でのソ連製戦闘機ミグの入手（67年）、ミュンヘン五輪テロへの報復「神の怒り作戦」（72年）などで活躍した。

モサドはアメリカのCIAと歴史的に密接な関係にあるが、CIA職員のジョナサン・ポラードがイスラエルのスパイであることが発覚して以来、両機関の関係は長期間にわたり冷却化した。

陸軍中野学校

諜報、防諜、謀略、宣伝などの秘密戦に関する教育や訓練を目的とした大日本帝国陸軍の学校。１９３８年７月に後方勤務要員養成所として創設。45年８月の終戦時、疎開先の群馬県富岡町および静岡県磐田郡二俣町において幕を閉じた。校名は、学校の所在地が39年４月から45年４月まで東京都中野区にあったことに由来する。

創設から閉鎖廃校まで、わずか８年という短期間の存在であったが、この間の卒業生は２千人以上に及ぶ。各種学生がこの学校を卒業し、国内外の各所で情報勤務という特殊な分野での職務に精励した。

資料3
スパイ用語編

【ア行】

アクティブ・メジャーズ（積極工作）
他国の政策に影響を与えることを目的として、伝統的外交活動と表裏一体で推進される公然・非公然の諸工作。（『新・警備用語辞典』）

アサシン（Assassin）
暗殺者。敵対する勢力の指導者を殺害する中世のイスラム教の一派「アサシン」派が語源。

赤いオーケストラ（ローテ・カペレ）
第二次世界大戦前から戦争中にかけてヨーロッパで展開されたソ連のスパイ網。当時ソ連は諜報網の無線送信員を「ピアニスト」、通信機を「ジュークボックス」と呼んでいた。これに対し、ゲシュタポは、ソ連のために働くすべての組織を、その所属に関係なく「赤いオーケストラ」と呼んでいた。

安全器
情報機関もしくはスパイ網の仲介者の役割を果たす。要員同士の直接の接触を避けることで摘発の危険を低減する。カットアウト(※)に同じ。

イミント（IMINT：Imagery Intelligence）
画像インテリジェンス。偵察衛星、航空機などからの偵察写真を用いて情報を収集する手段、あるいは処理して得られたインテリジェンス。

イリーガル（Illegal）
非合法スパイ。通常、大使館員以外の身分に偽装して相手国に潜入するスパイ。ノン・オフィシャル・カバー。

イン・ザ・ネット（In the net）

網の中。つい秘密を漏洩した人物のことで、その時点で脅迫される弱点を相手に与えてしまった人物。

インテリジェンス（Intelligence）

生の情報（インフォーメーション）を処理して得た「知識」。情報組織、情報活動を指すこともある。

インテリジェンス・コミュニティ（Intelligence Community）

国家およびその政府のインテリジェンス機能を果たす全組織の総称のこと。

インテリジェンス・リテラシー（Intelligence literacy）

インテリジェンスを使いこなせる能力。大量のデータの中から必要なものを収集・分析して、インテリジェンスを生成し、それを活用するための知識や技能のこと。

インフォーマー（Informer）

密告者。金銭的な報酬を目的として、積極的に情報を相手国情報機関に提供する人物。

インフォーマント（Informant）

情報提供者。意識的、無意識的にかかわらず、エージェントか情報機関に情報を提供する人物。なお不用意、無意識に情報を漏洩する人物をインシデンタル・インフォーマントという。

インフォメーション（Information）

生資料。インテリジェンスを作成する材料（素材）。評価・加工される以前のインテリジェンスになっていないもの。新聞記事、ニュース、観察記録、発言録などはインフォメーションであり、これらを処理・加工してインテリジェンスを生成する。

イン・プレス（In Press）

我の諜報員などが適当な位置、すなわち相手国の機密などを知る立場にいること。または適当な地位にいる人物。スパイ活動の目標とすべき人物を探し、接近して獲得するやり方。

ヴェノナ（VENONA）
冷戦時に米国の通信傍受機関ＮＳＡ[※]と英国のＧＣＨＱ[※]が合同して行なっていたソ連のＫＧＢ[※]やＧＲＵ[※]に対する通信解読工作。１９９５年７月にその内容が公開された。

ウォーク・イン（Walk in）
予約（アポ）なし、飛び込みという意味。インテリジェンスの世界では、在外大使館などに飛び込みで入ってきて自発的に情報を提供する者などを指す。この行動の多くは金銭目的。

エージェント（Agent）
現地での協力者または諜報員。ケース・オフィサー[※]に雇われ、その指示に従い、現場でのスパイ活動にあたる。最も危険で逮捕されやすい存在。

エージェント・オブ・インフルエンス（Agent of Influence）
影響力を行使できる工作員。情報機関に協力を誓約して、諸外国の政府高官、世論形成に影響を及ぼすジャーナリスト、学者。各種圧力団体に影響力を行使できる人物のこと。

エージェント・オブ・プロボカトール（Agent of Provocator）
挑発工作員。相手国の情報機関内に入り込んで、その機関の活動を妨害、撹乱する工作員。コンフュージョン・エージェントともいう。

エスピオナージ（Espionage）
専門の組織によって諸外国の活動を非公然に観察して情報を獲得すること。

エニグマ（Enigma）
ローター方式の電動式サイファ暗号機で、１９２３年にドイツ人技師によって開発された。第二次世界大戦時、ナチス・ドイツが使用した。

エリント（ElINT：Electronic Intelligence）
シギント[※]の一種。レーダー、ビーコン（無線標識）、ジャマー（妨害電波）、テレメトリーなどの非通信用電波からの収集手段、あるいは処理して得られたインテリジェンス。

大ガラス（鴉）

レイブンズを参照。

オシント（OSINT：Open Source Intelligence）

公刊資料、地図、新聞、通信社ニュース、テレビ、雑誌、ネット情報など、誰もが手にする公開情報源からの収集手段、あるいは公開情報源から得られたインテリジェンス。

オフィシャル・カバー（Official Cover）

情報機関の要員が外交官やその他の政府関係者に扮すること。情報機関の監視下に置かれるが、活動が露見しても、外交特権で身柄拘束や刑事訴追を免れる。かつてわが国でスパイ活動を行なったソ連のコズロフ大佐、ボガチェンコフ大佐はいずれも外交特権を行使して帰国。

オペレーションズ・オフィサー（Operations Officer）

工作官。ケース・オフィサー（※）と同義。ソ連のスパイ用語。

オルゴール

無線通信機。ジュークボックスともいう。ソ連のスパイ用語。

【カ行】

カウンター・インテリジェンス（Counter Intelligence）

秘密情報を管理する、不審者を重要な秘密施設に近づけないなどの受動的活動に加え、ポリグラフなどを用いて相手側スパイを摘発する、我がスパイを相手側に浸透させて敵のスパイ網の実態を解明する、敵側のスパイから寝返った「二重スパイ」を通じて偽情報などを流し、相手側の情報活動を無力化するなどの活動がある。最もアクティブかつ危険な情報活動。

隠れ家（セーフティ・ハウス）

敵の諜報組織や防諜組織に知られておらず、秘密の会合を開いても安全と考えられている家やアパート。

カットアウト（Cutout）

中間連絡員。組織要員間の接触を秘匿するために使われる第三者。一般的に自分はスパイ活動を行なわず、スパイとスパイとの間の連絡を行なう要員を指す。「安全器[※]」ともいう。

カバー（Cover）

遮蔽。身分欺騙。秘密工作などの情報活動を容易に行なうために、別の身分になりすますこと。カバーには「オフシャル・カバー[※]」と「ノン・オフィシャル・カバー[※]」の二つがある。ソ連のスパイ用語ではルーフ（屋根）という。

カバー・ストーリー（Cover Story）

非合法工作員がまったく別人になりかわるために与えられる偽の経歴。外国で怪しまれずに生活するために用意される。ソ連のスパイ用語ではレジェンド[※]（伝説）という。

カバート・アクション（Covert Action）

秘密工作。米国では「宣伝（プロパガンダ）」「政治活動」「経済活動」「クーデター」「準軍事作戦」に区分している。

クーリエ（Courier）

「外交伝書使」が転じてスパイ用語では連絡員。本国と現地スパイ網の間を往復して指令、文書などを運ぶことが任務。工作内容は知らされていない場合と知っている場合がある。

黒いオーケストラ

ドイツ国防軍将校を中心とする反ナチス・グループ。「赤いオーケストラ[※]」に対し、ゲシュタポや親衛隊情報部（SD）が呼称していた。このグループは、ヒトラーを排除してナチス体制を打倒し、英米連合軍との和平によりドイツを破壊から救おうとしたが、英米側からは本気で相手にされなかった。カナリス[※]がそのメンバーだと見られていた。

ケース・オフィサー（Case Officer）

工作官。エージェントを運用する情報要員。ヒューミント[※]の最前線で活躍するが、通常、他人に勤務先を漏らさない。CIA用語。オペレーションズ・オフィサー[※]ともいう。

五間（ごかん）

「郷間」敵国および第三国の一般大衆から情報収集を行なうスパイ（公然収集員）。

「内間」敵国の官僚、軍人などを誘惑して、秘密情報を収集するスパイ（諜報員）。

「反間」敵方のスパイが寝返って、逆に敵方を探索する「二重スパイ」。

「死間」敵を欺瞞するため自らを犠牲にして敵国に対し偽情報を提供するスパイ（工作員）。

「生間」本国と敵国とを行き来する現代の斥候のようなスパイ（連絡員）。

コンフィデンシャル・インフォーマント（Confidential Informant）

信頼のおける情報提供者。イデオロギーあるいは金銭的報酬に対して自発的に情報を提供する人物。

コンフュージョン・エージェント（Confusion Agent）

エージェント・オブ・プロボカトールを参照。

【サ行】

サポート・エージェント（Support Agent）

支援エージェント。特別な技術、暗号、通信、監視、偽造など、スパイ活動を技術面で支援するエージェントの総称。

シギント（SIGINT：Signals Intelligence）

信号情報。敵の電子通信を傍受して得たインテリジェンスおよびそうした収集手段。シギントは「通信用電波か非通信用電波か」により、コミント（通信インテリジェンス）とエリント[※]（電子インテリジェンス）に大きく分けられる。

スパイ・キャッチャー（Spy Catcher）

防諜担当官。我が組織に浸透するスパイを摘発、排除する者。米FBI捜査官や英MI5職員など。モグラ（※）を捕まえるのがスパイ・キャッチャーである。

スパイ交換

敵国に捕らわれ、収監されたスパイ同士を交換すること。これまで、ゲーリー・パワーズとルドルフ・アベル（※）（1962年2月10日）、クレビル・ウィンとゴードン・ロンズデール（※）（64年4月22日）、モーリス・コーエン（※）夫妻とイギリス市民数人（69年7月23日）などのスパイ交換が行なわれた。スパイ交換がかなわない場合もある。ソ連はゾルゲ（※）を見捨ててスパイ交換を拒否、中国はラリー・ウタイ・チン（※）を見捨てた。ともに自国のスパイであることを認めなかった。

スパイマスター（Spy Master）

スパイ網を構築し、エージェント（スパイ）を運用する者を指す。ゾルゲは著名なスパイマスターであった。

スリーパー（Sleeper）

休眠スパイ。目的を達成するまで長い間活動せずにいるスパイ。目標国内に移住して一般市民と変わらない生活をしており、平時にはスパイ活動に従事しない。緊急時に本国の指令により特別任務を受けてスパイ活動を実施する。キム・フィルビー（※）やドナルド・マクリーン（※）は、ソ連からスリーパーと見なされ、高度の機密を扱う立場に出世するまで長い間情報の提供は期待されていなかった。

スワローズ（Swallows）

ツバメ。KGBが獲得しようとする男性を色仕掛けで引き込む役の女性。その現場となるアパートの一室は、脅迫用の証拠をそろえるため、隠しカメラ、秘密録音装置などが設置してあり、スワローズ・ネスト（ツバメの巣）と呼ばれる。レイブンズ（鴉）を参照。

セクシャル・エントラップメント（Sexual Entrapment）

性的な囮（おとり）。ハニートラップ(※)のこと。

セーフティ・ハウス（Safety House）

安全家屋。情報機関が秘密工作を行なう際に使用（会合・寝泊まり）する隠れ家(※)、隠れ場所、秘密会合場所。隠れ家を参照。

【タ行】

ダブル・エージェント（Double Agent）

二重スパイ。反間。敵側のスパイが我が方に寝返った者。複数の情報機関のために秘密活動を行なうスパイ。通常の場合、一方の機関の指令で動くが、両方からの報酬を目的に活動する職業的スパイもいる。

ツバメ

スワローズを参照。

ディレクター（Director）

管理官。ソ連のスパイ用語ではモスクワ本部にいる工作管理官。

テキント（TECHINT：Technological Intelligence）

技術的インテリジェンス。技術的情報源から収集する手段、またはかかる手段によって得られたインテリジェンス。シギント(※)、イミント(※)、マシント(※)に区分される。

デッド・ドロップ（Dead Drop）

死んだ隠し場所。木の根元の窪み、塀の隙間などの目立たない場所に、文書や現金を置いたり、回収したりして、情報や指示、報酬の受け渡しなど行なう方法。相手と直接接触しないので安全な連絡法とされる。かつてソ連工作員が常用した。ロシア語でタイニキ（隠し場所）と呼ぶ。

トランスミッター（Transmitter）

通信連絡員。無線機で本国からの指令を受けたり、秘密情報を無線機で送ったりするスパイ。東側ではミュージシャン(※)ともいう。

【ナ行】

ノン・オフィシャル・カバー（Non Official Cover）

非公式のカバー。政府による雇用という公式な外交保護を受けずに活動する諜報員のこと。自由な活動が可能であり、相手国との外交関係が断絶しても相手国にとどまることができる。しかし、所属国との連絡保持については困難性がともなううえ、活動が露見した際の身分保証もない。CIAでは「NOC」（ノック）と呼ばれ、政府の公的保護を受けない最も危険の高い職業と見なされている。

【ハ行】

ハニートラップ（Honey Trap）

美人局（つつもたせ）。一般的には女性スパイが情報機関などの指示を受けて、秘密情報の入手などを狙い工作対象者に対し誘惑手口により接触を図り、工作対象者の弱みを握り、エージェント（協力者）として獲得する手法のこと。ただし男性スパイが仕掛けるケースもある。邦訳は「蜜の罠」や「甘い落とし穴」。

パープル

機械式暗号の一種。太平洋戦争開始前から敗戦まで、日本の外務省が使用していた「暗号機B型」（通称：九七式欧文印字機）による外交暗号に対して、アメリカ軍がつけたコードネームである。パープル暗号から得られたインテリジェンスをマジック（※）と呼称した。

ヒューミント（HUMINT：Human Intelligence）

人的な情報源から直接、収集されるインフォメーションにより作成されるインテリジェンス。ヒューミント活動の主体はスパイであるが、外国訪問をする一般人や在外公館の外交官などが収集したインフォメーションに基づくインテリジェンスもヒューミントに含まれる。

ヒューミントは伝統的な情報収集手段であり、公然・非公然に入手される。ほかの手段では入手できないインテリジェンスを獲得することが可能である。

ブラッシュ・コンタクト（Brush Contact）

瞬間接触。すれ違いざまに接触すること。工作官とその組織のエージェントが路上などで接触して会話を交わさず、命令・指示・金銭および情報の受け渡しを行なうこと。この方法は通常、非常に人の多い場所、ラッシュ時のホームなどの人混みの中で行なわれる。日本の外事警察ではフラッシュ・コンタクト（Flash Contact）という。

プラント（Plant）

植え付け。訓練した優秀なスパイを目標の秘密に近い地位に「植える」こと。一般的には、最初は地位の低いところに浸透させ、長い期間をかけて、政府や軍部の中枢部署などに就かせる。東ドイツＨＶＡ(※)（国家保安省「Ａ」総局）の浸透スパイであるギュンター・ギヨーム(※)は20年の歳月をかけて西独ブラント首相補佐官に就任した。投入工作ともいう。

プロパガンダ（Propaganda）

宣伝。宣伝は政治戦争の重要な手段であり、とくに第三者をして、我が方に利益をもたらし、相手側には損失を与えるような行動を行なわせる狙いがある。

国家が偽装せずに計画的に行なう「ホワイト（白色）」、主体は公然かつ明白であるが一定の宣伝目的を達成するように重点的に行なう「グレー（灰色）」、秘密組織が特別の宣伝目的をもって行なう「ブラック（黒色）」に区分される。

ペネトレーション（Penetration）

浸透。目標の組織内にエージェントを獲得するか、またはエージェントを潜入させるやり方。盗聴器などをひそかに取り付ける作業も含む。

ペーパーカンパニー

本来の身分を偽装するため、情報機関の要員が名目上の経営責任者となったり、実際に秘密工作支援のために営業活動を行なう偽の会社。

【マ行】

マイス（MICE）

ねずみ（Mouseの複数形）。Money（金）、Ideology（イデオロギー）、Compromise（名声や信用を危険にさらすこと）、Ego（自尊心）の頭文字で、エージェントの候補対象者になりやすい動機や要因。

マジック（Magic）

パープル(※)の解読によって得られたインテリジェンスの呼称。マジックは米大統領以下、限られた政府高官だけに配布された。

マシント（MASINT：Measurement and Signatures Intelligence）

計測・痕跡インテリジェンス。シギント(※)、イミント(※)以外のテキント(※)。レーダー、音響、地震、核爆発、電磁波、電子光学、レーザー、材料、化学・生物、廃棄物・破片などから得られるインテリジェンス。目的物の位置を特定し、特定物の特徴を捉えることができる。比較的最近になって認識された収集手段である。

ミュージシャン（Musician）

無線通信員。「赤いオーケストラ」などとともに用いられたソ連のスパイ用語。西側ではトランスミッター(※)ともいう。

モグラ（Mole）

相手側の組織の中枢に潜り込み、れっきとした地位に就くのを任務としているスパイ。浸透工作員。一般には階級組織の下の方から浸透し、長い時間をかけて組織の責任ある地位に就く。「もぐら」はスパイ小説家のジョン・ル・カレが流行させたとされる。

モール（Mole）

モグラを参照。

【ラ行】

リーガル（Legal）

合法スパイ。情報機関の要員が大使館員などに偽装して、合法的に相手国に駐在している者。

リクルーター（Recruiter）

採用担当者。スパイ候補者の発掘係。タレント・スポッター。いわゆるスカウト担当。

リーブ・ドロップ（Live Drop）

生きた隠し場所。人間や動物を仲介として情報を伝達する方法。目立たない人間、たとえば靴磨き、清掃員など、誰が話しかけても不自然ではない人物、あるいは犬や猫に情報のマイクロチップやタグを埋め込んで行なう連絡法。これに対し、デッド・ドロップ(※)（死んだ隠し場所）がある。

レイブンズ（Ravens）

鴉（からす）。KGBが獲得しようとする女性を色仕掛けで引き込む役の男性。西ドイツの女性秘書事件に数多く登場。

レジェンド（Legend）

偽の経歴。非合法諜報員に与えられる隠れ蓑用の偽の経歴。西側ではカバー・ストーリー(※)と呼ぶ。

レジデント・ディレクター（Resident Director）

現地管理官。目標国内に配置したスパイ組織の指揮官。KGB用語で、通常は各大使館機構の最高位の者を指す。

資料4

スパイ教訓集（防諜体制強化のための）

■旧日本陸軍の諜報員の動機

（参謀本部編『諜報宣伝勤務指針』より）

（1）諜報勤務に先天的に大なる趣味を有する者
（2）衷心の希望により、奉公もしくは報恩の目的をもって勤務に従事する者
（3）諜報の対象たる国家、政府などに対して、思想、政見、主義、野心、境遇、民族的感情その他の原因により反感を有する者
（4）資力に窮するか、あるいは失意、落胆その他の一身上の原因により特別の利得を望む者
（5）単に貪欲愛銭の私念より出でたる者
（6）営利を目的とする常識的秘密偵知者
（7）使用者に私淑し、その腹心となれる者
（8）帝国または帝国国民に対し好感を有するか、あるいはことに血族的もしくは職業的利害関係のある者

■良い情報官の要件

アレン・ダレスによるCIA中級研修員に対する講話

（アレン・ダレス著『諜報の技術』より抜粋）

（1）人間を見る力がある。
（2）困難な条件下で他人と協力して働くことができる。
（3）事実と虚構を見分けることを学ぶ。
（4）大切なことと大切でないことを区別できる。
（5）探究心を持つ。
（6）大きな工夫力を持つ。
（7）些細なことにも適当な注意を払う。
（8）考えを明晰に、簡潔に、そして面白く表現できる。
（9）沈黙すべき時は口を閉ざす。

■旧日本陸軍の諜報員の勧誘方法

（参謀本部編『諜報宣伝勤務指針』より抜粋）

（1）広告人を秘匿し、かつ召募名目を他に籍り、あるいは目的を曖昧にした広告による。
（2）此種人物の出入りすべき料理店、茶店などにおいて彼らに接近する。
（3）貿易商会を経てまず公正なる商業上の提言をなし、逐次その目的に接近する。
（4）雇用条件を決定し、自己の名を秘匿して先方に提議する。
（5）婦人諜者を経てその知己間に適当の者を物色せしめ逐次接近する。
（6）要人と家庭的交際を求め、漸次に諜報勤務に誘致する。
（7）情報の交換などにより、第三国軍もしくは官憲の要人と交際を求め、次いで公務の用務を依頼して漸次に第三国軍憲の使用せる諜者と接近し、これを我が方の諜者に誘致する。
（8）敵国に入らんとする者に普通用務を依頼し、漸次に秘密諜報を依頼して、知らず知らずの内に諜者と為す。

■軍事的エージェント候補者の獲得についてのGRUの指示書

（ジェフリー・リチェルソン著『剣と盾—ソ連の情報戦略』より抜粋）

（1）基礎的資料を明らかにする
a　現在の地位、以前どこで働いたか
b　軍務に留まる予想
c　軍務にいつから就いたか軍務を気に入っているか
d　直属の上司との関係は
（2）経歴資料を明らかにするため
a　年齢、両親、家族の状況
b　教育、特技、技能あるいはその他の知識
c　政治姿勢
d　経済状態、家族のため経済的保証を確保する意向とその達成を妨げる事項
e　ソ連に対する態度

f　自国の繁栄をどこに見いだしているか（たとえば米国との友好関係）
（3）性格の長所・短所
a　飲酒傾向、女友達の関係（あるいは良き家庭人）
b　グルメ、孤独・静粛好き
c　彼の行動に対する妻の影響度（行動の独立性）
d　交際範囲および交際者の簡単な略歴

■スパイの要件
シュラグミューラー博士の「スパイの活動手引書」

（ラディスラス・ファラゴー著『智慧の戦い――諜報・情報活動の解剖』より抜粋）

（1）君はどんなに優れた語学的才能を持っていても、相手を存分にしゃべらせるためにはその才能を隠しておく必要がある。
（2）外国で仕事をする場合には、自国語は一語たりとも書いたりしゃべってはならない。
（3）君が情報提供者から情報を取得する場合、情報提供者の居住地からできるだけ遠隔の地で、そして君の直接の作業地から遠い地点で連絡するようにせよ。情報提供者が連絡地点に行くには回り道をさせるようにし、できれば夜の方が望ましい。くたくたに疲れた情報提供者というものは、警戒心や疑惑心が比較的薄らぎ、また屈託もなくなり解放的で、嘘をついたり狡い取り引きをしようとする傾向も少なくなるものである。これは君がつねに有利に立ち廻わらなければならぬ情報提供者との取り引きで君の利点となるものである。
（4）情報のあらゆる有用な断片を集めることに留意し、決して情報に必要以上の興味を示してはならない。君が取ることができ、あるいは取らなければならないと考える情報の特定内容に拘泥してはならない。ある項目のみを追求して君の質問が相手にあらわになってしまうと、特定問題を知ろうとする君の意図は暴露されてしまう。
（5）入手した資料は、一見何でもないように見える偽装手段を用いて常にカモフラージュしておく必要がある。書きとっておく必要のある数字や寸法などは、個人の金銭出納関係の数字というような偽装を用いて書きとめるのが最も好ましい。
（6）手紙や書類などを焼却する場合、焼き捨てた紙片は復元できることを忘れてはならない。紙の灰でも顕微鏡で検査すれば十分に判読できる。書類を破り捨てるということは完全にそれが破壊されたという意味ではない。紙片というものは、研究室においてすら絶対的に安全といえる程度の処理はできないものである。
（7）おしゃべりな人間から彼の知っていることを引っ張り出す時以外は、相手に気をもたせるようなもっともらしい言語動作をしてはならない。
（8）非常にスマートに、あるいはきわめて斬新独創的な風に自分を目立たせようとする傾向はいっさい禁物である。クレイランドが部下の青年外交官に教えた「特に、熱中するような態度は絶対にみせるな」という言葉は記憶すべきである。緩慢に動作することが大きな効果を生む。諜報活動における最大の天才とは、絶対目立たない人間である。「衆目を瞠若（どうじゃく）たらしめる天才とは、実は人眼につかぬ、ひそやかな忍耐心の持ち主である」といったヘンリー・オーチスンの言葉もまた記憶すべきである。
（9）住居を借りる場合、出入口が複数ある部屋やアパートを用いる必要がある。前もって脱出方法を計画して実際に練習しておかねばならない。
（10）たえず尾行されていないかを確かめ、尾行者をまく技術を学ぶ必要がある。
（11）過度の飲酒は禁物である。信頼のできる知り合いの女性とだけ交際するようにしなければならない。
（12）相手から示された行為やあらわな敵意、報告の若干部分の一見もっともらしく見え、あるいは無益と思われる内容を直ちに早合点してそのまま受け取ることは絶対禁物である。

■尾崎秀実のスパイ術

（ゴードン・プランゲ著『ゾルゲ・東京を狙え』、塚本勝一著『現代の諜報戦争』より抜粋）

（1）ニュースを得たいと熱心になっているとの印象を相手に与えてはならない。そうすると、重要事項を扱っている人が用心深くなり、決して真相を話さない。

(2) 相手が知っている以上こちらが知っているとの印象を相手に与えることができたら、相手はその知っている情報を話すようになる。

(3) 席が乱れる前のパーティーや宴会では、一般的なヒントから割合に重要なニュースをしばしば聞くことができる。

(4) 特別な才能を持っていることは、多くの場合にきわめて都合がよい。私は中国問題の専門家だから、いろんな方面から私の意見を求められることが多いが、そのような場合に、質問から、より重要な情報を得ることができた。

(5) 直接的あるいは間接的に情報をとる場合に、私が現役の新聞記者あるいは評論家であったことは好都合であった。

(6) 私は地方の座談会や講演会にしばしば出席したが、私はこれらの機会を利用して、地方の意見を比較的正確につかむことができた。

(7) 重要な情報源と直接に関係をつけることによって、当然のこととして、優れた情報を得ることができる。

(8) 成功の最大の秘密は、ひと言で言えば、他人から個人的な信頼を得て、不自然ではなく情報を交換し得る環境を作り出すことである。

■情報官もしくは諜報員としての面接要領

(ウォルガング・ロッツ)

(1) 時間通りにそこへ行くべし(一時間前ではなく)。

(2) 服装はこざっぱりと、華美にわたるべからず。

(3) 立て続けに何本もタバコを吸うべからず(ときおり紙巻タバコを吸うのは構わない)。

(4) 飲み物を勧められても一、二杯にとどめるべし。

(5) 全部の質問に正直に答えるべし。ただし相手のゆるすかぎり簡潔に。自ら進んで情報を与えてはならない。

(6) 礼儀正しく、しかし決してへつらうべからず。

(7) あなたの反応をみるために、相当挑発的な質問がだされるかもしれない。苛立ちをみせず、落ち着き、とりみだすべからず。

（8）質問することをおそれるべからず。具体的な返答として得るところは多くなかろうが、あなたが自分の将来の仕事について好奇心を持たないというのは不自然にみえよう。

（9）あなたがいかに優秀かとか、あなたができることを自慢するべからず。反対におどおどしたり、過度に謙遜してはいけない（相手はそれを買わない）。自分に自信のあることを示すべし。

（10）あまり熱心になるべからず。適当な訓練期間には同意しても、長期契約には署名せず、詳細を知らされるまで最終決定を留保しなければならない。そして、二日間熟考したいと申し出るのである。

（11）金目当てだけという印象を与えないようにすべし。ただし、金のことは言わなければならない。この早い段階で、あなたが涙金で働くつもりのないことを相手に印象づけておくことは大切である。

■正しい偽装を構成する要素

（ウォルガング・ロッツ）

（1）偽装はニセ経歴（レジェンド）にもとづく。

（2）偽装はあなたの外見に合わされるべきものであり、その逆はない。

（3）偽装に利用した人物の外見だけでなく、性格的特徴、性癖をも考慮しなければならない。

（4）あなたが資格を持っていない専門職、肩書き、あるいは生業を偽装用に用いるな。

（5）あなたの生活様式をあなたの選んだ偽装に完全に適合させていく。

（6）あなたのニセ経歴はできるかぎり真実に近いものであるべきである。

■敵側諜報員の遇し方

（ジョン・マスターマン著『二重スパイ化作戦』より抜粋）

（1）敵組織を籠絡し牛耳る。もしくは籠絡し牛耳る手がかりを作る。
（2）新しい敵のスパイが現れたら捕らえて味方につける。
（3）ドイツ秘密情報機関の陣容と手法についての知識を学ぶ。
（4）ドイツ秘密情報機関の語句暗号（コード）と字句暗号（サイファー）に関する情報をつかむ。
（5）敵が収集しようとしている情報を手がかりに敵の計画と意図をつかむ。
（6）敵に送る情報によって敵の計画を撹乱する。
（7）我々の計画と意図を偽装し、敵を欺く。

資料5
情報史年表

前史

1853〜56年
・クリミア戦争。ロシア軍情報部による本格的な対外情報活動が開始

1870〜71年
・普仏戦争。プロシア、シュティーバーのインテリジェンスにより、フランスに勝利

1881年
・ロシア、国内保安組織のオフラナ設立（〜1917年）、国内保安のための組織活動を強化

1886年
・普墺戦争。プロシアのヴィルヘルム・シュティーバーがスパイマスターとして活躍。シュティーバー、枢密顧問官を拝命

1882年
・独・墺・伊三国同盟が締結（5月）。ドイツはフランスの孤立を企図

1894年
・露仏同盟が締結（1月）。ドイツは露仏により東西二正面から包囲される
・フランス、無実のユダヤ系軍人大尉をドイツへのスパイ容疑で断罪（「ドレフュス事件」）（10月）

1899年
・フランスに国土監視部（ST）が設置（8月）

1902年
・オーストリアのアレフレッド・レードル、ロシアのためのスパイ活動を開始

1904年
・英仏協商が締結（4月）。対ドイツの包囲網が強化

1907年
・英露協商が締結（8月）。対ドイツの包囲網がさらに強化

1908年
・アメリカ、FBIの前身機関「特別捜査チーム」（捜

査局）を設置（7月）

1909年

・イギリスにおいてMI5とMI6（SIS）が創設。情報活動を強化

1910年

・ドイツにおいて参謀本部第Ⅲb局が設立（時期不明）

1913年

・レードル、スパイ容疑で逮捕、自殺

第一次世界大戦期

1914年

・サラエボ事件が勃発。第一次世界大戦が勃発（6月）
・英、アラビアのロレンス、イギリス陸軍に召集、カイロ情報部隊に配属（10月）

1915年

・英仏、連合艦隊を結成してトルコに上陸（3月）
・ドイツ人女性、エリザベート・シュラグミューラー、スパイ学校教官に就任（時期不明）
・ドイツ、イギリス人看護婦のイーディス・キャベルをスパイ容疑で銃殺（10月）
・英アラブ「フセイン＝マクマホン協定」締結（10月）
・英女性ガートルード・ベル、外務省管轄下でカイロに置かれたアラブ局情報組織に召集（11月）。以後、オスマントルコに対するアラブの反乱に従事

1916年

・英仏、「サイクス・ピコ協定」締結（5月）
・仏女性マルト・リシャール、スパイ活動目的でスペイン入国（6月）
・マタ・ハリ、スペインに入国し、フランス、ドイツのため二重スパイ活動を開始（12月～）
・アラビアのロレンス、外務省管轄下のアラブ局情報組織に配属。対トルコゲリラ工作を開始（10月）

1917年

・ロシアにおいて二月革命が発生（2～3月）
・アメリカがドイツに宣戦布告（4月）
・ドイツ突撃部隊がフランスの防御線を突破、フランスの戦況不利（6月）
・フランス、野戦軍法会議が急遽開催され、150人が死刑判決（6月）
・女性スパイのマタ・ハリ、死刑（10月）
・ロシア、ボリシェビキが十月革命を成功（10月）

・英、ユダヤに対し「バルフォア宣言」。英、ユダヤ人国家の建設を承認（11月）

1918年

・ブレスト・リトフスク条約によりロシア、第一次世界大戦から離脱（3月）
・ボリシェビキ、ロシア共産党に改名（3月）
・連合国の勝利で第一次世界大戦終結（11月）
・赤軍（ソ連軍）参謀本部情報総局（GRU）が創設（11月）

大戦間期

1919年

・コミンテルン（第3インターナショナル）が創設、世界共産化を始動（3月）
・ヴェルサイユ条約が締結。敗北したドイツは賠償金の支払いと、すべての海外植民地と権益を放棄（6月）
・アメリカ共産党が設立（9月）
・イギリス政府暗号学校（GC&CS）が設立（11月）

1920年

・ウィルソン米大統領の提唱により国際連盟が設立（1月）
・ロシアのチェーカー、外国部（INO）を創設。外国での反体制派の取り締まり強化（12月）

1921年

・ドイツ参謀本部第Ⅲb局がアプヴェーアに発展（3月）
・英、チャーチルの提唱でイラクの統治について検討するカイロ会議が開催。ローレンスとガートルード・ベルが同会議に参加（3月）
・中国共産党、設立（7月）
・ワシントン海軍軍縮会議開催（11月～22年2月）。アメリカ、MI8により日本の外交暗号を傍受

1922年

・ロシア、GPU（国家政治保安部）が設立（2月）
・日本共産党、設立（7月）
・共産主義者が勝利し、ソ連を成立（12月）

1923年

・GPU、OGPU（統合国家保安部）に改編（7月）
・コミンテルンによるドイツでのハンブルク蜂起は失敗（10月）

1924年

・レーニン、死去、スターリンが権力掌握（1月）
・イギリス労働党内閣、ソ連を承認（2月）
・ヤン・ベルジン、GRU長官に就任（3月〜35年4月）。在任中、ゾルゲやトレッペルなどの優秀なスパイを運用
・米暗号解読官アグネス・ドリスコール、海軍通信諜報部（OP-20-G）に配属（8月）
・フランス、ソ連を承認（10月）
・オーストリア、ソ連を承認（11月）

1925年

・日本、ソ連を承認（1月）
・ハンガリー国籍の女性、シュテファニー・ホーエンローエがイギリスの新聞王ロザミア卿に出会う（夏）
・ロカルノ条約が締結（10月）。ドイツの国連加盟や独ソ関係緩和の契機となる

1927年

・中華民国、蔣介石が共産主義を弾圧、上海事件発生（4月）
・尾崎秀実、大阪朝日新聞社上海支局に転勤（11月）

1928年

・トロツキー、カザフスタンに追放される（1月）
・パリ不戦条約が締結（8月）
・ソ連、第一次5カ年計画を開始（10月）
・尾崎秀実、アグネス・スメドレーと初邂逅（11月）

1929年

・アメリカ、MI8（ブラック・チェンバー）廃止（10月）
・ヘード・マッシング、イグナス・ライスからスパイの手ほどきを受ける（時期不明）

1930年

・リヒャルト・ゾルゲ、上海に赴任（1月）
・のちの大物女性スパイ、ウルスラ・クチンスキー、上海に赴任（時期不明）
・ゾルゲとアグネス・スメドレーが初邂逅。まもなく親密な関係に発展（2月〜）
・アメリカ共産党日本支部の鬼頭銀一、上海に派遣（4月）
・ゾルゲと尾崎秀実が初めて邂逅。尾崎をゾルゲに紹介したのは鬼頭か？（秋）

1931年

・コミンテルン傘下のPPTUS（太平洋労働組合書記局）のイレール・ヌーラン逮捕。コミンテルンのネット

ワークが摘発（6月）
・元MI8のハーバート・ヤードレー、『ブラック・チェンバー』を出版。ワシントン会議中に日本が使用していた暗号を解読していた事実を暴露

1932年

・尾崎秀実に朝日新聞本社から帰国命令が発令（2月）
・ドイツ、親衛隊（SS）の傘下に情報部（SD）を設立（7月）
・ゾルゲ、モスクワに帰国（12月）

1933年

・ドイツ、ナチス党が政権を掌握。ヒトラー首相就任（1月）
・ルーズベルト、米大統領に就任（3月）
・日本、満洲国をめぐる対立から国際連盟を脱退（3月）
・ゲシュタポ、プロイセン州の共産主義を取り締まる地方組織として設立（4月）
・英、ロザミア卿はヒトラーへの接触を画策（7月）
・ゾルゲ、来日（9月）
・ドイツ、国際連盟を脱退（10月）
・女性スパイのヘード・マッシング、アメリカに移住し、ソ連のためのスパイ活動を開始（11月）
・アメリカ、ソ連を承認（11月）
・ヒトラー、シュテファニーにロザミア卿に対する親書を託す、対英国懐柔工作を実施（12月）

1934年

・キム・フィルビー、ウィーンで共産党員アリス・フリードマンと結婚。この頃からスパイ活動を開始（2月）
・ドイツで「長いナイフの夜」事件発生。ハインリヒ・ヒムラーの親衛隊（SS）の優位確立、傘下のSDがナチ党の情報活動を独占（6月）
・NKVDが秘密警察と強制収容所としての機能を兼務して発足。初代長官ゲンリフ・ヤゴーダが就任し、スターリンによる大粛清が開始（7月）
・ソ連、国際連盟に加盟。常任理事国に就任（9月）
・GRU所属の女性スパイ、アイノ・クーシネン、「イングリッド」の偽名で来日（時期不明）

1935年

・フリッツ・ヴィーデマン、ヒトラーの副官に就任（1月）
・ヴェルサイユ条約の軍事条項を破棄。ドイツ再軍備宣言（3月）

・GRU長官、ベルジンからセミョーン・ウリツキーに交代（4月）
・英独海軍協定が締結。イギリス対独融和政策に着手（6月）
・アメリカFBI創設、初代長官にエドガー・フーバー就任（7月）
・コミンテルン最後の大会（第7回大会）が開催、日本が主要工作目標に指定（7～8月）
・イタリア、エチオピア侵攻開始（10月～36年5月）

1936年

・日・独防共協定が締結（1月）
・英、合同情報委員会（JIC）を設置。のちにチャーチルが直接統括して機能強化
・ヒトラー、非武装地帯ラインラントへの進駐（3月）
・スペイン内戦が勃発（7月）
・リッベントロップ、駐英大使に任命（8月）
・NKVD長官がヤゴーダからニコライ・エジョフに交代（9月）
・GRUのスパイ、アイノ・クーシネン、スウェーデン作家「リスベート・ハンソン」として再来日（10月）
・シュテファニー、ヴィーデマンと恋仲になる（時期不明）

1937年

・盧溝橋事件勃発、日中戦争に突入（7月）
・ソ連スパイで、スターリンに反旗を翻したイグナス・ライスが暗殺（9月）
・ライスの友人でソ連スパイのワルター・クリビツキーがフランスに亡命（9月）
・英、ウィンザー公爵夫妻、ドイツ訪問。ヒトラー、英国に対して対独宥和を画策（10月）
・日・独・伊3国防共協定が締結（11月）

1938年

・リッベントロップ、ドイツ外務大臣に就任（2月）
・ヒトラー、オーストリアを併合（3月）
・NKVD元長官ヤゴーダ銃殺（3月）
・シュテファニー、ザルツブルク州のレオポルズクローン城の使用権を得て、対独宥和のための政治サロンを主宰（3月）
・ドイツでウランの核分裂発見（春）
・アメリカ、下院非米活動委員会が設立（5月）
・ヘルマン・ゲーリング独航空大臣と英外相ハリファクス卿との直接会談を設定するためのヴィーデマン・ハリ

ファクス秘密会談が実施。この秘密会談に英大使のリッベントロップが激怒（7月）
・GRU元長官、ベルジンが銃殺刑（7月）
・日本、ソ連と張鼓峰事件を生起（7月）
・GRU元長官、ウリツキーが銃殺刑（8月）
・英独首脳会談が開催。チェンバレンとヒトラーがチェコ問題を協議。その後、ミュンヘン会談が開催、英仏独伊の首脳が会談（9月）
・ユダヤ人大量虐殺「水晶の夜」事件が発生（11月）
・ソ連に対する専門の情報機関、東方外国軍課が設立（11月）
・女性スパイ、クチンスキー（GRU少佐）、スイスに派遣（時期不明）

1939年

・フリッツ・ヴィーデマン、ヒトラーの副官を解任、サンフランシスコ総領事に左遷（1月）
・NKVD長官ニコライ・エジョフ逮捕。後任にラヴレンチー・ベリヤ就任（2月）。エジョフは40年2月に銃殺
・ヒトラー、チェコに侵攻（3月）
・ヒトラー、ポーランドとの不可侵条約およびイギリスとの海軍協定を破棄（4月）
・独伊軍事同盟締結（5月）
・日本とソ連、ノモンハン事件が発生（5～9月）
・独ソ不可侵条約締結（8月）
・ドイツ、ゲシュタポおよびSDは統合されハイドリヒを長とする国家保安本部（RSHA）に改組（9月）

第二次世界大戦期

1939年

・ドイツがポーランドに侵攻。英・仏がドイツに宣戦布告。第二次世界大戦開始（9月）
・MI6長官サー・シンクレアの死亡によって、同副長官のスチュアート・ミンギスが長官に就任（11月）
・ドイツのヴァルター・シェレンベルクが仕掛けるフェンロー事件が発生。イギリスの欧州におけるスパイ網が大打撃（11月）
・「ヒトラーの女スパイ」シュテファニー、英国を出国しアメリカに移住（12月）
・米国女性エリザベス・ベントレー、ソ連の大物スパイ、ヤコブ・ゴロスと恋人関係になり、スパイ活動を開

始（時期不明）

1940年

・イギリス、ドイツ空軍のエニグマ解読に成功（1月）
・イギリス、ダブルクロス委員会の初会合（1月）
・女性スパイ、クチンスキー、ロンドンに移住（2月）
・NKVD元長官のエジョフが銃殺（2月）
・ドイツがフランス、ベルギー、オランダに侵攻。同日、チャーチルがイギリス首相に就任（5月）
・MI6、アメリカを参戦させるための情報機関、BSC（安全保障調整局）を設置。ウィリアム・スティーブンスンを長官に任命（5月）
・イワノビッチ・ゴリコフ、GRU総局長に就任（6月）
・ドイツの攻撃により、マジノ線が突破され、パリが陥落。ドイツの傀儡であるビシー政権が誕生。（6月）
・シャルル・ド・ゴールはイギリスに亡命し、フランス国民委員会（自由フランス）を設置（6月）
・ド・ゴールはBCRA（情報活動中央局）を創設（7月）
・ドイツによるイギリスに対する空襲が開始（7月）
・チャーチル、特殊作戦執行部（SOE）を設立（7月）
・メキシコに逃れていたトロツキーが、ナウム・エイチンゴンが放った刺客メルカデルによって殺害（8月）
・日独伊3国同盟が締結（9月）
・ダブルクロス委員会が、ドイツに流布する偽情報の提供を開始（10月）

1941年

・西側に亡命したクリビツキーの射殺体がワシントンのホテルの一室で発見（2月）
・吉川猛夫、諜報活動のため「森村正」の偽名でハワイに赴任（3月）
・自由フランスとSOEによる特殊作戦が開始（3月）
・日ソ中立条約を締結（4月）
・クラウス・フックス博士、イギリスの原爆開発研究に参加（5月）
・ドイツがソ連に侵攻、バルバロッサ作戦開始（6月）
・アメリカ、OSSの前身である情報調査局（OCI）を設置。ウィリアム・ドノバンが初代長官に就任（7月）
・ゾルゲ、尾崎、スパイ容疑で逮捕（10月）
・アメリカ、「ハル・ノート」提出。日本、対米交渉打

ち切りを決定（11月）
・日本、真珠湾を攻撃。アメリカ、第二次世界大戦に参戦（12月）
・のちのゾルゲの恋人、エタ・シュナイダーが来日（時期不明）

1942年

・クラウス・フックス、ウルスラ・クチンスキーの兄と再会、この関係からクチンスキーがフックスのスパイ活動を運用（時期不明）
・日本潜水艦がオーストラリア海軍基地沖で座礁、重要な暗号書が漏洩（1月）
・ラインハルト・ゲーレン、東方外国軍課の課長に就任（4月）
・珊瑚海海戦が発生（5月）。この時には日本海軍の暗号はすでに解読
・SOEから訓練を受けた暗殺団がラインハルト・ハイドリヒを襲撃（5月）
・ハイドリヒ、襲撃後1週間目に死亡（6月）
・ミッドウェー海戦において日本海軍が敗北（6月）
・ドイツ、ゲーレンが東方外国軍課の課長に就任（6月）
・アメリカ、戦略課報局（OSS）を設置（6月）
・スターリングラード攻防戦開始（6月）
・米海兵隊、ガダルカナル島上陸（8月）
・アメリカで、核開発プロジェクト「マンハッタン計画開始」（9月）
・伝説のソ連スパイ、レオポルド・トレッペル、ゲシュタポにより逮捕（11月）

1943年

・ドイツ、スターリングラード攻防戦で敗北（2月）
・山本五十六連合艦隊司令長官がブーゲンビル島上空で待ち伏せの米戦闘機が攻撃、撃墜。「暗号は解読されてない」と処理（4月）
・ソ連のNKVDがNKVDとNKGBに分離。ソ連防課部隊のスメルシの設立（4月）
・コミンテルン、解散（5月）
・ドイツ、北アフリカ戦線で敗北し、枢軸国はアフリカを放棄（5月）
・GRU大佐ニコライ・ザボーチン、暗号通信員イーゴリ・グーゼンコをともなってオタワに赴任し、スパイ活動を統括（6月）
・原爆開発に多大な功績のニールス・ボーア博士、ドイ

ツ支配下のデンマークから脱出（9月）。世界的女優グレタ・ガルボが、イントレピッドの指示で博士の脱出に協力

・フランスの情報機関（BCRA）が特殊作戦総局（DGSS）に改編（11月）

・ヤコブ・ゴロスが心臓発作で死亡（11月）。ベントレー、共産主義からの転向の契機となる

・クラウス・フックス博士、アメリカに渡り「マンハッタン計画」に参加（12月）

1944年

・ヒトラー、カナリスをアプヴェーア長官から解任。アプヴェーア（38年2月以降、国防軍情報部海外電信調査課外国課に名称変更）廃止、RSHAに吸収（2月）

・古賀連合艦隊司令長官以下が搭乗した一番機撃墜。福富参謀長以下の二番機はセブ島沿岸に不時着（海軍乙事件）。現地ゲリラに機密文書収納のカバンを奪われるも、紛失の事実は未報告（3月）

・連合国、ノルマンディーに上陸成功（6月）

・ヒトラー暗殺未遂事件「ヴァルキューレ作戦」が生起。カナリスが容疑者として逮捕（7月）

・ゾルゲ、尾崎秀実の絞首刑執行（11月）

・米軍、日本本土の空襲を開始（11月）

1945年

・ヤルタ会談開催。ルーズベルトにアルジャー・ヒス随行（2月）

・ゲーレン、東方外国軍課の課長を解任（4月）

・カナリス、死刑（4月）

・ヒトラー自殺、ベルリン陥落、ドイツ降伏（4〜5月）

・アメリカ、原子爆弾の実験成功（7月）

・B29が広島、長崎に原爆投下（8月）

・ソ連、日ソ中立条約を破棄して対日侵攻（8月）

・日本、ポツダム宣言受諾、無条件降伏（8月）

冷戦期

1945年

・GRU大佐ニコライ・ザボーチン、アラン・ナン・メイ博士と接触。原子力関連の機密情報入手（2〜8月）

・トルコ駐在のソ連領事がイギリス外交官に、ソ連浸透スパイ（キム・フィルビーらのこと）に関する機密情報を持参して接触を図る事件「ボルコフ」事件が発生（8

月）
•ホー・チ・ミン、ベトナム八月革命を起こし、ベトナム民主共和国（北ベトナム）を樹立（9月）
•米OSS（戦略課報局）解散（9月）
•ソ連の暗号官イーゴリ・グーゼンコ、カナダに亡命（9月）。ここから原子力スパイ事件の全貌解明が開始。隠れた原子力関連スパイ、ジョルジョ・コワリは危険を察知してソ連に帰国
•フランスのド・ゴール、ベトナムに派兵（10月）
•エリザベス・ベントレー、FBI協力者へ転向（11月）
•NKVDがMGB（国家保安省）に改組（12月）
•ザボーチン、ソ連船でカナダを脱出（12月）。ソ連に帰国（46年1月）

1946年

•フランス、DGSSを基礎にSDECE（対外情報防諜局）を設置（1月）
•アラン・ナン・メイ、原子力スパイ容疑で逮捕（2月）
•カナダ政府、グーゼンコ亡命事件公表（3月）
•西ドイツ、東方外国軍課を基礎にゲーレン機関を創設（7月）
•ボー・グエン・ザップが率いるベトミンがハノイの駐留軍司令部を襲撃。第一次インドシナ戦争開始（12月）

1947年

•アメリカ、国家安全保障法を制定（5月）
•CIA（中央情報局）正式発足（9月）
•ソ連、コミンフォルムを設置（9月）

1948年

•ベルリン封鎖（4月）
•コミンフォルム、ユーゴ共産党を除名（6月）
•エリザベス・ベントレー、非米活動委員会で、ハリー・ホワイト財務省次官、ロークリン・カリー大統領補佐官などがソ連のスパイであると告発（7月）
•『タイム誌』の名物編集者、ウイタカー・チェンバーズ、非米活動委員会にて、ホワイト、米国務省高官アルジャー・ヒスがスパイであることを告発（8月）
•アルジャー・ヒス、非米活動委員会の公聴会に召喚（8月）
•北朝鮮、建国（9月）
•GRUスパイ、ジョルジョ・コワリ、アメリカを脱出し、ソ連に帰国（10月）

・ソ連の大物スパイ、ルドルフ・アベル大佐ニューヨークに潜伏、スパイ網の構築開始（11月）

1949年

・西ドイツ、成立（5月）
・ソ連、原爆開発に成功（8月）
・米FBI、クラウス・フックスを尋問（8月）
・東ドイツ、成立（10月）
・中華人民共和国、建国（10月）
・アルジャー・ヒスの2回目の裁判。重要参考人の元ソ連スパイの米国女性ヘード・マッシング、ヒスがソ連スパイであると証言（11月）
・アベル大佐、クローガー夫妻をエージェントとして獲得（時期不明）

1950年

・英ロンドン警視庁、米FBIの通報により、クラウス・フックスをソ連の原子力関連スパイとして逮捕。ハリー・ゴールドの容疑浮上（1月）
・アルジャー・ヒス、偽証罪で5年の有罪判決を受ける（1月）
・東ドイツ、国家保安省（MfS、シュタージ）が発足（2月）
・アメリカ、共産主義に対する「赤狩り」マッカーシズムが沸騰（3月）
・アグネス・スメドレー、スパイ容疑で非米活動委員会から召喚。召喚されたその日にロンドンに飛び立ち、急死（5月）
・米FBI、フックスの親友ハリー・ゴールドを逮捕（5月）
・朝鮮戦争勃発（6月）
・米FBI、米国人電気技師ジュリアス・ローゼンバーグを原子力関連スパイで逮捕、続いて妻エセルら4人逮捕（7月）
・大物夫婦スパイ、クローガー夫妻、アメリカ脱出（7月）

1951年

・イスラエル、モサド創設（3月）
・英外務省米国課長ドナルド・マクリーン、同駐米大使館員ガイ・バージェス、ソ連亡命（5月）

1952年

・日本、内閣調査室（4月）、公安調査庁をそれぞれ設置（7月）
・米、NSA（国家安全保障局）発足（11月）

1953年

・アレン・ダレス、CIA長官に就任（2月）
・埼玉県大井通信所開設。日本、シギントを本格的に開始（3月）
・ソ連独裁者スターリンが死去（3月）
・ローゼンバーグ夫妻に対する死刑執行（6月）
・キューバのカストロ、反政府武装闘争を開始（7月）
・朝鮮戦争終結（7月）
・MI6のジョージ・ブレイク、ソ連のためのスパイ活動開始（10月）
・ソ連、NKVD元長官のベリヤを銃殺刑（12月）。ソ連情報機関の大物の相次ぐ海外亡命の発端となる

1954年

・在日ソ連大使館の二等書記官ラストボロフ、アメリカに亡命（1月）
・ソ連、情報機関を改編、KGB（国家保安委員会）が発足（3月）
・日米相互防衛援助協定等に伴う防衛秘密保護法が可決、公布（5〜6月）
・米CIAのエドワーズ・C・ランズディール大佐を長とする軍事使節団が秘密工作密命を帯びてサイゴンに到着（6月）
・第一次インドシナ戦争、北ベトナムの勝利で終了。ジュネーブ協定によりベトナムは南北に分裂（7月）
・ラストボロフ、アメリカで日本におけるスパイ活動を暴露（8月）
・フランス軍、ハノイ撤収。米CIAは北ベトナムにスパイを残置（10月）
・大物夫婦スパイ、クローガー夫妻、イギリスに入国（時期不明）

1955年

・「ポートランド・スパイ事件」の首謀者、ゴードン・ロンズデール、アベル大佐と接触（2月）
・「ポートランド・スパイ事件」の首謀者、ロンズデール、イギリス入国（3月）
・ゴ・ディン・ジエムが、南ベトナムの初代大統領に就任（10月）

1956年

・第20回共産党大会で、ニキータ・フルシチョフ、スターリンを批判（2月）
・イギリスの雑誌で、「ケンブリッジ・ファイブ」のドナルド・マクリーンとガイ・バージェスがソ連に亡命し

たことが発表（2月）
・西独BND（連邦情報庁）が発足（4月）
・コミンフォルム、スターリン批判を受けて解散（4月）
・東独、HVA職員のギュンター・ギヨームが浸透目的で西独に移住（5月）
・アメリカ、ソ連に対するU-2機による対ソ偵察を開始（6月）

1957年

・米FBI、ソ連人スパイ、アベル大佐を逮捕（6月）
・ソ連、世界初の人工衛星スプートニク1号を打ち上げ（10月）
・KGB工作員ボグダン・スタシンスキー、亡命ウクライナ人指導者レフ・レベトを殺害（10月）

1958年

・東ドイツ、シュタージに対外課報部門の「A」総局（HVA）を設置

1959年

・キューバ、カストロが政権を掌握（1月）
・ボグダン・スタシンスキー、亡命ウクライナ人指導者ステファン・バンデラをミュンヘンで暗殺（10月）
・「カストロの女スパイ」マリタ・ロレンツ、カストロの子供を出産（10月）
・米大統領選挙を控え、「ミサイル・ギャップ論争」が生起。米、この論争を鎮めるため、トルコとイタリアに「ジュピター」中距離弾道ミサイルを配備（12月）

1960年

・ロレンツ、CIA工作員フランク・スタージスの命を受けて、カストロ殺害のためキューバに行くが、暗殺失敗。その責任をとらされ、キューバ侵攻作戦のための訓練「オペレーション40」に参加（時期不明）
・アメリカのU-2機、ソ連領空で撃墜、パイロットのゲーリー・パワーズを拘束（5月）
・米NSA（国家安全保障局）職員バーノン・ミッチェル、ウイリアム・マーチン、ソ連に亡命（6月）
・南ベトナム解放民族戦線（ベトコン）設立（12月）

1961年

・ソ連、フルシチョフ首相、ミサイルの対米優位を発言（1月）
・英「ポートランド・スパイ事件」発生。ソ連KGBのロンズデールら逮捕（1月）
・マクナマラ米国防長官がソ連の対米ミサイル優位を否

定（2月）
・CIA、亡命キューバ人を組織してピッグス湾に対する上陸作戦を実施（4月）
・MI6のジョージ・ブレイク、ソ連スパイとして逮捕（4月）
・ソ連人大物スパイ、オレグ・ペンコフスキー（GRU大佐）英貿易商グレヴィル・ウインを仲介として西側に情報を漏洩開始（4月）
・スタシンスキー、西ドイツに亡命（8月）
・ベルリンの壁が構築（8月）
・米DIA（国防情報局）発足（10月）
・西ドイツの対ソ連防諜局の参事官補はハインツ・フェルフェをスパイ容疑で逮捕。ゲーレンの任用責任問題に発展（10月）
・アレン・ダレス、ピッグス湾侵攻作戦の失敗の責任を取らされる形でCIA長官を解任（11月）
・ソ連KGB大佐、アナトリー・ゴリツィン、米国に亡命、キム・フィルビーに関する情報を告発（12月）

1962年

・アベル大佐とU‐2機パイロット、ゲーリー・パワーズのスパイ交換（2月）
・キューバ危機発生（10月）
・KGB、大物スパイのオレグ・ペンコフスキー（GRU大佐）、グレビル・ウインとともにスパイ容疑で逮捕（10月）

1963年

・英、元MI6のキム・フィルビー、ソ連に亡命（1月）
・ペンコフスキーに銃殺刑が執行（5月）
・ケネディ大統領、南ベトナムのジエム政権を公式に非難（9月）
・ベトコンによるジエム政権に対するクーデター生起。ジエムは殺害（11月）
・ジョン・F・ケネディ、遊説先のダラスで暗殺（11月）

1964年

・グレビル・ウイン、ゴードン・ロンズデールおよびクローガー夫妻と交換で釈放（4月）
・トンキン湾を巡視中の米駆逐艦が北ベトナムの魚雷艇の攻撃を受け、アメリカは北ベトナムに対する北爆を開始（11月）
・ベトコン、サイゴン郊外の米空軍基地を襲撃（11月）

1965年

・アメリカ海兵隊、ベトナムのダナンに上陸。アメリカ、北爆を強化（3月）

・イスラエル情報機関モサドの情報官エリアフ・コーエン、シリアで逮捕され、公開処刑（5月）

・インドネシア、9・30事件発生（9月）

1966年

・北朝鮮の大物女性スパイ李善実、韓国に合法潜入（8月）

・ジョージ・ブレイク、刑務所から脱走して、ソ連に亡命（10月）

1967年

・イスラエル，第3次中東戦争に勝利し、領土を拡大（6月）

1968年

・北ベトナム、南ベトナムの都市に対する大規模攻撃（テト攻勢）を実施（1月）

・チェコ事件発生（8月）

1969年

・ニクソン大統領、ベトナムからの撤退を公表（7月）

・モーリス・コーエン夫妻、イギリス市民とのスパイ交換で釈放（7月）

1972年

・ニクソン政権の指示を受けた「配管工」が民主党本部へ潜入する事件（ウォーターゲート事件）が発生。フランク・スタージスほか逮捕（6月）

・ミュンヘン五輪開催中、テロリストがイスラエル選手などを殺害。イスラエル「神の怒り作戦」発動（9月）

1973年

・北朝鮮女性スパイ李善実、韓国に二回目の合法潜入（4月）

・東西ドイツ、同時に国連加盟（9月）

・北朝鮮、金正日への世襲がほぼ確定（9月）

・ヨムキプールの日、エジプト、シリアがイスラエルを攻撃。第4次中東戦争が勃発（10月）

1974年

・西ドイツ、ブラント首相の補佐官ギュンター・ギョームをスパイで逮捕（4月）

・西独、ブラント首相、ギヨーム事件で引責辞任（5月）

・ニクソン米大統領、ウォーターゲート事件の責任を問われ、辞任（8月）

1975年
・ベトナム戦争が終結。ベトナム社会主義共和国が樹立（4月）
1977年
・「ニューヨーク・デイリー・ニューズ」がケネディ暗殺事件に関わったとするマリタ・ロレンツのインタビュー記事掲載（9月）
・日本人拉致事件、宇出津事件（9月）、少女（横田めぐみ）拉致発生（11月）
1978年
・北朝鮮女性スパイ李善実、在日韓国人になりすましスパイ活動を開始（5月）
1979年
・東ドイツHVAのヴェルナー・シュティラー、西ドイツに亡命（1月）。「顔の見えない男」マルクス・ヴォルフが特定される
・イスラエル、ミュンヘン五輪事件の首謀者アリ・ハッサナ・サメラの暗殺に成功（1月）
・中越戦争が勃発（2月）
・日本でスパイ活動をしていたレフチェンコ（KGB少佐）、米国亡命（10月）
1981年
・北朝鮮女性スパイ李善実、韓国においてスパイ活動を本格的に開始（11月）
1982年
・フォークランド紛争が勃発（4月）
・フランス情報機関のSDECE（対外情報防諜局）がDGSE（対外安全保障局）に改編（4月）
・レフチェンコ、米下院情報特別委員会で対日積極工作を暴露（7月）
・韓国閣僚、アフリカ諸国歴訪（8月）
1983年
・中国、国家安全部が発足（6月）
・北朝鮮によるラングーン事件発生。ビルマ政府は、北朝鮮工作員の犯行と断定（10月）
1984年
・米FBI、ソ連に情報を漏洩していたリチャード・ミラー捜査官と、交渉相手のスベェトラナ・オゴドロニコワ（KGB少佐）を逮捕（10月）
・香港返還のための中英合意文書が発表（12月）
1985年
・西独におけるスパイ事件発覚。バンゲマン経済相秘書

のゾーニャ・リューネンブルク、西ドイツを脱出。西独BfV（憲法擁護庁）の第4課長ハンス・ティートゲの東独亡命。西独大統領府秘書のマルグレット・ヘーケ逮捕（8月）
• 在ロンドン・ソ連大使館参事官オレグ・ゴルディエフスキー（KGB英国支局長）、英国亡命（9月）
• 米、元CIA職員で中国系米国人ラリー・ウタイ・チンを中国スパイ容疑で逮捕（11月）

1986年

• 日本、内閣調査室を内閣情報調査室に改編。合同情報会議を設置（7月）

1987年

• 大韓航空機爆破事件発生（11月）。北朝鮮スパイの金賢姫が逮捕され、のちに北朝鮮の犯行を自供

1988年

• キム・フィルビー、心臓病で死亡（5月）

1989年

• 天安門事件発生（6月）
• ベルリンの壁が崩壊（11月）
• マルタ会談が開催（12月）（※一般的にはこれをもって冷戦は終了）

ポスト冷戦期

1990年

• イラク、クウェートに侵攻（8月）
• 東西ドイツ、統一（10月）

1991年

• 湾岸戦争勃発（9月）
• ソ連、崩壊（12月）

1995年

• テレサ・テン死亡（12月）。生前スパイの疑惑が生起

2001年

• 同時多発テロ発生（9月）

2003年

• 中国系米国人カトリーナ・レオン、スパイ容疑で逮捕。世紀のハニートラップ事件閉幕（4月）

2006年

• 元KGB職員アレクサンドル・リトビネンコ毒殺（11月）

２００８年

・北朝鮮女性スパイ元正花、逮捕（7月）

２０１０年

・「美しすぎるスパイ」アンナ・チャップマン、米国で逮捕（6月）

２０１７年

・北朝鮮指導者の実兄、金正男、マレーシアで毒殺（2月）

２０１８年

・ロシアの元二重スパイ、セルゲイ・スクリパリ、イギリスで暗殺未遂（3月）

参考図書文献

『赤い諜報員―ゾルゲ、尾崎秀実、そしてスメドレー』太田尚樹著（講談社、二〇〇七年）
『あの戦争になぜ負けたのか』半藤一利他著（文春新書、二〇〇六年）
『暗号名イントレピッド（上下）』ウィリアム・スティーヴンスン著（寺村誠一訳、早川書房、一九八五年）
『イスラエル情報戦史』アモス・ギルボア他編（佐藤優監訳、河合洋一郎訳、並木書房、二〇一五年）
『イスラエル秘密情報機関』スチュアート・スティーヴンスン著（中村恭一訳、毎日新聞社、一九八二年）
『偉大なる道―朱徳の生涯とその時代』アグネス・スメドレー著（阿部知二訳、岩波書店、一九七七年）
『いま、女として―金賢姫全告白（上下）』金賢姫著（文藝春秋、一九九四年）
『インテリジェンス―機密から政策へ』マーク・M・ローエンタール著（茂田宏監訳、慶應義塾大学出版会、二〇一一年）
『インテリジェンス入門―英仏日の情報活動、その創造の瞬間』柏原竜一著（PHP研究所、二〇〇九年）
『インテリジェンスの20世紀―情報史から見た国際政治』中西輝政、小谷賢編著（千倉書房、二〇〇七年）
『陰謀と諜報の世界―歴史に見るスパイの人間像』ジョック・ハスウェル著（遊佐雄彦訳、白揚社、一九七八年）
『裏切りの季節』アンドルー・ボイル著（亀田政弘訳、サンケイ出版、一九八〇年）
『汚名―アルジャー・ヒス回想録』アルジャー・ヒス著（井上謙治訳、晶文社、一九九三年）
『女スパイ、戦時下のタイへ』羽田令子著（社会評論社、二〇〇三年）
『女スパイの道』ヘード・マッシング著（日刊労働通信社訳、日刊労働通信社、一九五六年）
『女一人大地を行く』アグネス・スメドレー著（尾崎秀実訳、角川文庫、一九六二年）
『顔のない男―東ドイツ最強スパイの栄光と挫折』熊谷徹著（新潮社、二〇〇七年）
『カストロが愛した女スパイ』布施泰和著（成甲書房、二〇〇六年）
『危険な愛人マタハリ―今世紀最大の女スパイ』ジュリー・ホイールライト著（野中邦子訳、平凡社、一九九四年）
『奇襲の研究　情報と戦略のメカニズム』岩島久夫著（PHP研究所、一九八四年）
『北朝鮮の女スパイ』全富億著（講談社文庫、一九九七年）
『北朝鮮のスパイ戦略』全富億著（講談社文庫、二〇〇二年）
『北朝鮮の最高機密』康明道著（尹学準訳、文春文庫、一九九八年）
『キム・フィルビー―かくも親密な裏切り』ベン・マッキンタイアー著（小林朋則訳、中央公論新書、二〇一五年）

『軍事研究―ワールド・インテリジェンスVOL3「北朝鮮&中国の対日工作」』（ジャパン・ミリタリー・レビュー、二〇〇六年）
『経済スパイ戦争の最前線』ジョン・J・フィアルカ著（文藝春秋、一九九八年）
『現代史を変えた実録！スパイ大作戦―世界を揺るがせた重大事件の隠された真実！』（洋泉社ムック、二〇〇七年）
『現代の諜報戦争―機構・戦略・スパイ工作法』塚本勝一著（三天書房、一九八六年）
『曠野の花―石光真清の手記2』石光真清著（中公文庫、一九七八年）
『国家と情報―日本の国益を守るために』大森義夫著（ワック、二〇〇六年）
『柴玲の見た夢―天安門の炎は消えず』譚璐美著（講談社、一九九二年）
『ザ・スパイ―第二次大戦下の米英対日独諜報戦』ラディスラス・ファラゴー著（中山善之訳、サンケイ新聞社出版局、一九七三年）
『サッチャー回顧録（上下）』マーガレット・サッチャー著（石塚雅彦訳、日本経済新聞社、一九九三・一九九五年）
『知っておきたい現代軍事用語―解説と使い方』高井三郎著（アリアドネ企画、二〇〇六年）
『情報と謀略（上下）』春日井邦夫著（国書刊行会、二〇一四年）
『情報機関を作る―国際テロから日本を守れ』吉野準著（文春新書、二〇一六年）
『情報戦の敗北―日本近代と戦争（1）』長谷川慶太郎責任編集（PHP研究所、一九八五年）
『情報亡国の危機―インテリジェンス・リテラシーのすすめ』中西輝政著（東洋経済新報社、二〇一〇年）
『城下の人―石光真清の手記1』石光真清著（中公文庫、一九七八年）
『知られざるインテリジェンスの世界―世界を動かす智恵の戦い』吉田一彦著（PHP研究所、二〇〇八年）
『シリア縦断紀行（1）』G・L・ベル著（田隅恒生訳、東洋文庫、一九九四年）
『新・警備用語辞典』（立花書店、二〇〇九年）
『真珠湾スパイの回想』吉川猛夫著（朝日ソノラマ、一九八五）
『真珠湾の真実―ルーズベルト欺瞞の日々』ロバート・B・スティネット著（妹尾作太男監訳、文藝春秋、二〇〇一年）
『心理作戦の回想―大東亜戦争秘録』恒石重嗣著（東宣出版、一k九七八年）
『図解スパイ戦争―諜報工作の極秘テクニック』毛利元貞著（並木書房、二〇〇〇年）
『水面下の経済戦争―経済情報をめぐる各国情報機関の攻防』E・シュミット・エーンボーム、J・アンゲラー著（畔上司訳、文藝春秋、一九九五年）
『スターリンの対日情報工作―クリヴィツキー・ゾルゲ・「エコノミスト」』三宅正樹著（平凡社新書、二〇一〇年）
『スパイ！』ディーコン&ウエスト著（水木光訳、ハヤカワ文庫、一九七四年）
『スパイ・キャッチャー（上下）』ピーター・ライト著（久保田誠一訳、朝日文庫、一九九六年）

『スパイ戦線　狙われている企業の機密』古谷多津夫著（大光社、一九六六年）
『スパイ―ソビエト秘密警察学校』J・B・ハットン著（川島広守訳、日刊労働通信社、一九六二年）
『スパイ大事典』ノーマン・ポルマー、トーマス・B・アレン著（熊木信太郎訳、論創社、二〇一七年）
『スパイ的思考のススメ』ジャック・パース著（藤井留美訳、日経ナショナルジオグラフィック社、二〇〇四年）
『スパイ伝説―出来すぎた証言』ナイジェル・ウエスト著（篠原成子訳、原書房、一九八六年）
『スパイの世界』中薗英助著（岩波新書、一九九二年）
『スパイの世界史』海野弘著（文春文庫、二〇〇七年）
『スパイのためのハンドブック』ウォルフガング・ロッツ著（朝河伸英訳、ハヤカワ文庫、一九八二年）
『スパイ・ブック』H・キース・メルトン著（伏見威蕃訳、朝日新聞社、一九九七年）
『世紀の大スパイ・陰謀好きの男たち』柏原竜一著（洋泉社、二〇〇九年）
『世界インテリジェンス事件史』佐藤優著（光文社知恵の森文庫、二〇一六年）
『世界スパイ大百科実録99―恐るべき課報戦争の真実！』（双葉社、二〇〇八年）
『世界のインテリジェンス―21世紀の情報戦争を読む』中西輝政、小谷賢他著（PHP研究所、二〇〇七年）
『世界のスパイ&課報機関バイブル』（笠倉出版、二〇一〇年）
『世界を騒がせたスパイたち（上下）』N・プランデル、R・ボア著（野中千恵子訳、社会思想社、一九九〇年）
『世界人名辞典』デイヴィド・クリスタル編集（岩波書店、一九九七年）
『絶滅された世代―あるソヴィエト・スパイの生と死』エリザベート・ポレツキー著（根岸隆夫訳、みすず書房、一九八九年）
『戦略的インテリジェンス入門―分析手法の手引き』上田篤盛著（並木書房、二〇一五年）
『ゾルゲ引裂かれたスパイ』ローバート・ワイマント著（西木正明訳、新潮社、一九九六年）
『ゾルゲ事件―尾崎秀実の理想と挫折』尾崎秀樹著（中公新書、一九六三年）
『ゾルゲ事件―覆された神話』加藤哲郎著（平凡社新書、二〇一四年）
『ゾルゲ事件―獄中手記』リヒアルト・ゾルゲ著（岩波現代文庫、二〇〇三年）
『ゾルゲ・東京を狙え（上下）』ゴードン・W・プランゲ著（千早正隆訳、原書房、二〇〇五年）
『ゾルゲ諜略団―日本を敗戦に追い込んだソ連諜略団の全貌』竹内春夫著（日本教育新聞社、一九九一年）
『ソ連スパイ網』アーサー・ティージェン著（新岡武訳、日刊労働通信社、一九六三年）
『太平洋暗号戦史』W・J・ホルムズ著（妹尾作太男訳、ダイヤモンド社、一九八〇年）

『騙し合いの戦争史―スパイから暗号解読まで』吉田一彦著（ＰＨＰ新書、二〇〇三年）
『男装の麗人』村松梢風著（一九三三年）
『智慧の戦い―諜報・情報活動の解剖』ラディスラス・ファラゴー著（日刊労働通信社訳、日刊労働通信社、一九五六年）
『中共の革命戦略―中共はどうして成功したか』李天民著（東邦研究会、一九五九年）
『中国が仕掛けるインテリジェンス戦争―国家戦略に基づく分析』上田篤盛著（並木書房、二〇一五年）
『中国スパイ秘録―米中情報戦の真実』デイヴィッド・ワイズ著（原書房、二〇一二年）
『中国の情報機関―世界を席巻する特務工作』柏原竜一著（祥伝社新書、二〇一三年）
『中国情報部―いま明かされる謎の巨大スパイ機関』Ｎ・エフティミアデス著（原田至郎訳、早川書房、一九九四年）
『中国戦略〝悪〟の教科書―『兵法三六計』で読み解く対日工作』上田篤盛著（並木書房、二〇一六年）
『諜報・工作―ラインハルト・ゲーレン回顧録』ラインハルト・ゲーレン著（赤羽竜夫監訳、読売新聞社、一九七三年）
『諜報の技術』アレン・ダレス著（鹿島守之助訳、鹿島研究所出版会、一九六五年）
『諜報戦争―21世紀生存の条件』ウィリアム・Ｖ・ケネディ大佐他著（落合信彦訳、光文社、一九八五年）
『諜報戦争―語られなかった第二次世界大戦』ウィリアム・Ｂ・プロイアー著（茂木健訳、主婦の友社、二〇〇二年）
『諜報宣伝勤務指針』参謀本部編（一九二八年）
『諜報―情報機関の使命』ゲルト・ブッフハイト著（北原収訳、三修社、一九八一年）
『剣と盾―ソ連の情報戦略』Ｊ・Ｔ・リチェルソン著（乾一宇訳、時事通信社、一九八八年）
『「天安門」十年の夢』譚璐美著（新潮社、一九九九年）
『ドイツ国防軍情報部とカナリス提督―世界最大の情報組織を動かした反ヒトラー派の巨人』広田厚司著（光人社ＮＦ文庫、二〇一四年）
『東京＝女スパイ』北川衛著（サンケイ新聞社出版局、一九七〇年）
『統帥綱領』大橋武夫解説（建帛社、一九七二年）
『読後焼却―続智慧の戦い』ラディスラス・ファラゴー著（佐々淳行訳、日刊労働通信社、一九六三年）
『独裁者の妻たち』アンティエ・ヴィントガッセン他著（渡辺一男訳、阪急コミュニケーションズ、二〇〇三年）
『特殊部隊ジェドバラ』ウィル・アーウィン著（村上和久訳、並木書房、二〇一一年）
『トップシークレット―20世紀を動かしたスパイ１００年正史（上下）』ジェフリー・Ｔ・リチェルソン著（川合渙一訳、太陽出版、二〇〇四年）
『二重スパイ化作戦―ヒトラーを騙した男たち』ジョン・Ｃ・マスターマン著（武富紀雄訳、河出書房新社、一九八七年）

『日本からきたスパイ―日本の秘密諜報組織』ロナルド・セス著（村石利夫訳、荒地出版社、一九六五年）
『日本の情報機関―経済大国・日本の秘密』リチャード・ディーコン著（羽林泰訳、時事通信社、一九八三年）
『日本情報組織掲秘』梁陶著（時事出版社、二〇一二年）
『忍術からスパイ戦へ』藤田西湖著（東水社刊、一九四二年）
『盗まれた情報―ヒトラーの戦略情報と大島駐独大使』カール・ボイド著（左近允尚敏訳、原書房、一九九九年）
『ハル・ノートを書いた男―日米開戦外交と「雪」作戦』須藤眞志著（文春新書、一九九九年）
『ヒトラーの女スパイ』マルタ・シャート著（菅谷亜紀訳、小学館、二〇〇六年）
『ヒトラーを狙った男たち―ヒトラー暗殺計画・42件』W・ベルトルト著（小川真一訳、講談社、一九八五年）
『秘密のファイル　ＣＩＡの対日工作（上下）』春名幹男著（共同通信社、二〇〇〇年）
『フォークランド戦争―〝鉄の女〟の誤算』サンデー・タイムズ特報部編（宮崎正雄編訳、原書房、一九八三年）
『ブラック・チェンバー―米国はいかにして外交暗号を盗んだか』ハーバート・ヤードレー著（近現代史編纂会編、荒地出版社、一九九九年）
『ベトナム戦争―アメリカはなぜ勝てなかったか』三野正洋著（ワック、一九九九年）
『防諜と諜報―原則と実践』H・H・A・クーパー他著（白須英子訳、心交社、一九九一年）
『マタ・ハリ―抹殺された女スパイの謎』ラッセル・ウォーレン・ハウ著（高瀬素子訳、ハヤカワ文庫、一九九五年）
『明治外交秘話』小松緑著（原書房、一九七六年）
『ヤルタ会談の秘密』エドワード・R・ステチニアス著（中野五郎訳、六興出版社、一九五三年）
『ルーズベルト秘録（上下）』産経新聞「ルーズベルト秘録」取材班著（産経新聞ニュースサービス、二〇〇一年）
『歴史読本―特集「世界謎のスパイ」』（新人物往来社、一九八八年）
『ローゼンバーグの手紙―愛は死をこえて』ジュリアス＆エセル・ローゼンバーグ（山田晃訳、光文社、一九五三年）
『私の家は山の向こう―テレサ・テン十年目の真実』有田芳生著（文春文庫、二〇〇七年）
『私は女スパイだった―マルト・リシャール自伝』マルト・リシャール著（後藤桂子訳、文化出版局、一九八〇年）
『ＣＩＡ対ＫＧＢ最後の死闘（上下）』ミルト・ベアデン、ジェームズ・ライゼン著（安原和見、花田知恵訳、ランダムハウス講談社、二〇〇三年）
『ＫＧＢ―衝撃の秘密工作（上下）』パヴェル・スドプラトフ他著（木村明生監訳、ほるぷ出版、一九九四年）
『Cynthia：the spy who changed the course of the war』H.Montgomery Hyde,Hamish Hamilton,1966
ほかに『Wikipedia』、インターネット記事、英字新聞、邦字新聞などを参考としました。写真は『Wikimedia Commons』、公刊資料などより転載しました。

おわりに

これまで女性スパイについての物語を縷々書いてきたので、総合所見として、ゾルゲの「女性スパイ否定論」について筆者なりの見解を述べておく。

女性をスパイとして使うこと自体には道徳的タブーはない。かつてのソ連は冷戦期、男女の区別なくスパイを使っていたとされる。

そうはいうものの、女性をスパイとして使うことを忌避する者もいた。アドルフ・ヒトラーは情報活動における女性の活用を極度に軽蔑して、女性を情報組織の高い地位には就けなかった。ヒトラーの親衛隊（ＳＳ）の長官であったハインリヒ・ヒムラーは女性スパイを原則として禁止した。

女性スパイを使うことに慎重な理由としては、とくに恋愛や性の問題があげられる。女性は「恋愛」という菌に対して免疫が少ないといわれている。

確かに第二次世界大戦後にＦＢＩのエージェントに転向したベントレーは恋人のゴロスによってスパイ活動を開始、彼の死亡が転向のきっかけとなった。また西ドイツ情報機関の女性高官が東ドイツの「ロメオ作戦」に次々と籠絡されたケースを見ると、その説も納得できる気がする。

しかしながら、第一世界大戦時のドイツのスパイマスターであった軍事情部長のヴァルター・ニコライ大佐は語る。

「情報活動に従事する大多数の女性は、男性と同様に信頼できるものである。女性が機密保持の観念も持ち合わせていることは経験上、明らかである。女性はつまるところ、男性よりもずっと慎重でさえある」

さらに「男は周囲のどんな手段によるよりも、女性にかかって誘惑される場合がいちばん多かった」と指摘した。恋愛や性に弱いのは女性ではなく、むしろ男性なのである。

また、現実に情報活動において女性が必要であるからこそ女性スパイは実在してきた。女性でなくてはやれないこと、女性であることを利用すれば有利であることは確かにある。実際にはゾルゲも無電係マックス・クラウゼンの妻アンナを連絡係として運用した。アンナはマイクロフィルムを女性ならではの隠し方で、上海のゾルゲ団まで怪しまれずに持ち出すという離れ業も見せている。

時として、女性スパイは暗殺という最も危険な秘密工作にも従事する。女性が暗殺に関与したケースについては本書でもいくつか紹介した。

また、本書で取り上げたナンシー・ウェイクなどの〝猛者〟もいる。彼女はヒトラー政権下のフランスにおけるレジスタンス活動に参加して男性を素手で殴り殺したという逸話がある。また、ゲシュタポによる厳しい拷問により、口を割る男性スパイが続出するなか、最後まで秘密を守り、殉職した女性スパイも大勢いたという。こうした英雄伝説は割り引いて読むのが常識だとしても、「女性が、か弱い存在で、激烈なスパイ戦争には向かない」というのはまったくの固定観念であろう。

ゾルゲは「女性はスパイ活動に絶対に向かない」と言い放った。しかし、これは官憲の捜査の手が、彼の愛人まで及ばないよう配慮した、彼一流のフェミニズムの発露だと見る者も多い。インテリジェンスに詳しい佐藤優氏はこうした見解をとっている。（『世界インテリジェンス事件史』）

本書で明らかにしたように、実に多くの女性スパイが世界を動かしてきた。ただし、いまだにスパイを統括する管理官（ディレクター）まで登りつめた女性はほとんどいない。是非とも将来の女性CIA長官、SVR長官、内閣情報官、情報本部長などを待ち望みたいものである。（二〇一八年三月、初の女性CIA長官にジーナ・ハスペルが任命された）

世界がたゆまず継続しているスリリングなスパイ戦争（情報戦）の軌跡をこれまで見てきたが、インテリジェンスの世界がそればかりと考えるならとんでもない。

情報組織が使用する情報の九〇パーセントは公開情報（オシント）から得られるという。やはり情報活動の中心はオシント分析である。米国のCIAも派手な秘密工作ばかりが注目されるが、それも分析部門の地道な活動に支えられてこそである。

新聞雑誌の論評、相手国指導者の公式発言などのオシントを丹念に積み上げ、過去との比較から何らかの変化を見いだし、政策決定者のニーズに照らして解釈をつける。このような地道な情報分析活動が重要なのである。そして、個々の情報およびインテリジェンスから、国家全体としてのインテリジェンスを生成する体制を確立する必要がある。

そうはいうものの、やはりインテリジェンスはオシント分析という、知的でアカデミックなものだけにはとどまらない。スパイの浸透合戦、暗号解読、秘密工作など、課報、防諜、秘密工作のオンパレードである。

だから、諜報員や防諜員にとって、世の情報戦を研究する必要性に異論はないであろう。〝屋根裏部屋の情報分析官〟だからといって、その研究を無視してよいわけではない。スパイ活動に関する知識や現実感覚がなければ、偽情報に踊らされ、誤った分析結果を招くことになるからだ。

水面下で継続されているスパイ活動の研究は、すでに表面化した歴史の研究に頼るのが効果的だ。その歴史研究には「史実の解明を主とする研究」と「史実の考察を主とする研究」がある。

前者は、埋もれた文献・資料を発見し、それを先行研究やこれまでの定説と比較・検討し、新たな仮説を立案し、これを立証するというものである。それは気が遠くなるような過程であり、これは歴史家や研究者に委ねるほかはない。

後者はすでに解明されている史実を基礎として、史実に関する「なぜ?」と「どうして?」を追究しようとする研究であり、そこから教訓、原則、理論に関する内容を引き出すものである。

インテリジェンスの実務担当者、読者の方々に求められるのは後者であろう。まずは、主要な戦争を題材にインテリジェンスを研究されることが望まれる。なぜなら、戦争になれば情報活動は圧倒的に増加するので、インテリジェンスの教訓も得やすいからだ。

しかし、インテリジェンスは有事も平時も機能し、「硝煙のない戦争」を続けている。だから戦史を取り上げるだけでは十分ではない。平時における水面下の情報戦も戦史と同様に研究する必要性が出てくるのである。

本書は以上のような筆者流の思考を踏まえて、まずは情報史の「縦の基本線」を描くことに力点を置いた。そのうえで、情報の収集・分析・配布、情報部署と使用者との関係、暗号保全、欺瞞、秘密工作などの横軸視点をもって、筆者なりの教訓をそれぞれの場面で引き出した。

ただし、教訓は十人十色であって、本書を通じて読者の方々が自分自身の教訓を得ていただけるのであれば、これにまさるものはない。

最後に、本書を出版するにあたって一人の先生に改めて感謝を申し上げる。

二〇〇一年の9・11同時多発テロ事件を契機に、わが国の対外情報機能の強化への取り組みが開始された。これに尽力されたのが大森義夫先生（元内閣情報調査室長）である。

実は、筆者が自衛隊を退官してから今日まで、ささやかながらインテリジェンス活動を継続している陰には、大森先生の著書『国家と情報―日本の国益を守るために』による触発がある。

この中で、「情報は自分の言葉で語れ」と題する自衛官に向けた強いメッセージがある。一部を引用する。

「……情報を語れば周辺に雑音が起きるだろう。誰も国家機密を明かせ、と言っているのではない。情報は自己責任である。情報能力の向上策について経験を土台に自らの言葉で語ってほしい。自衛隊のOBは髪型から話し方まで同じだという軽口があるが、全員が現状正当化のための同一論理を語っているきらいは感じる。我々は後輩のために弁じる必要はない、後代の日本のためにこそ語るべきである。しがらみを断って、時には現状を批判し『あるべき姿』を提示する。それが残り人生での『奉公』である」

この発言に勇気づけられ、自衛隊退官後、最初に出版したのが『戦略的インテリジェンス入門』（二〇一五年）である。そして二作目の『中国が仕掛けるインテリジェンス戦争』（二〇一六年）では、大森先生が推薦文を寄せてくださった。

筆者が御礼のメールを送ったところ、次のような返事をいただいた。ここには筆者のみならず、インテリジェンスを志す者にとっての貴重な教えがある。大森先生の遺訓と考え、披露させていただきたい。

「ご鄭重なメールを賜りまして汗顔の至りでございます。ひたむきな、真面目な向学心、技を後進に伝えたいとの一途な思いに当初から感動しました。

私も七六歳を過ぎ、自分と同じ伝道の心を持った方に巡り合えるのは望外の歓びです。（中略）私は情報マンには自己抑制と自分を見つめる第三者の目が必要だと考えています。逆の自己顕示とか自己チューとかの人物がいますが、客観的でなければインテリジェンスは語れません。大森義夫」

胸が熱くなった。その後、大森先生は入院された。退院されたらお目にかかる約束になっていたが、それは叶わぬ夢となった。

二〇一六年九月一一日、先生は天国に召された。筆者はその日、某所で講演していた。書籍の推薦を通じて、先生がこうした機会を筆者に与えてくださったのかもしれないと不思議な縁を感じた。

大森先生の教えである「自己抑制と客観性」を保持して、インテリジェンスのささやかな活動を今後も継続していく所存である。

上田篤盛

上田篤盛（うえだ・あつもり）
1960年広島県生まれ。元防衛省情報分析官。防衛大学校（国際関係論）卒業後、1984年に陸上自衛隊に入隊。幹部レンジャー課程修了後、87年に陸上自衛隊調査学校の語学課程に入校以降、情報関係職に従事。92年から95年にかけて在バングラデシュ日本国大使館において警備官として勤務し、危機管理、邦人安全対策などを担当。帰国後、調査学校教官をへて戦略情報課程および総合情報課程を履修。その後、防衛省情報分析官および陸上自衛隊情報教官などとして勤務。2015年定年退官。現在、軍事アナリストとして活躍。メルマガ「軍事情報」で連載。著書に『中国軍事用語事典（共著）』（蒼蒼社）、『中国の軍事力 2020年の将来予測（共著）』（蒼蒼社）、『戦略的インテリジェンス入門―分析手法の手引き』『中国が仕掛けるインテリジェンス戦争―国家戦略に基づく分析』『中国戦略“悪”の教科書―兵法三十六計で読み解く対日工作』（いずれも並木書房）など。

情報戦と女性スパイ
―インテリジェンス秘史―

2018年４月20日　印刷
2018年５月１日　発行

著　者　上田篤盛
発行者　奈須田若仁
発行所　並木書房
〒104-0061東京都中央区銀座1-4-6
電話(03)3561-7062　fax(03)3561-7097
http://www.namiki-shobo.co.jp
印刷製本　モリモト印刷
ISBN978-4-89063-372-2